ギリシャ文字

大文字	小文字	読み方	大文字	小文字	読み方	大文字	小文字	読み方
A	α	アルファ	I	ι	イオタ	P	ρ	ロー
B	β	ベータ	K	κ	カッパ	Σ	σ	シグマ
Γ	γ	ガンマ	Λ	λ	ラムダ	T	τ	タウ
Δ	δ	デルタ	M	μ	ミュー	Υ	υ	ウプシロン
E	ε, ϵ	イプシロン	N	ν	ニュー	Φ	φ, ϕ	ファイ
Z	ζ	ゼータ	Ξ	ξ	グザイ	X	χ	カイ
H	η	イータ	O	o	オミクロン	Ψ	ψ	プサイ
Θ	θ	シータ	Π	π	パイ	Ω	ω	オメガ

JN097871

数詞

数	数詞の名称	数	数詞の名称
1	モノ (mono)	7	ヘプタ (hepta)
2	ジ (di)	8	オクタ (octa)
3	トリ (tri)	9	ノナ (nona)
4	テトラ (tetra)	10	デカ (deca)
5	ペンタ (penta)	11	ウンデカ (undeca)
6	ヘキサ (hexa)	12	ドデカ (dodeca)

SI 接頭語

大きさ	接頭語		記号	大きさ	接頭語		記号
10^{-1}	deci	デシ	d	10	deca	デカ	da
10^{-2}	centi	センチ	c	10^{2}	hecto	ヘクト	h
10^{-3}	milli	ミリ	m	10^{3}	kilo	キロ	k
10^{-6}	micro	マイクロ	μ	10^{6}	mega	メガ	M
10^{-9}	nano	ナノ	n	10^{9}	giga	ギガ	G
10^{-12}	pico	ピコ	p	10^{12}	tera	テラ	T
10^{-15}	femto	フェムト	f	10^{15}	peta	ペタ	P
10^{-18}	atto	アト	a	10^{18}	exa	エクサ	E

薬学生の
物理化学

楯 直子・平嶋 尚英　共編

培風館

まえがき

　2013 年に「薬学教育モデル・コアカリキュラム」(以下，コアカリ)が改訂され，2016 年度から改訂コアカリに基づく教育が始まった。薬学部における物理化学教育は改訂コアカリの「C 薬学基礎」の最初の項目の C1：物質の物理的性質に準拠して実施している。この C1 は，「物質の構造(量子化学)」，「物質のエネルギーと平衡(熱力学)」，「物質の変化(反応速度論)」という 3 領域から成り立っており，本書は 1 章～7 章で「物質のエネルギーと平衡」を学び，8 章で「物質の変化」，9 章～12 章で「物質の構造」について学びを進める構成となっている。

　一般に，物理化学は薬学部の教育課程において，1～2 年次の低学年で講義されることが多い。それは物理化学が科学領域の根源的な原理を取り扱うと同時に，物質の基本構造の成り立ち，エネルギーの基本的な概念や化学反応における反応速度論などを学ぶ科目であるためである。物理化学を学ぶことで，「科学的な原理」や「物質」についての基本的な知識や考え方を修得することは，有機化学，生化学，薬理学，薬剤学などの他の薬学専門科目の学びを進め，理解を深めることに大いに寄与すると考えられる。

　また，実務との関連として，医療現場においても浸透圧を考慮した注射剤の調製，投与法や薬効発現にかかわる医薬品の溶解性の知識，および医薬品の品質を確保するための安定性の担保，そして医薬品の体内動態の把握などにおいても物理化学の知識や考え方は欠かせないものである。薬剤師国家試験においても，実践問題において実務の背後にある物理化学について問う問題が数多く出題されている。

　改訂コアカリに提示されている薬剤師として求められる基本的資質のうちの「基本的な科学力」は，各種医療職の中で薬剤師のみが有するものであり，薬剤師を特徴づける能力である。多職種連携で成り立っているチーム医療の現場においても薬剤師独自の医療上の能力として，「基本的な科学力」を発揮できるように学修することは重要である。同時に，医薬品を適正に使用するためにも物理化学的な知識の習得は必須である。

　物理化学に対して苦手意識を抱く薬学生は少なくないと思うが，本書では各項目の基本的事項について他分野との関連性も意識して，ステップを踏んで理解を深められるような内容構成とするように努めている。また，ここで学んだ内容を確認できるように各章末には演習問題も掲載している。

　終わりに，薬剤師の医薬品に関する根源的な全般的理解において，物理化学の知識は必要不可欠であることは言うまでもない。そのために本書による学びが役立つことを切に願っている。

　2021 年 8 月

編者　楯　直子・平嶋尚英

目　　次

——— **コラム** ————————————

1

気体の性質

物質には気体・液体・固体の3態があるが，このうち気体は温度，圧力による体積変化が最も大きく，また分子間の相互作用を無視したモデルとしての取扱いも容易であるため，様々な熱力学の法則は気体をベースとして考えられてきた。気体の性質は，溶液，固体の性質を知ることの重要な基礎となるものである。本章では，気体が示す様々な性質について考える。

1.1 理想気体

気体は，圧力が極めて小さな状態ではその種類によらず一定の法則に従うようになってくる。これをモデル化して，分子の大きさや分子間の相互作用を無視した気体を，**理想気体**あるいは**完全気体**という。

1.1.1 ボイルの法則

一定の温度で一定量の気体の体積は圧力に反比例することが実験的に見出されている。これを**ボイルの法則**といい，比例定数を k とすると

$$pV = k \qquad (1.1)$$

と表せる。また，一定温度における圧力 p と体積 V のグラフは図1.1のようになる。

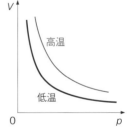

図 1.1 一定温度における体積と圧力の関係

1.1.2 シャルルの法則

シャルルは，一定の圧力で一定量の気体の体積は温度に対して直線的に変化することを見出した（**シャルルの法則**）。また，ゲイ・リュサックは，直線の傾きを明らかとし，これをもとにケルビンにより**絶対温度**の考え方が提案された。シャルル，**ゲイリュサックの法則**は，一定圧力で一定量の気体の体積は絶対温度に比例すると表すことができる（図1.2）。

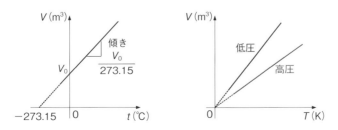

図 1.2 一定圧力における温度と体積の関係

1

1.1.3 理想気体の状態方程式

ボイルの法則とシャルルの法則をまとめると

$$\frac{pV}{T} = 一定 \tag{1.2}$$

と表される。物質量 1 mol のときの比例定数を R とおくと，n (mol) の気体について

$$pV = nRT \tag{1.3}$$

が成り立つ。これを**理想気体の状態方程式**とよぶ。比例定数 R は**気体定数**とよばれ，体積に m^3，圧力に Pa を用いる SI 単位では $8.31 \, J \, K^{-1} \, mol^{-1}$ となり，体積に L，圧力に atm を用いた場合，$0.082 \, L \, atm \, K^{-1} \, mol^{-1}$ となるので注意が必要である。

1.2 混合気体

気体は種類によらず圧力が非常に低い場合は，理想気体の状態方程式に従う。これより，複数の種類の気体からなる混合気体においても，理想気体の状態方程式が成り立つことがわかる。混合気体における全圧とは，すべての気体を容器に入れたときの圧力であり，分圧とは，ある気体のみで容器全体を満たしたときの圧力である。容器に入っている混合気体のうち，i 番目の気体の物質量を n_i (mol) とすると

$$pV = nRT = (n_1 + n_2 + \cdots + n_i + \cdots)RT$$

と書け，変形すると

$$p = \frac{nRT}{V} = \frac{n_1 RT}{V} + \frac{n_2 RT}{V} + \cdots + \frac{n_i RT}{V} + \cdots$$

となる。ここで

$$\frac{n_i RT}{V} = p_i$$

とすると

$$p = p_1 + p_2 + \cdots + p_i + \cdots \tag{1.4}$$

となり，混合気体の全圧は個々の気体の分圧の和となる。これを**ドルトンの分圧の法則**という。分圧は総物質量に対する比である**モル分率** $x_i = n_i/n$ を用いて

$$p_i = x_i p \tag{1.5}$$

と表すことができる。

1.3 実在気体

1.3.1 圧縮因子

実際の気体（**実在気体**）は，大きさがあり，分子間に働く相互作用があるため，その振舞いは理想気体からずれる。そのずれについて考えてみる。

理想気体の状態方程式を変形すると $\frac{pV}{nRT} = 1$ となる。ここで，**圧縮因子** Z を

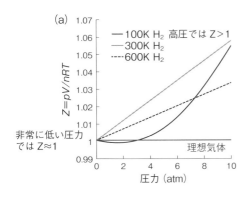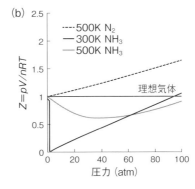

図 1.3　実在気体の圧縮因子 Z の圧力依存性

（a）温度が高くなるに従って理想気体に近づく，（b）分子間相互作用が強いと理想気体から大きくずれる

$$Z = \frac{pV}{nRT} = \frac{\dfrac{V}{n}}{\dfrac{RT}{p}} \tag{1.6}$$

と定義する。このとき，右辺の分母 RT/p は理想気体のモル体積であり，分子 V/n は実測のモル体積である。圧縮因子は，実在気体の分子間引力が優勢に働く場合，モル体積が理想気体よりも小さくなるので $Z < 1$ となる。一方，分子間の斥力が優勢になると $Z > 1$ となる。このように，圧縮因子は，実在気体の理想気体からのずれを示す指標となる。

　図 1.3 は，圧力に対する Z の変化を示したものであるが，高い圧力のもとでは，分子同士の衝突頻度が増して反発力が大きくなり，Z は 1 より大きくなってくる。また，NH_3 などの分子間力が大きな気体では，低圧において $Z < 1$ となる。また，いずれの場合も温度が高いほど理想気体に近づく。

1.3.2　実在気体の状態方程式

　実在気体では，分子の大きさや分子間相互作用のため理想気体の状態方程式に従わなくなり，その振舞いを考えるためには補正が必要である。

　まず，体積の補正について考える。実在気体では分子に大きさがあるため，他の分子が入り込めない部分が生じる。これを**排除体積**とよぶ（図 1.4）。1 mol あたりの排除体積を b とすると，n (mol) の分子が自由に運動できる体積 V_i は，実際の体積 V_r より nb だけ小さくなり

$$V_i = V_r - nb \tag{1.7}$$

と表される。

　次に，分子間力の圧力への影響を考えてみる。容器の壁への圧力は，衝突する気体分子の速度と頻度によるが，分子間力が働くと壁に衝突する際にまわりの分子からの引力がつり合わなくなり壁に及ぼす圧力が減少する（図 1.5）。

　その影響は，壁の付近にあり衝突しようとする分子の数とその分子を容器内に引っ張る分子の数の積に比例し，また，それらはともに分子数を体積で割った分子の濃度 n/V に比

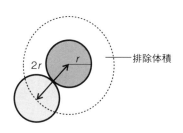

図 1.4　実在気体の排除体積

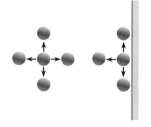

図 1.5　実在気体に働く分子間相互作用

例する。したがって，圧力は $\left(\dfrac{n}{V}\right)^2$ に比例して弱まると考えられる。その比例定数を a と
おくと，実在気体の圧力 p_r と理想気体の圧力 p_i の関係は

$$p_r = p_i - a\left(\frac{n}{V}\right)^2 \tag{1.8}$$

のように表せる。これより，$p_i = p_r + a\left(\dfrac{n}{V}\right)^2$ となり，式(1.7)と合わせて理想気体の状態
方程式に代入すると，**実在気体の状態方程式**は

$$\left(p + \frac{an^2}{V^2}\right)(V - nb) = nRT \tag{1.9}$$

と表すことができる。比例定数 a と b は**ファンデルワールス定数**とよばれ，それぞれ分子
間相互作用および分子の大きさに基づくもので，実験的に決定される。
　式(1.9)を変形すると

$$V^3 - n\left(b + \frac{RT}{p}\right)V^2 + \frac{n^2a}{p}V - \frac{n^3ab}{p} = 0 \tag{1.10}$$

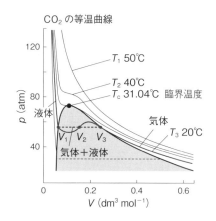

図 1.6　実在気体の等温曲線

となる。式(1.10)によると，一定の温度で気体を圧縮する場
合，理論上，図1.6の赤線で示すような極小および極大をも
つ曲線が描かれる。しかし，実際には圧力の上昇に伴い気体
が凝縮して液体が生じる。液体と気体が共存する領域(灰色)
では，圧縮により気体から液体への凝縮が進むため，圧力は
体積が減少してもほとんど変化しない(点線)。やがてすべて
が液体になると，圧縮により圧力は急激に上昇する。一方，
凝縮が起こらないような高温では，ボイルの法則に近い振舞
いをする。
　式(1.10)が三重根をもつ場合，曲線が気体と液体が共存す
る領域と1点で接する。この接点を**臨界点**とよぶ。臨界点
は，物質の気体と液体間の相転移が起こる温度および圧力の
限界を示す相図(5章参照)上の点であり，温度，圧力がとも
に臨界点以上では，物質は液体と気体の両方の性質を合わせもつ状態になる。これを**超臨
界状態**といい，この状態にある物質を**超臨界流体**とよぶ。
　臨界点における温度，圧力，体積をそれぞれ**臨界温度** T_c，**臨界圧力** p_c，**臨界体積** V_c と
よぶ。等温曲線が臨界点を通るとき，臨界体積 V_c を用いて

$$(V - nV_c)^3 = 0 \tag{1.11}$$

表 1.1 ファンデルワールス定数

	$a\,(\mathrm{L^2\,atm\,mol^{-2}})$	$b\,(\mathrm{L\,mol^{-1}})$		$a\,(\mathrm{L^2\,atm\,mol^{-2}})$	$b\,(\mathrm{L\,mol^{-1}})$
He	0.03457	0.02370	H_2O	5.536	0.03049
H_2	0.2476	0.02661	NH_3	4.225	0.03707
N_2	1.408	0.03913	CO_2	3.640	0.04267
O_2	1.378	0.03183	CH_4	2.283	0.04278

と書ける。これを展開した式の係数を式(1.10)と比較すると

$$3V_c = b + \frac{RT_c}{p_c}, \qquad 3V^2 = \frac{a}{p_c}, \qquad V_c{}^3 = \frac{ab}{p_c} \tag{1.12}$$

となる。これより，臨界体積 V_c，臨界圧力 p_c，臨界温度 T_c はファンデルワールス定数 a，b を用いて

$$V_c = 3b, \qquad p_c = \frac{a}{27b^2}, \qquad T_c = \frac{8a}{27Rb} \tag{1.13}$$

と表すことができる。また，ファンデルワールス定数 a, b は T_c，p_c を用いて

$$a = \frac{27R^2T_c{}^2}{64p_c}, \qquad b = \frac{RT_c}{8p_c} \tag{1.14}$$

と表すことができる。

表1.1にファンデルワールス定数の例を示す。分子の大きさによる定数 b は，各気体で差は小さいが，分子間相互作用を反映する定数 a は，物質により大きな差があることがわかる。

1.4 気体の分子運動とエネルギー

気体の分子は絶えずランダムな運動をしていて，その運動により圧力，温度が定まる。このような分子の運動と圧力，温度の関係は，**気体分子運動論**から理解することができる。ここで，理想気体分子の運動について考えてみよう。

図1.7のような立方体の中で気体分子が運動しているとし，分子が赤色で示した壁に及ぼす圧力を考えてみる。

質量 m の分子が壁に垂直な方向に速度 v_x で運動し，壁に衝突してはね返り反対向きに $-v_x$ の速度の運動をするとき，この衝突で分子の運動量は $-2mv_x$ だけ変化する。Δt の時間を考えると，この間に分子は赤色の壁に $v_x\Delta t/2L$ 回衝突する。Δt の間に分子が壁から受ける力積 I は運動量の変化に等しいので

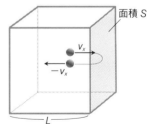

図 1.7 気体の分子運動のモデル

$$I = F\,\Delta t = -2mv_x \times \frac{v_x\,\Delta t}{2L} = -\frac{mv_x{}^2\,\Delta t}{L} \tag{1.15}$$

となる。立方体中に N 個の分子が入っているとすると，壁が N 個の分子から受ける力 F' は

$$F' = -F = \frac{mv_x{}^2}{L} \times N \tag{1.16}$$

となる。したがって，気体分子が壁に及ぼす圧力 p は，壁の面積 S および $SL = V$（立方

体の体積)から

$$p = \frac{F'}{S} = \frac{mNv_x^2}{SL} = \frac{mNv_x^2}{V} \tag{1.17}$$

と表せる。

実際の分子は,x, y, z 方向にランダムに運動し,また速度も様々である。x, y, z 方向の平均二乗速さをそれぞれ $\overline{v_x^2}$,$\overline{v_y^2}$,$\overline{v_z^2}$ とすると

$$\overline{v^2} = \overline{v_x^2} + \overline{v_y^2} + \overline{v_z^2} \tag{1.18}$$

であり,また,どの方向の運動も均等と考えられるので

$$\overline{v_x^2} = \overline{v_y^2} = \overline{v_z^2} = \frac{\overline{v^2}}{3} \tag{1.19}$$

である。1 mol の気体(アボガドロ数 N_A 個)について,式(1.17)は,$m \times N_A = n$ (物質量)$\times M$ (分子量)より

$$p = \frac{mN\overline{v^2}}{3V} = \frac{nM\overline{v^2}}{3V} \tag{1.20}$$

となる。これと理想気体の状態方程式 $pV = nRT$ から,分子運動の速度と温度の関係式

$$\frac{1}{3}M\overline{v^2} = RT \tag{1.21}$$

が得られる。これより

$$\sqrt{\overline{v^2}} = \sqrt{\frac{3RT}{M}} \tag{1.22}$$

となる。$\sqrt{\overline{v^2}}$ は**根平均二乗速さ**とよばれ,式(1.22)から,気体分子運動の速さは温度の平方根に比例し,分子の平方根に反比例することがわかる。

さらに式を変形すると

$$T = \frac{M}{3R}\overline{v^2} \tag{1.23}$$

となり,温度は気体分子の数によらず,分子量と速度のみで決まることがわかる。

次に,分子の運動エネルギーと温度の関係について考えてみる。1 分子の気体の運動エネルギー $\frac{1}{2}m\overline{v^2}$ に式(1.22)を代入すると

$$\frac{1}{2}m\overline{v^2} = \frac{3}{2}\frac{R}{N_A}T = \frac{3}{2}kT \tag{1.24}$$

となる。ここで,$k\,(= R/N_A = 1.380649 \times 10^{-23}\,\mathrm{J\,K^{-1}})$ はボルツマン定数である。また,1 mol の気体分子の運動エネルギー E は

$$E = \frac{3}{2}RT \tag{1.25}$$

と表される。

例題　27℃における二酸化炭素分子の根平均二乗速さは時速何 km か。ただし，気体定数を 8.31 J K^{-1} mol^{-1} とする。

[**解答**]　1 mol の二酸化炭素分子の質量は 0.0440 kg である。これを式(1.22)に代入すると

$$\sqrt{\overline{v^2}} = \sqrt{\frac{3 \times 8.31 \times 300}{0.0440}} = 412 \text{ m s}^{-1} = 1480 \text{ km h}^{-1}$$

単原子分子の 3 次元空間における運動を並進運動という。この運動は，x, y, z の 3 方向の運動に分けることができ，3 つの自由度があるという。運動エネルギーは特定の方向に偏ることなく，それぞれに均等に分配される。これを，**エネルギー等分配の法則**といい，1 つの自由度に分配される並進運動のエネルギーは $\frac{1}{2}kT$ で，1 mol では $\frac{1}{2}RT$ となる。

2 原子以上からなる気体分子の場合，並進運動の他に回転，振動運動も考える。H_2 や N_2 などの 2 原子分子の他に，CO_2 のような直線形の分子では，図 1.8(a) に示すように y 軸と z 軸のまわりの回転があり，回転運動の自由度は 2 となる。一方，H_2O のような非直線形の分子では，図 1.8(b) に示すように x 軸のまわりの回転も加わり自由度は 3 になる。したがって，1 つの自由度に対して 1 mol あたり $\frac{1}{2}RT$ のエネルギーが分配されるとすると，直線形の分子では並進運動エネルギーの $\frac{3}{2}RT$ に回転運動エネルギーの RT が加わり，全体で $\frac{5}{2}RT$ のエネルギーをもつことになる。また，非直線形の分子では並進運動エネルギー $\frac{3}{2}RT$ ＋回転運動エネルギー $\frac{3}{2}RT = 3RT$ となる。振動運動にもエネルギーは分配されるが，振動運動ではエネルギー準位の間隔が非常に大きいため，通常の温度においてはエネルギー等分配の法則は適用されない。

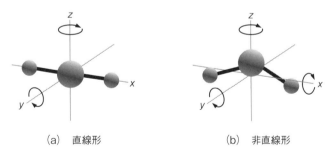

(a)　直線形　　　　　　　　　(b)　非直線形

図 1.8　多原子分子の回転運動

1.5　マクスウェル-ボルツマンの速度分布則

　　分子の運動エネルギーの総計は，温度により決まる一定の値となる(1.4節)。しかし，個々の気体分子に分配されるエネルギーすなわち運動の速さは同じではなく，バラツキがある。ボルツマンは，N個の気体分子の集団の速度分布について，温度Tにおいて速さvの分子の割合fが

$$f = \frac{N_v}{N} = 4\pi v^2 \left(\frac{M}{2\pi RT}\right)^{\frac{3}{2}} \exp\left(-\frac{Mv^2}{2RT}\right) \tag{1.26}$$

と表せることを示した。これを，**マクスウェル-ボルツマンの速度分布則**という。式(1.26)を描いたグラフ(図1.9)を見ると，高温になると速度分布は高速側にシフトするが，分布の幅が広がってくることがわかる。また，一定の温度において，分子量Mが大きくなると速度分布は低速側にシフトし，分布の幅が狭くなる。

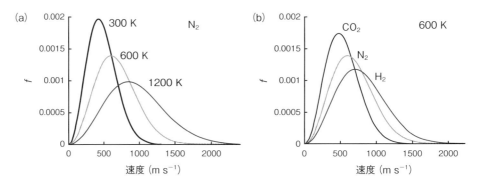

図 1.9　マクスウェル-ボルツマンの速度分布

1.6　エネルギーの量子化とボルツマン分布

　　気体分子の熱運動では，全エネルギーが個々の分子に分けて与えられるわけであるが，任意の値のエネルギーが分配できるわけではなく，とびとび(離散的)な値しか与えられない。したがって，分子がもつエネルギー状態(エネルギー準位)も離散的になる。これを**エネルギーの量子化**という。

　　量子力学によると，すべてのエネルギーは量子化されているが，エネルギー準位の間隔は，例えば並進運動，回転運動，振動運動を比べると大きく異なり，並進運動エネルギー＜回転運動エネルギー＜振動運動エネルギーの順になる。このうち，並進運動のエネルギー準位の間隔は極めて小さいため連続していると考えることができる。

　　図1.10に，エネルギー準位の間隔の模式図を示す。温度Tにおける熱エネルギーは$\sim kT$程度であり，25℃での熱エネルギーの値と各運動エネルギーのエネルギー準位の間隔を比べてみると，振動運動や電子状態のエネルギーは間隔が有意に大きく，この温度では熱エネルギーの吸収による運動の励起が生じないことがわかる。一方，並進運動，回転運動におけるエネルギー準位の間隔は小さいため，熱エネルギーによる励起が起こる。回転運動，振動運動および電子状態の励起に対応した電磁波はそれぞれ，マイクロ波，赤外

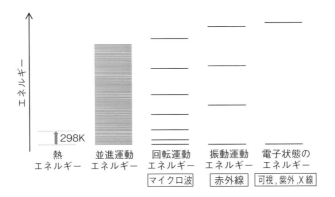

図 1.10　エネルギーの量子化とエネルギー準位

線，可視光・紫外線・X 線であり，これらは電子レンジや赤外分光，紫外・可視分光など
に応用されている。

　分子の集団がある一定の温度において，それぞれのエネルギー準位にどのように分布す
るかについて，ボルツマンはエネルギー準位 E_i にある分子数 N_i は

$$N_i \propto \exp\left(-\frac{E_i}{kT}\right) \tag{1.27}$$

となることを示した。これより，2 つの異なるエネルギー準位 E_i と E_j にある分子の数
N_i と N_j の比は

$$\frac{N_i}{N_j} = \frac{\exp\left(-\dfrac{E_i}{kT}\right)}{\exp\left(-\dfrac{E_j}{kT}\right)} = \exp\left(-\frac{E_i - E_j}{kT}\right) = \exp\left(-\frac{\Delta E}{kT}\right) \tag{1.28}$$

で表される。これを**ボルツマンの分布則**という。この分布則によると，一定の温度におい
て，2 つのエネルギー状態に分布する分子の数は，エネルギー準位の差に対して指数関数
的に減少することがわかる。また，温度が高いほど，エネルギー差の大きな準位にも分子
が分布することを示す(図 1.11)。

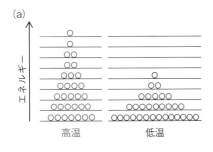
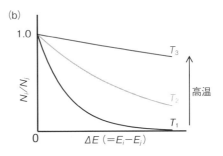

図 1.11　ボルツマン分布

演習問題 1

1.1　300 K において，水素 0.400 g と窒素 0.840 g の混合気体の全圧が 1.013×10^5 Pa であるとき，水素と窒素のモル分率と分圧はそれぞれいくらか。また，混合気体の体積はいくらか。ただし，気体は理想気体として扱うものとし，また，気体定数を 8.31 J K^{-1} mol^{-1} とする。

1.2　298 K，1.013×10^5 Pa において，ある実在気体のモル体積は理想気体の状態方程式から計算した値よりも 10% 小さかった。ただし，気体定数を 8.31 J K^{-1} mol^{-1} とし，次の問に答えなさい。

(1) 圧縮因子はいくらか。

(2) 気体のモル体積はいくらか。

(3) 気体の分子間に働く力は，引力と斥力のどちらが優勢か。

1.3　ヘリウム He を液化するためには，温度を何 K（ケルビン）以下にする必要があるか。表 1.1 に示したファンデルワールス定数の値を用いて求めよ。ただし，気体定数を 0.082 L atm K^{-1} mol^{-1} とする。

1.4　窒素分子の根平均二乗速さが，25℃ におけるヘリウムの根平均二乗速さと同じになる温度は何℃か。ただし，窒素とヘリウムの気体は理想気体として扱うものとする。

2

熱力学第 1 法則

物理的，化学的変化のおおもとは，エネルギーの移動やその形態の変換である。エネルギーには，熱エネルギー，力学的エネルギー，化学エネルギー，電気エネルギーなど様々な形態があり，相互に変換するが，それらが新たに発生したり，消えてなくなってしまうことはなく，総量は一定に保たれる。本章では，このエネルギー保存則をはじめとする様々な熱力学の法則について学ぶ。

2.1 系と外界

物理化学では，観測の対象とする部分を**系**とよび，系以外の部分を**外界**とよんで区別する。系と外界は**境界**で分けられる（図 2.1）。

系は，外界との物質やエネルギーのやりとりの関係から，**開放系**（開いた系），**閉鎖系**（閉じた系），**断熱系**，**孤立系**に分類される（図 2.2）。また，系と外界を合わせて世界とし，世界は孤立系と考える。

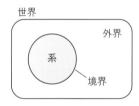

図 2.1 系と外界

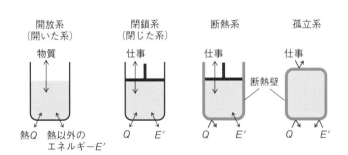

図 2.2 系の種類

2.2 内部エネルギー

系を構成する物質がもつエネルギーの総計を**内部エネルギー**とよび，U で表す。内部エネルギーは，原子・分子の運動エネルギーの他に，原子間・分子間の相互作用エネルギーなどからなる。理想気体の内部エネルギーは，分子間の相互作用を考慮しないため運動エネルギーのみを考えればよく，単原子分子の場合，n (mol) の気体の内部エネルギー U は，1 章の式(1.25)から

$$U = \frac{3}{2}nRT \tag{2.1}$$

と表すことができる。また，これより理想気体の内部エネルギーは温度 T のみ関数となることがわかる。

2.3 熱力学第1法則

エネルギーは新たに生じたり消滅したりしない。例えば，粗い面を運動する物体はやがて静止して運動エネルギーを失うが，失った分は摩擦による熱のエネルギーに変換され，エネルギーの総計は一定である。

閉鎖系と外界とのエネルギーのやりとりを考えてみよう(図2.3)。

外界から系に熱 q が与えられ，仕事 w がなされると系の内部エネルギーは増大する。その増大分を ΔU とすると

$$\Delta U = q + w \tag{2.2}$$

が成り立つ。

一方，外界のエネルギーはその分だけ減少するので，系と外界を合わせた孤立系全体のエネルギーは変化しない。これを**熱力学第1法則**といい，また，**エネルギー保存則**ともよぶ。

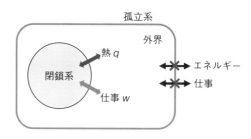

図 2.3 系に出入りする熱と仕事

2.4 熱力学関数

2.4.1 状態関数と経路関数

系の状態のみによって決まり，変化の経路に無関係な量を**状態関数**(状態量)という。

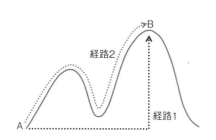

図 2.4 状態関数と経路関数

山に登る場合を考えてみよう。図2.4に示すように，ふもとから直線的に山頂に至る経路1と，別の山を1つ越えて山頂に至る道を通る経路2があるとする。A地点とB地点の標高差に基づく位置エネルギーの違いは経路1を通っても経路2を通っても同じであり，位置エネルギーが状態関数であることがわかる。一方，登山の労力(仕事)は経路により異なるであろう。このように，経路に依存する量を**経路関数**(経路量)とよぶ。

熱力学における状態関数には，圧力 p，体積 V，温度 T，物質量 n などがあり，一方，経路関数には熱 q，仕事 w がある。内部エネルギーは状態関数であり，内部エネルギー差も状態

関数である。熱力学第1法則の式 $\Delta U = q + w$ をみると，状態1(U_1)から状態2(U_2)に変化する場合，$\Delta U = U_2 - U_1$ は経路によらず値が決まるが，q と w については，足した値（ΔU）は決まるものの，個々の値は状態では決まらない。

2.4.2　示量性状態関数と示強性状態関数

　状態関数は，物質量に依存(比例)するものと依存しないものに分類できる。前者を**示量性状態関数**，後者を**示強性状態関数**という。示量性状態関数には，物質量 n，質量，体積 V，エネルギーなどがあり，加成性が成り立つ。一方，示強性状態関数には温度 T，圧力 p，濃度，密度などがあり，これらは加成性が成り立たない。示量性と示強性の状態関数を区別するには，2つの同じ状態の系を1つにしたときに，値が2倍になるものと変化しないものを考えるとよい(図2.5)。

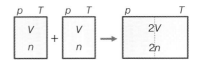

図 2.5　示量性状態関数と示強性状態関数

　示量性状態関数は物質量に依存するため，状態間の比較をするには不適である。この場合，示量性状態関数を物質量で割った値であるモル量(モル体積など)に変換して用いる。

2.5　気体の膨張仕事

　熱力学第1法則に基づいて系の内部エネルギー変化を知るためには，系に出入りする熱と仕事の量を把握する必要がある。仕事には様々な種類があるが，ここで気体の基本的な仕事である膨張仕事を考えてみる。

　ピストン付きのシリンダーに入った気体が膨張する際，一定の力 F で断面積 S のピストンを ΔL だけ移動させたとする(図2.6)。

　このとき，気体が外界に対してした仕事 w は，仕事の定義 $w = $ 力 $F \times$ 距離 ΔL より

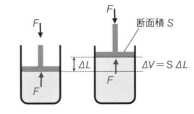

図 2.6　気体の膨張仕事

$$w = F\,\Delta L = \frac{F}{S}(S\,\Delta L) = p\,\Delta V \qquad (2.3)$$

となる。系から見ると，気体が外界に対して仕事をすると内部エネルギーが減少するので，仕事の符号はマイナスである。そこで，膨張仕事を $-p\,\Delta V$ とする。これより，仕事が膨張仕事のみの場合の熱力学第1法則は

$$\Delta U = q + w = q - p\,\Delta V \qquad (2.4)$$

と表される。気体が膨張する場合は $\Delta V > 0$ なので仕事は負であり，圧縮される場合は $\Delta V < 0$，仕事は正となる。

2.6　エンタルピー

　系に出入りする熱について考えてみる。仕事は膨張仕事のみを考えるとすると，体積一定(定容変化)の場合，系に出入りする熱は式(2.4)において $\Delta V = 0$ より，$q = \Delta U$ となる。すなわち，定容条件で系に出入りする熱は，系の内部エネルギー変化に等しい。

　次に，圧力一定（定圧変化）の場合に系に出入りする熱を考えてみる。式(2.4)より $q = \Delta U + p\,\Delta V$ と表され，定圧変化における熱は内部エネルギーの変化に体積変化による仕事分が加わることがわかる。このとき，$\Delta U + p\,\Delta V$ を1つの関数の変化として書くことができれば便利である。ここで，$H = U + pV$ を**エンタルピー**として定義する。すると，定圧での状態1から状態2への変化において

状態1　　　　　$H_1 = U_1 + pV_1$

状態2　　　　　$H_2 = U_2 + pV_2$

$$H_2 - H_1 = U_2 - U_1 + p(V_2 - V_1)$$
$$\Delta H = \Delta U + p\,\Delta V \tag{2.5}$$

となり，エンタルピー変化 ΔH は定圧変化において系に出入りする熱に等しいことがわかる。エンタルピーの単位は J であり，示量性状態関数である。

2.7　定圧熱容量と定容熱容量

　系に熱 q が入ったときの温度変化 ΔT を考えてみる。系の温度を1℃上昇させるのに必要な熱量は**熱容量** C とよばれ

$$C = \frac{q}{\Delta T} \tag{2.6}$$

と表される。定容条件，定圧条件における熱はそれぞれ ΔU，ΔH であるので，**定容熱容量** C_V，**定圧熱容量** C_p は，それぞれ次のように定義される。

$$C_V = \frac{\Delta U}{\Delta T}, \qquad C_p = \frac{\Delta H}{\Delta T} \tag{2.7}$$

より正確には，熱容量は熱−温度のグラフを描いたときの接線の傾きであり

$$C_V = \left(\frac{\partial U}{\partial T}\right)_V, \qquad C_p = \left(\frac{\partial H}{\partial T}\right)_p \tag{2.8}$$

と微分を用いて定義される。

　定容の場合，加えた熱はすべて温度上昇に使われるのに対し，定圧条件で加えた熱は温度上昇の他に膨張仕事にも使用されるため，定圧熱容量 C_p は定容熱容量 C_V よりも大きくなる。理想気体について，C_p と C_V を比べてみると

$$C_p = \frac{\Delta H}{\Delta T} = \frac{\Delta U + \Delta(pV)}{\Delta T} = \frac{\Delta U + \Delta(nRT)}{\Delta T} = \frac{\Delta U + nR\,\Delta T}{\Delta T}$$
$$= \frac{\Delta U}{\Delta T} + nRT \tag{2.9}$$

となり

$$C_p = C_V + nR \tag{2.10}$$

が成り立つ。1 mol の場合，定容モル熱容量を $C_{V,\mathrm{m}}$，定圧モル熱容量を $C_{p,\mathrm{m}}$ として

$$C_{p,\mathrm{m}} = C_{V,\mathrm{m}} + R \tag{2.11}$$

となる。これを**マイヤーの式**という。

　1 mol の単原子分子理想気体の運動エネルギーは $\frac{3}{2}RT$ である。理想気体では分子間相

表 2.1 単原子分子および多原子分子の理想気体の定容モル熱容量, 定圧モル熱容量, 比熱比

	単原子分子	直線形多原子分子	非直線形多原子分子
定容モル熱容量 $C_{V,\mathrm{m}}$	$\frac{3}{2}R = 12.47\,\mathrm{J\,K^{-1}\,mol^{-1}}$	$\frac{5}{2}R = 20.79\,\mathrm{J\,K^{-1}\,mol^{-1}}$	$3R = 24.94\,\mathrm{J\,K^{-1}\,mol^{-1}}$
定圧モル熱容量 $C_{p,\mathrm{m}}$	$\frac{5}{2}R = 20.79\,\mathrm{J\,K^{-1}\,mol^{-1}}$	$\frac{7}{2}R = 29.10\,\mathrm{J\,K^{-1}\,mol^{-1}}$	$4R = 33.26\,\mathrm{J\,K^{-1}\,mol^{-1}}$
比熱比 γ	$\frac{5}{3} = 1.667$	$\frac{7}{5} = 1.400$	$\frac{4}{3} = 1.333$

互作用を考えないので, これはそのまま内部エネルギー U の値になる. 定容での熱の出入りは ΔU であるので, 理想気体の定容モル熱容量 $C_{V,\mathrm{m}}$ は

$$C_{V,\mathrm{m}} = \frac{3}{2}R \tag{2.12}$$

となる. また, 定圧モル熱容量 $C_{p,\mathrm{m}}$ はマイヤーの式から

$$C_{p,\mathrm{m}} = \frac{5}{2}R \tag{2.13}$$

となる.

2 原子からなる分子の場合, 運動エネルギーは回転も加わり, 1 mol あたり $\frac{5}{2}RT$ である. したがって, 定容モル熱容量 $C_{V,\mathrm{m}}$ は $\frac{5}{2}R$, 定圧モル熱容量 $C_{p,\mathrm{m}}$ は $\frac{7}{2}R$ となる (表 2.1). このとき, 振動運動のエネルギー準位の幅は大きく室温程度の熱エネルギーでは励起されないため, 熱容量には反映されない.

例として, 水素の定容モル熱容量の温度依存性を見てみよう. 図 2.7 のように, 極低温では回転運動も励起されないため, 定容モル熱容量は並進運動によるもののみになり, 室温付近では回転運動も励起されるようになり定容モル熱容量は $\frac{5}{2}R$ となる. 数千 K の高温になると, 振動運動も励起され熱容量が増大する. これに対し, He などの単原子分子の運動は並進運動のみなので, 定容モル熱容量は温度によらず $\frac{3}{2}R$ となる.

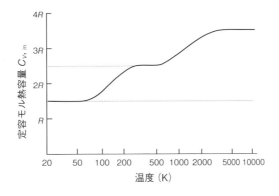

図 2.7 水素分子の定容モル熱容量の温度依存性

2.8　物理・化学変化に伴うエンタルピー変化 ————————

2.8.1　標準状態

　様々な物理変化・化学変化を理解するうえで，反応熱(定圧であればエンタルピー変化)は重要である。エンタルピーなどの状態関数は圧力や温度などにより変化するため，基準となる状態(標準状態)を決めておくと便利であり，標準状態の圧力として $1\,bar = 1 \times 10^5\,Pa$ が設定されている。なお，温度については規定されていないが，通常は 25℃ (298.15 K)を基準とする。

　標準状態での値を示すために，上付きの。がつけられるが，$^{\ominus}$(プリムソル)で表すこともある。例えば，水 1 mol が生成する反応を

$$H_2(g) + \frac{1}{2}O_2(g) \rightarrow H_2O(l), \qquad \Delta H^\circ = -285.8\,kJ\,mol^{-1}$$

と表す。ただし，物質の状態は気体を g，液体を l，固体を s と表す。

2.8.2　物理変化に伴うエンタルピー変化

　蒸発，凝固などの相転移は分子間相互作用の切断や生成が生じるため，熱の出入りがある。この状態変化に伴うエンタルピー変化を**転移エンタルピー** $\Delta_{trs}H$ という。例えば，H_2O の融解，凝固での変化は

融解　　$H_2O(s) \rightarrow H_2O(l)$,　　$\Delta H^\circ_{273} = 6.01\,kJ\,mol^{-1}$

凝固　　$H_2O(l) \rightarrow H_2O(s)$,　　$\Delta H^\circ_{273} = -6.01\,kJ\,mol^{-1}$

となる。この変化は 1 bar, 0℃ (273 K)で起こるので，273 K における値を示してある。融解は固体を形成していた分子間の結合の切断にエネルギーが必要なため吸熱となり，**標準融解エンタルピー** $\Delta_{fus}H^\circ$ は正となる。一方，凝固では分子間結合の形成に伴い熱が放出されるので，エンタルピー変化は負となる。

　蒸発，凝縮は，1 bar, 100℃ (373 K)における値を用いて

蒸発　　$H_2O(l) \rightarrow H_2O(g)$,　　$\Delta H^\circ_{373} = 40.7\,kJ\,mol^{-1}$

凝縮　　$H_2O(g) \rightarrow H_2O(l)$,　　$\Delta H^\circ_{373} = -40.7\,kJ\,mol^{-1}$

となり，**標準蒸発エンタルピー** $\Delta_{vap}H^\circ$ は正，凝縮に伴うエンタルピー変化は負となる。

　昇華は固体が気体に，気体が固体に直接変化する過程であるが，固体が融解して液体となり，その液体が蒸発して気体になるという 2 段階で変化したとしても，最初の状態と最後の状態は同じであるので，固体から気体に変化する**昇華エンタルピー** $\Delta_{sub}H^\circ$ は，融解エンタルピー $\Delta_{fus}H^\circ$ と蒸発エンタルピー $\Delta_{vap}H^\circ$ の和に等しい(図2.8)。また，逆の過程では符号が反対になる。

　一般的に，エンタルピー変化において

$$\Delta_{順過程}H = -\Delta_{逆過程}H \qquad (2.14)$$

が成り立つ。

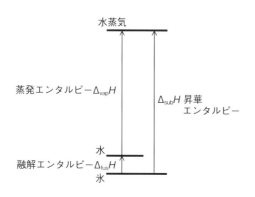

図 2.8　昇華エンタルピー

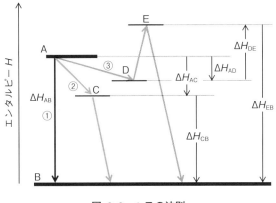

図 2.9 ヘスの法則

2.8.3 ヘスの法則

エンタルピー H は状態関数であり,変化前の状態と変化後の状態が決まれば,その変化量 ΔH は途中の経路によらず一定である。これを**ヘスの法則**という。図 2.9 に示すように,状態 A から状態 B に変化する際に,直接の経路①,中間状態 C を経る経路②,中間状態 D を経る経路③を考えると,それぞれのエンタルピー変化の和が全体の変化量になり,これらはすべて同じ値となる。すなわち

$$経路① \quad \Delta H_{\text{total}} = \Delta H_{\text{AB}}$$
$$経路② \quad \Delta H_{\text{total}} = \Delta H_{\text{AC}} + \Delta H_{\text{CB}}$$
$$経路③ \quad \Delta H_{\text{total}} = \Delta H_{\text{AD}} + \Delta H_{\text{DE}} + \Delta H_{\text{EB}}$$

となる。

ヘスの法則により,エンタルピー変化が未知の化学反応についても,エンタルピー変化がわかっている反応の熱化学方程式を用いてそれを求めることができる。

2.8.4 標準生成エンタルピー

化学反応に伴うエンタルピー変化は,反応前と反応後のエンタルピーの差として知ることができるので,個々の物質のエンタルピーの絶対値は必要ではないし,実際その値を知ることはできない。しかし,様々な化学反応のエンタルピー変化を計算するうえで,基準となる値があると便利である。そこで定義されたのが,**標準生成エンタルピー** $\Delta_f H^\circ$ である。標準生成エンタルピーは,1 bar において最も安定に存在する元素の単体のエンタルピーを 0 とし,その単体から 1 mol の物質を生成する反応の標準反応エンタルピーとされる。温度の規定は特にないが,通常 25℃ とする。最も安定な単体の例として,H は H_2,C は黒鉛,N は N_2,O は O_2,S は斜方硫黄などがある。

各物質の標準生成エンタルピーの値は,化学便覧などの資料に記載されており,それを用いることで様々な化学反応の標準反応エンタルピーを

標準反応エンタルピー $\Delta_r H^\circ =$(生成物の $\Delta_f H^\circ$ の合計)$-$(反応物の $\Delta_f H^\circ$ の合計)

のように計算により求めることができる。

例えば,スクロースの燃焼反応

$$C_{12}H_{22}O_{11}(s) + 12O_2(g) \rightarrow 12CO_2(g) + 11H_2O(l)$$

において，反応物の標準生成エンタルピーは

$$12C(黒鉛) + 11H_2(g) + \frac{11}{2}O_2(g) \rightarrow C_{12}H_{22}O_{11}(s), \qquad \Delta_f H° = -2226.1 \, \text{kJ mol}^{-1}$$

$$O_2(g) \rightarrow O_2(g), \qquad \Delta_f H° = 0 \, \text{kJ mol}^{-1}$$

であり，生成物の標準生成エンタルピーは

$$C(黒鉛) + O_2(g) \rightarrow CO_2(g), \qquad \Delta_f H° = -393.51 \, \text{kJ mol}^{-1}$$

$$H_2(g) + \frac{1}{2}O_2(g) \rightarrow H_2O(l), \qquad \Delta_f H° = -285.83 \, \text{kJ mol}^{-1}$$

である。これよりスクロースの燃焼反応の標準反応エンタルピーは

$$\Delta_r H° = 12 \times (-393.51) + 11 \times (-285.83) - (-2226.1) - 12 \times 0$$
$$= -5640.2 \, \text{kJ mol}^{-1}$$

と計算できる。

2.8.5　結合解離エンタルピー

　一定圧力のもとで，気体分子の特定の共有結合を切断するのに必要な 1 mol あたりのエネルギーを**結合解離エンタルピー**という。結合の切断は吸熱過程であり，結合解離エンタルピーは必ず正となる。

　切断の例を次に示す。

$$H_2(g) \rightarrow 2H(g), \qquad \Delta_r H = 436 \, \text{kJ mol}^{-1} \qquad ①$$

$$O_2(g) \rightarrow 2O(g), \qquad \Delta_r H = 497 \, \text{kJ mol}^{-1} \qquad ②$$

$$H_2O(g) \rightarrow 2H(g) + O(g), \qquad \Delta_r H = 926 \, \text{kJ mol}^{-1} \qquad ③$$

$$CH_4(g) \rightarrow C(g) + 4H(g), \qquad \Delta_r H = 1662 \, \text{kJ mol}^{-1} \qquad ④$$

これらは分子をすべて原子化する反応なので，反応エンタルピーは**原子化エンタルピー**とよぶ。①，②では切断される結合が 1 本なので，原子化エンタルピーと結合解離エンタルピーは同じである。③では 2 本の O-H 結合の切断，④では 4 本の C-H 結合の切断になるが，個々の結合解離エンタルピーは異なるため，③では反応エンタルピーの 1/2，④では 1/4 が平均結合解離エンタルピーとして用いられる。

2.8.6　反応エンタルピーの温度による補正

　反応エンタルピーは，一般に 25℃での値が報告されているが，生体内での 37℃など任意の温度での値は図 2.10 で示すように求めることができる。

　図 2.10 のグラフは，反応物と生成物のエンタルピーの温度依存性を示したものであり，グラフの傾きはそれぞれの定圧熱容量になる。ここで，温度 T_2 において状態 P から状態 S に変化する反応エンタルピー ΔH_{T_2} を，温度 T_1 において状態 Q から R に変化する反応エンタルピー ΔH_{T_1} から求める場合を考える。P から S への変化に伴うエンタルピー変化は経路を P→Q→R→S としても同じであるので，$\Delta T = T_2 - T_1$ とし，反応物，生成物の定圧熱容量が温度に依存しないとすると，$\Delta H_{P \rightarrow Q} = -C_{p(反応物)} \Delta T$，$\Delta H_{R \rightarrow S} = C_{p(生成物)} \Delta T$ より

$$\Delta H_{T_2} = -C_{p(反応物)} \Delta T + \Delta H_{T_1} + C_{p(生成物)} \Delta T \qquad (2.15)$$

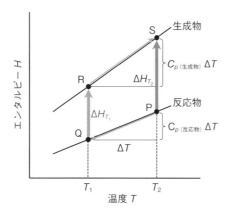

図 2.10 エンタルピーの温度依存性

と表せる。ここで，$\Delta C_p = C_{p(生成物)} - C_{p(反応物)}$ とすると，式(2.15)は

$$\Delta H_{T_2} = \Delta H_{T_1} + \Delta C_p \Delta T \tag{2.16}$$

となる。これを**キルヒホッフの式**という。反応物，生成物の定圧熱容量が温度に依存する場合は，$\Delta C_p(T) = C_{p(生成物)}(T) - C_{p(反応物)}(T)$ とすると，キルヒホッフの式は

$$\Delta H_{T_2} = \Delta H_{T_1} + \int_{T_1}^{T_2} \Delta C_p(T) \, \mathrm{d}T \tag{2.17}$$

となる。

例題 水の 25℃ における標準蒸発エンタルピーは 44.01 kJ mol^{-1} である。60℃ における蒸発エンタルピーはいくらか。ただし，水および水蒸気の定圧モル熱容量をそれぞれ 75.29，33.58 J K^{-1} mol^{-1} とする。

[**解答**] $\Delta C_p = 33.58 - 75.29 = -41.71$ J K^{-1} mol^{-1}

式(2.16)より

$$\Delta H_{333} = 44.01 \times 10^3 + (-41.71) \times (333 - 298)$$
$$= 42.55 \text{ kJ mol}^{-1}$$

演習問題 2

2.1　次の熱容量のうち，25℃における値が同じに
なるものはどれとどれか。

(1)　単原子理想気体の定容モル熱容量

(2)　単原子理想気体の定圧モル熱容量

(3)　2原子分子理想気体の定容モル熱容量

(4)　2原子分子理想気体の定圧モル熱容量

(5)　非直線形3原子分子理想気体の定容モル熱
容量

2.2　ビーカーに水を入れて水の状態を観察対象と
するとき，系を表すのはどれか。

(1)　水

(2)　水とビーカー

(3)　水とビーカーと周辺の空気

2.3　定容条件において，300 K，1.00 mol の単原子
分子理想気体と2原子分子理想気体に，それぞれ
1000 J の熱を加えた。ただし，気体定数を 8.31
$J K^{-1} mol^{-1}$ として以下の問に答えなさい。

(1)　内部エネルギー変化はそれぞれいくらか。

(2)　気体の温度はそれぞれいくらになるか。

2.4　グルコースのアルコール発酵における標準反
応エンタルピーを計算しなさい。ただし，グルコー
ス(s)，エタノール(l)，二酸化炭素(g)の標準生成エ
ンタルピーをそれぞれ $-1268 \, kJ \, mol^{-1}$，-277.6
$kJ \, mol^{-1}$，$-393.5 \, kJ \, mol^{-1}$ とする。

$$C_6H_{12}O_6(s) \rightarrow 2C_2H_5OH(l) + 2CO_2(g)$$

3

熱力学第 2 法則

　水にインクを垂らすと，インクは水中に広がっていく。また，熱いものと冷たいものが
接触すると，熱いものから冷たいものへ熱が移動し，やがて温度が等しくなるなど，私た
ちは身の回りの様々な現象がどちらに進むかを予測することができる。これらの自発変化
の方向は熱力学第 2 法則 (エントロピー増大の法則) に基づくものであり，この法則によ
り，直感的にはわからない物理的，化学的変化の方向を知ることが可能である。本章では，
エントロピーという概念が提唱された経緯や分子論的な意味，さらに様々な変化に伴うエ
ントロピー変化について学ぶ。

3.1 膨 張 仕 事

3.1.1 等温可逆膨張

　2 章 2.5 節では，一定の圧力における気体の膨張仕事を
扱ったが，ここでは，一定の温度で可逆的に体積が膨張する
ときの仕事を考えてみる (図 3.1)。2 章の式 (2.3) より膨張仕
事は $w = -p\Delta V$ と表されるが，無限小変化では ΔV を $\mathrm{d}V$
として $\delta w = -p\,\mathrm{d}V$ となる。ここで，無限小の仕事に $\mathrm{d}w$
ではなく δw を用いているのは，仕事が経路関数であり全微
分として表すことができない (不完全微分という) ことを示す
ためである。

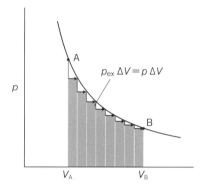

図 3.1　等温可逆膨張

　理想気体が一定温度 T において V_1 から V_2 まで膨張する
ときの仕事は

$$
\begin{aligned}
w &= -\int_{V_1}^{V_2} p_{\mathrm{ex}}\,\mathrm{d}V = -\int_{V_1}^{V_2} p\,\mathrm{d}V \\
&= \int_{V_1}^{V_2} \frac{nRT}{V}\,\mathrm{d}V = -nRT\int_{V_1}^{V_2} \frac{1}{V}\,\mathrm{d}V \\
&= -nRT\ln\frac{V_2}{V_1}
\end{aligned}
\tag{3.1}
$$

となる。ここで，p_{ex} は外圧 (外界の圧力) を表すが，無限小の変化では系の圧力 p は p_{ex} と等
しいと考えることができる。また，圧力が p_1 から p_2 まで変化する場合は，$p_1 V_1 = p_2 V_2$ より
$V_2/V_1 = p_1/p_2$ なので

$$
w = -nRT\ln\frac{p_1}{p_2}
\tag{3.2}
$$

となる。

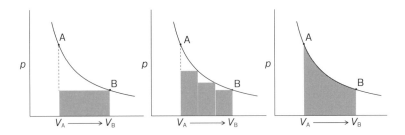

図 3.2　可逆過程と不可逆過程における膨張仕事

　理想気体では内部エネルギーは温度のみの関数であるので，一定の温度では $\Delta U = 0$ である。したがって，等温過程では熱力学第1法則より $q + w = 0$ であり，系に入る熱は

$$q = -w = nRT \ln \frac{V_2}{V_1} \tag{3.3}$$

となる。このように，等温膨張では膨張仕事に等しい熱を外界から獲得することになる。

　無限小変化では，系の圧力 p と外界の圧力 p_{ex} が等しいとし，どちらの方向にも進めるので可逆変化であると考えることができる。このように，ある過程を無限大の個数の無限小変化からなるとして，無限大の時間をかける過程を**準静的過程**とよぶ。しかし，実際の膨張は無限小変化ではなく，系と外界で圧力差があるので変化は不可逆である。可逆過程と不可逆過程における膨張仕事の量を比べてみると，仕事は図3.2の灰色部分の面積にあたるので，可逆膨張での仕事が最大となる。

3.1.2　断熱膨張

　外界との熱の出入りを遮断された過程を**断熱過程**という。気体を断熱膨張させる場合を考えてみよう。この過程では $q = 0$ であり，気体は膨張により外界に仕事をするので w の符号はマイナスである。したがって，熱力学第1法則から $\Delta U = w < 0$ となり，系の内部エネルギーは減少する。これより，断熱膨張では系の温度が下がることがわかる。断熱圧縮の場合は，系が仕事をされるので $\Delta U = w > 0$ となり，系の温度は上昇する。系が断熱壁で囲まれていなくても，状態の変化が熱の出入りよりも十分に速い場合は，近似的に断熱過程とみなすことができる。例えば，湿った空気が上昇して入道雲が発生するのは断熱膨張の例であり，雨を降らせた後に乾燥した空気が山を越えて低地に下降してくるフェーン現象や，自転車の空気入れが使用中に熱くなるのは断熱圧縮の例である。

　理想気体の等温過程では $pV = $ 一定が成り立つが，断熱過程では比熱比を γ として pV^γ = 一定となる。これを**ポアソンの法則**とよび，次のように導かれる。

　断熱過程における内部エネルギー変化は

$$dU = \delta q + \delta w = \delta w = -p\,dV$$

であり，定容熱容量 C_V を用いると

$$dU = C_V\,dT$$

と表せる。したがって

$$C_V\,dT = -p\,dV = -\frac{nRT}{V}\,dV \tag{3.4}$$

となる。気体が体積 V_1 から V_2 まで断熱膨張して，温度が T_1 から T_2 になったとすると，

式(3.4)から

$$C_V \int_{T_1}^{T_2} \frac{1}{T}\,\mathrm{d}T = -nR \int_{V_1}^{V_2} \frac{1}{V}\,\mathrm{d}V$$

$$C_V \ln \frac{T_2}{T_1} = -nR \ln \frac{V_2}{V_1} \tag{3.5}$$

となる。マイヤーの式より

$$C_V \ln \frac{T_2}{T_1} = -(C_p - C_V) \ln \frac{V_2}{V_1} \tag{3.6}$$

となり，さらに，比熱比 $\gamma = C_p/C_V$ を用いると

$$\ln \frac{T_2}{T_1} = -(\gamma - 1) \ln \frac{V_2}{V_1}$$

$$\ln \frac{T_1}{T_2} = \ln \left(\frac{V_2}{V_1} \right)^{\gamma-1}$$

$$\frac{T_1}{T_2} = \left(\frac{V_2}{V_1} \right)^{\gamma-1}$$

$$\frac{p_1 V_1}{p_2 V_2} = \left(\frac{V_2}{V_1} \right)^{\gamma-1}$$

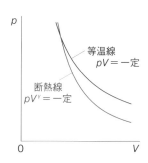

図 3.3　等温線と断熱線

となり，$p_1 V_1{}^\gamma = p_2 V_2{}^\gamma$ が成り立つことがわかる。図3.3に理想気体の
等温線と断熱線を示す。断熱線は等温線よりも急な勾配を示す。

3.2　カルノーサイクル

　カルノーサイクルは，蒸気機関の効率化についての考察で生まれた仮想的なサイクルで
あり，エントロピーの概念のもとになったものである。カルノーサイクルは，仕事を取り
出す高温での等温膨張と，低温での等温圧縮および温度を変化させる2つの断熱過程から
なっている(図3.4)。それぞれの過程における，熱と仕事について見てみよう。

　① 等温膨張　$\Delta U_1 = 0$

$$q_1 = q_H = nRT_H \ln \frac{V_2}{V_1},$$

$$w_1 = -nRT_H \ln \frac{V_2}{V_1}$$

　② 断熱膨張　$q_2 = 0$，温度 $T_H \to T_L$

$$\Delta U_2 = U_{T_L} - U_{T_H} = w_2 < 0$$

　③ 等温圧縮　$\Delta U_3 = 0$

$$q_3 = q_L = nRT_L \ln \frac{V_4}{V_3},$$

$$w_3 = -nRT_L \ln \frac{V_4}{V_3}$$

　④ 断熱圧縮　$q_4 = 0$，温度 $T_L \to T_L$

$$\Delta U_4 = U_{T_H} - U_{T_L} = w_4 > 0$$

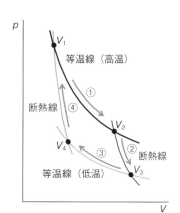

図 3.4　カルノーサイクル

　各過程において外界になされる仕事は上記のように表される。ここで，②の断熱過程におけるポアソンの式は，比熱比を γ として

$$p_2 V_2{}^\gamma = p_3 V_3{}^\gamma$$

となる。これを変形すると

$$\left(\frac{V_2}{V_3}\right)^\gamma = \frac{p_3}{p_2} = \frac{\dfrac{nRT_L}{V_3}}{\dfrac{nRT_H}{V_2}}$$

$$\left(\frac{V_2}{V_3}\right)^{\gamma-1} = \frac{T_L}{T_H} \tag{3.7}$$

となる。同様に，④の断熱過程から

$$\left(\frac{V_1}{V_4}\right)^{\gamma-1} = \frac{T_L}{T_H} \tag{3.8}$$

となり，式(3.7)と式(3.8)から

$$\frac{V_2}{V_1} = \frac{V_3}{V_4} \tag{3.9}$$

の関係が得られる。

　サイクルを一周した場合の仕事 w_{total} は $w_2 = -w_4$ より

$$
\begin{aligned}
w_{total} &= w_1 + w_2 + w_3 + w_4 \\
&= w_1 + w_3 \\
&= -nRT_H \ln\frac{V_2}{V_1} = -nRT_L \ln\frac{V_3}{V_4} \tag{3.10}
\end{aligned}
$$

となり，式(3.9)より

$$w_{total} = -nR(T_H - T_L)\ln\frac{V_2}{V_1} \tag{3.11}$$

となる。

　カルノーサイクルの効率を考えてみる。効率 η は，外界から受け取った熱をどれくらい外に対する仕事に変換できるかであるので

$$\eta = \frac{-w_{total}}{q_H} = \frac{T_H - T_L}{T_H} = 1 - \frac{T_L}{T_H} < 1 \tag{3.12}$$

と表せる。式(3.12)より，カルノーサイクルの効率は高温の熱源と低温の熱源の温度のみで決まり，T_H が高いほど，T_L が低いほど効率が高くなることがわかる（図3.5）。例として，200℃の水蒸気を用いて20℃でサイクルを回した場合，最大効率は38%となる。

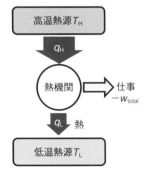

図 3.5　熱機関

3.3 エントロピー ———————————————————————

カルノーサイクルは熱機関の最大効率のために考察されたものであったが，その効率を表す式を変形すると

$$\eta = \frac{-w_{\text{total}}}{q_{\text{H}}} = \frac{q_{\text{H}} + q_{\text{L}}}{q_{\text{H}}} = 1 + \frac{q_{\text{L}}}{q_{\text{H}}} \tag{3.13}$$

式(3.12)と式(3.13)から

$$\frac{T_{\text{L}}}{T_{\text{H}}} + \frac{q_{\text{L}}}{q_{\text{H}}} = 0 \tag{3.14}$$

が得られる。これを変形すると

$$\frac{q_{\text{H}}}{T_{\text{H}}} + \frac{q_{\text{L}}}{T_{\text{L}}} = 0 \tag{3.15}$$

となる。ここで出てくる q/T は断熱過程(図3.4②，④)では0なので，カルノーサイクルが一周すると0になる。一般的に書くと

$$\oint \frac{\delta Q}{T} = 0 \tag{3.16}$$

となる。ここで，$\oint$ は循環過程を一周する積分を表す。したがって，q/T は経路によらない状態関数であることがわかる。

カルノーサイクルをもとにして，クラウジウスは，新しい状態関数として S を導入し**エントロピー**と名づけ，エントロピーの変化量を

$$\Delta S = \frac{q_{\text{rev}}}{T} \tag{3.17}$$

と定義した。ここで，q_{rev} は可逆的に移動する熱を表す。式(3.17)は，無限小変化では

$$\mathrm{d}S = \frac{\delta q_{\text{rev}}}{T} \tag{3.18}$$

と書くことができる。

コラム：逆カルノーサイクル

カルノーサイクルは高熱源から熱を受け取り，外界に対して仕事をし，残りの熱を低熱源に捨てる可逆的な熱機関である。このサイクルは，可逆的であるので，逆に回転させることも可能である(図3.6)。この場合，熱機関に対して外界から仕事をすることにより，低熱源から熱をくみ上げ，高熱源に熱を放出することができる。これを**逆カルノーサイクル**とよび，冷蔵庫やクーラーに使用されるヒートポンプの基本概念である。

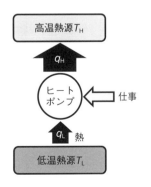

図 3.6 逆カルノーサイクル熱機関

3.4 熱力学第2法則

熱力学第2法則は,「孤立系における自発的反応においてエントロピーは増大する」というものである。

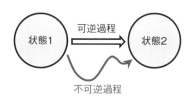

図 3.7 可逆過程と不可逆過程による状態変化

状態1から状態2に,可逆過程あるいは不可逆過程で変化する場合を考える(図3.7)。

エントロピーは状態関数であるから,どちらの経路を通ってもエントロピー変化は同じである。また,内部エネルギー変化も等しい。しかし,熱と仕事は経路によるため,可逆過程での熱と仕事をそれぞれ q_{rev}, w_{rev}, 不可逆過程での熱と仕事をそれぞれ q_{irrev}, w_{irrev}とすると,それぞれについて熱力学第1法則が成り立つので

$$q_{rev} = \Delta U - w_{rev},$$
$$q_{irrev} = \Delta U - w_{irrev}$$

これより

$$q_{rev} - q_{irrev} = - w_{rev} - (- w_{irrev}) \tag{3.19}$$

となる。 ここで,系が外界に対して可逆的にする仕事($- w_{rev}$)は不可逆的にする仕事($- w_{irrev}$)より大きいので(3.1.1項)

$$q_{rev} - q_{irrev} = - w_{rev} - (- w_{irrev}) > 0 \tag{3.20}$$

したがって

$$q_{rev} > q_{irrev} \tag{3.21}$$

となる。エントロピー変化は可逆過程における熱を温度で割ったものなので

$$\Delta S = \frac{q_{rev}}{T} > \frac{q_{irrev}}{T} \tag{3.22}$$

が成り立つ。また,可逆過程の熱 q_{rev} と不可逆過程の熱 q_{irrev} をまとめて q とすると

$$\Delta S \geq \frac{q}{T} \tag{3.23}$$

となり,微分形で表すと

$$dS = \frac{\delta q}{T} \tag{3.24}$$

となる。式(3.23),式(3.24)を**クラウジウスの不等式**という。系が孤立系の場合は,$\delta q = 0$ なので

$$dS \geq 0 \tag{3.25}$$

となり,熱力学第2法則を表す式が得られる。式(3.25)において,可逆過程では $dS = 0$ であり,不可逆過程では $dS > 0$ である。

3.5 統計学的エントロピー

クラウジウスにより $\Delta S = q_{rev}/T$ と定義されたエントロピーの概念は変化の方向を決める重要なものであったが,当初その分子論的な意味を理解することが難しかった。しか

し，後にボルツマンにより導かれた統計学的なエントロピーの定義

$$S = k \ln W \tag{3.26}$$

により，"エントロピーが増大するとは，系が取り得る状態の数が増えること"という明快な解釈がなされた。ここでは，気体膨張におけるエントロピー変化について，簡単なモデルを用いて考えてみよう。

空間が体積 V の単位格子からなると考え，体積 V_1 の空間が $W_1(= V_1/V)$ 個の単位格子からなるとする（図3.8）。このとき，1つの分子をそれぞれの格子に入れる場合の数（微視的状態数）は W_1 となる。体積が V_2 に膨張した場合，微視的状態数は $W_2(= V_2/V)$ となる。微視的状態数は体積に比例するので，この膨張に伴うエントロピー変化は式(3.26)より

$$\Delta S_1 = k \ln W_2 - k \ln W_1 = k \ln \frac{W_2}{W_1} = k \ln \frac{V_2}{V_1}$$

と表せる。$n(\mathrm{mol})$ $(n \times$ アボガドロ数 N_A 個$)$の分子については

$$\Delta S_{n \times N_A} = n \times N_A \times \Delta S_1 = N_A \times k \ln \frac{V_2}{V_1} = nR \ln \frac{V_2}{V_1}$$

となり，カルノーサイクルの過程①の等温可逆膨張に伴うエントロピー変化の式と一致する（3.2節）。また，2つの空間が合体したとき微視的状態数はそれぞれの積となるが，エントロピーは微視的状態数の対数であるため，加成性が成り立つことがわかる（図3.9）。

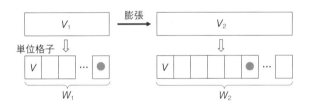

図 3.8　微視的状態数の考え方

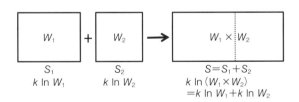

図 3.9　エントロピーの加成性

3.6 状態変化に伴うエントロピーの変化

3.6.1 等温可逆膨張

等温過程なので，$\Delta U = 0$ より $q = -w$ である。したがって，エントロピーの無限小変化は

$$dS = \frac{\delta q}{T} = \frac{-\delta w}{T} = \frac{p\,dV}{T}$$

となる。両辺を状態1から2まで積分すると

$$\Delta S = S_2 - S_1 = \frac{1}{T}\int_{V_1}^{V_2} p\,dV = \frac{1}{T}\int_{V_1}^{V_2} \frac{nRT}{V}\,dV = nR\ln\frac{V_2}{V_1} \tag{3.27}$$

のようにエントロピー変化 ΔS を求めることができる。

3.6.2 定容・定圧可逆過程

定容変化では $q = \Delta U$，$\Delta U = C_V\,\Delta T$ より

$$dS = \frac{dU}{T} = C_V\,\frac{dT}{T} \tag{3.28}$$

と表せる。C_V が温度によらないとすると，温度が T_1 から T_2 まで変化するときのエントロピー変化 ΔS は

$$\Delta S = S_2 - S_1 = \int_{T_1}^{T_2} C_V\,\frac{dT}{T} = C_V\int_{T_1}^{T_2}\frac{dT}{T} = C_V\ln\frac{T_2}{T_1} \tag{3.29}$$

となる。

定圧変化では $q = \Delta H$，$\Delta H = C_p\,\Delta T$ より

$$dS = \frac{dH}{T} = C_p\,\frac{dT}{T} \tag{3.30}$$

と表せる。C_p が温度によらないとすると，温度が T_1 から T_2 まで変化するときのエントロピー変化 ΔS は

$$\Delta S = S_2 - S_1 = \int_{T_1}^{T_2} C_p\,\frac{dT}{T} = C_p\int_{T_1}^{T_2}\frac{dT}{T} = C_p\ln\frac{T_2}{T_1} \tag{3.31}$$

となる。

3.6.3 断熱自由膨張

断熱膨張では温度が低下するが，これは外界に対する仕事により系の内部エネルギーが減少するためである。真空に対して膨張する場合はどうであろうか。この場合，外界に対しての膨張仕事は0である。したがって，$q = 0$，$w = 0$ より $\Delta U = q + w = 0$ であり，系の温度 T は膨張に伴って変化しない。このような膨張を**断熱自由膨張**という（図3.10）。

この過程は不可逆であるので，$q = 0$ からエントロピー変化 ΔS を0としてはいけない。エントロピーは状態関数であり，ΔS は変化の前後における状態が決まれば経路によらずに同じになるので，計算可能な経路（可逆過程）により求めることができる。断熱自由膨張では温度が変化しないので，等温可逆膨張の場合と同じエントロピー変化となる。

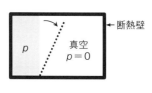

図 3.10 断熱自由膨張

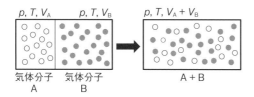

図 3.11　気体の混合エントロピー

3.6.4　混合のエントロピー

　2種類の気体分子 A, B が混合する場合のエントロピー変化を考えてみる(図3.11)。この過程は不可逆過程であるが, 温度が一定なのでエントロピー変化は等温可逆過程での計算で求めることができる。

　気体分子 A については, 体積が $V_A \to V_A + V_B$ に変化するので, A の物質量を n_A とすると, 式(3.27)より

$$\Delta S_A = n_A R \ln \frac{V_A + V_B}{V_A}$$

となる。同様に, 気体分子 B についても, 体積が $V_B \to V_A + V_B$ に変化するので, B の物質量を n_B とすると, 式(3.27)より

$$\Delta S_B = n_B R \ln \frac{V_A + V_B}{V_B}$$

となる。したがって, 混合のエントロピー変化は

$$\Delta S_{\text{mix}} = \Delta S_A + \Delta S_B = R \left(n_A \ln \frac{V_A + V_B}{V_A} + n_B \ln \frac{V_A + V_B}{V_B} \right) \tag{3.32}$$

となる。

　次に, 圧力の変化から考えてみる。気体分子 A では圧力が $p \to p_A$ に変化したとする。ここで, p_A は混合気体における A の分圧を表す。気体分子 B についても同様に $p \to p_B$ とすると, 混合のエントロピーは

$$\Delta S_{\text{mix}} = R \left(n_A \ln \frac{p}{p_A} + n_B \ln \frac{p}{p_B} \right) = - R(n_A \ln x_A + n_B \ln x_B) \tag{3.33}$$

となる。ここで, x_A, x_B はそれぞれ A と B のモル分率である。一般に, i 種類の気体分子の**混合エントロピー**は, それぞれの物質量を n_i, モル分率を x_i として

$$\Delta S_{\text{mix}} = - R \sum_i n_i \ln x_i \tag{3.34}$$

と表すことができる。

　例題　定温, 定圧の条件で, 3種類の理想気体をそれぞれ 2.00 mol を混合するときのエントロピー変化を求めなさい。ただし, 気体定数 $R = 8.31 \, \text{J K}^{-1} \text{mol}^{-1}$ とする。

　[解答]　式(3.34)より

$$\Delta S_{\text{mix}} = - R \left(2 \times \ln \frac{1}{3} + 2 \times \ln \frac{1}{3} + 2 \times \ln \frac{1}{3} \right) = 54.8 \, \text{J K}^{-1}$$

3.6.5　相転移によるエントロピー変化

　融解・凝固や蒸発・凝縮などの相転移は一定温度で可逆的に進行する。したがって，これらの変化に伴うエントロピー変化 $\Delta_{trs}S$ は，転移温度を T_{trs}，転移エンタルピーを $\Delta_{trs}H$ として

$$\Delta_{trs}S = \frac{\Delta_{trs}H}{T_{trs}} \tag{3.35}$$

となる。

　例えば，H_2O の場合，図 3.12 に示すように，**融解エントロピー** $\Delta_{fus}S$ および**蒸発エントロピー** $\Delta_{vap}S$ を求めることができる。エントロピー変化の符号はエンタルピー変化の符号と同じであり，融解や蒸発などの吸熱過程（$\Delta H > 0$）ではエントロピーは増大（$\Delta S > 0$）し，凝固や凝縮などの発熱過程（$\Delta H < 0$）では減少（$\Delta S < 0$）する。また，融解と蒸発と比べると，蒸発では分子間の相互作用をすべて切断する必要があるので，蒸発エンタルピーは融解エンタルピーよりも大きく，また，融解エントロピーよりも蒸発エントロピーの方が大きくなる。

　液体から気体になる場合，どのような液体でも同程度の乱雑さが生じるため，蒸発エントロピーはほぼ一定の値（約 $85\ J\ K^{-1}\ mol^{-1}$）となることが知られている（表 3.1）。これを**トルートンの規則**という。ただし，水素結合が形成される水などは，この規則から大きくずれた値を示す。

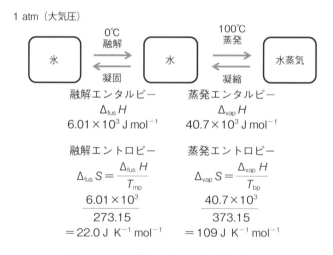

図 3.12　相転移によるエントロピー変化

表 3.1　蒸発エントロピー

物質	T_{bp} (℃)	$\Delta_{vap}H$ (kJ mol^{-1})	$\Delta_{vap}S$ (J K^{-1} mol^{-1})
クロロホルム	61.25	29.5	88.2
四塩化炭素	76.8	30.0	85.7
ベンゼン	80.09	30.8	87.2
水	100	40.66	109.0
メタン	−161.48	8.19	73.3
硫化水素	−59.55	18.67	87.4

3.7 熱力学第3法則

　内部エネルギーやエンタルピーは，絶対値を求めることができないため，標準生成エンタルピーのように基準を決めておいたり，変化に伴う差のみを考えてきた。これに対して，エントロピーは絶対値を求めることができる。これは，「絶対零度における純物質の完全結晶のエントロピーは0である」という**熱力学第3法則**により，絶対値の基準が定まるからである。第3法則によって得られるエントロピーの絶対値を**絶対エントロピー**あるいは**第3法則エントロピー**という。

　0Kにおいて純物質完全結晶が取り得る微視的状態数 W は1通りであり，ボルツマンのエントロピーの定義式 $S = k \ln W$ より，$S = 0$ となることがわかる。0Kであっても，不純物が混ざっていたり，結晶構造に乱れがある場合は，微視的状態数が1通りに決まらず，エントロピーは0にはならない。これを**残余エントロピー**という。

　物質の温度上昇や，相転移に伴うエントロピー変化については，3.6.5項で学んできた。これと，0Kにおけるエントロピーを0とする第3法則により，任意の温度における絶対エントロピーの値を求めることができる。例えば，融点が T_f，沸点が T_b の気体の温度 T におけるエントロピーは

$$S(T) = S(0) + \int_0^{T_f} \frac{C_{ps}}{T} \, dT + \frac{\Delta_{fus}H}{T_f} + \int_{T_f}^{T_b} \frac{C_{pl}}{T} \, dT + \frac{\Delta_{vap}H}{T_b} + \int_{T_b}^{T} \frac{C_{pg}}{T} \, dT$$

$$(3.36)$$

となる。ここで，$S(0) = 0$，C_{ps}, C_{pl}, C_{pg} はそれぞれ固体，液体，気体の定圧熱容量である（図3.13）。また，0K付近の熱容量の測定は困難なため，熱容量が T^3 に比例するとしたデバイ近似 $C_p = aT^3$ が用いられる。

　絶対エントロピーは圧力にも依存するが，標準状態（1 bar）における1 molあたりの物質のエントロピーを標準モルエントロピーとする。温度は特に指定がない場合，25℃とする。また，化学反応に伴う標準反応エントロピー $\Delta_r S°$ は，生成物の標準モルエントロピーと反応物の標準モルエントロピーの差から求めることができる。

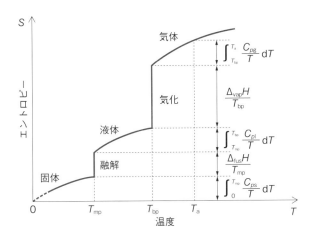

図 3.13 絶対エントロピー

演習問題 3

3.1　−20℃の単原子分子理想気体の体積を 1/16 に断熱可逆圧縮すると，気体の温度は何℃になるか。

3.2　1.0 mol の理想気体の体積が温度 300 K において可逆的に 5 倍に膨張するとき，系が外界に対してした仕事の大きさはいくらか。また，系に出入りした熱および系のエントロピー変化はいくらか。ただし，気体定数 $R = 8.3\,\mathrm{J\,K^{-1}\,mol^{-1}}$ とする。

3.3　2.0 mol の単原子分子理想気体を 200 K, 1.0 atm から 400 K, 20 atm まで状態変化させるときのエントロピー変化を求めなさい。ただし，気体定数 $R = 8.31\,\mathrm{J\,K^{-1}\,mol^{-1}}$ とする。

3.4　標準状態において，−20℃の氷を 120℃の水蒸気にするときの 1 mol あたりのエントロピー変化を求めなさい。ただし，氷の融解エンタルピーを 6.01 kJ mol^{-1}（0℃），水の蒸発エンタルピーを 40.7 kJ mol^{-1}（100℃），氷，水，水蒸気の定圧モル熱容量をそれぞれ 37.2, 75.3, 33.6 J K^{-1} mol^{-1} とし，熱容量は一定とする。

4

化 学 平 衡

　孤立系ではエントロピー増大の法則により物理的，化学的変化の方向が決定されることを学んだ。次に，私たちが反応を扱う際の一般的な環境(定温，定圧-閉鎖系，開放系)において，変化の方向を判定するのに適しているギブズエネルギー，化学ポテンシャルを導入する。本章では，ギブズエネルギーの温度・圧力依存性や反応に伴うギブズエネルギー変化と平衡定数の関係を学ぶ。さらに，様々な条件による平衡の移動について理論的に考察する。

4.1　ギブズエネルギー

　熱力学第2法則によると，自発的変化はエントロピーが増大する方向へ進むが，これは系が孤立系であることが条件である。例えば，図4.1に示すように，匂い物質は自発的に拡散したり脱臭剤に捉えられたりするが，このとき匂い物質自体のエントロピーは増大したり減少する。このような場合，自発的方向の指標となるものとして**ギブズエネルギー G** がある。

　ここで，閉鎖系を考えてみる。世界(孤立系)のエントロピー変化は

$$\Delta S_{世界} = \Delta S_{系} + \Delta S_{外界} \tag{4.1}$$

である。ここで，外界から系に流入する熱を q とする。外界は大きな熱だまりとすると，この熱は外界にとって極めて微小な変化であるので可逆的な熱の移動と考えることができる(図4.2)。

　したがって，外界のエントロピー変化 $\Delta S_{外界}$ は

$$\Delta S_{外界} = -\frac{q}{T} \tag{4.2}$$

エントロピー増大　エントロピー減少？

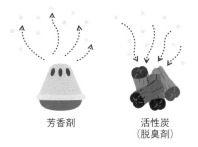

芳香剤　　　　活性炭
　　　　　　　(脱臭剤)

図 4.1　閉鎖系における自発変化

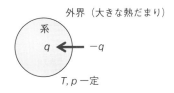

外界（大きな熱だまり）

系

q　　←　$-q$

T, p 一定

図 4.2　系と外界のエントロピー変化

と表せる。一方、系からみた場合、この熱の流入は可逆的とみることはできないため、系のエントロピー変化 $\Delta S_\text{系}$ は q/T とはならないことに注意する。温度一定、圧力一定の条件では、$q = \Delta H_\text{系}$ であり、$\Delta S_\text{外界} = -\frac{\Delta H_\text{系}}{T}$ と表せるので

$$\Delta S_\text{世界} = \Delta S_\text{系} - \frac{\Delta H_\text{系}}{T} \geq 0 \tag{4.3}$$

となる。このように、T, p 一定の条件において、世界のエントロピー変化を系の熱力学関数のみで表すことができる。

式(4.3)を変形すると

$$-T\,\Delta S_\text{世界} = \Delta H_\text{系} - T\,\Delta S_\text{系} \leq 0 \tag{4.4}$$

となる。ここで、ギブズエネルギー G を

$$G = H - TS \tag{4.5}$$

と定義する。温度一定のとき

$$\Delta G = \Delta H - T\,\Delta S \tag{4.6}$$

となる。式(4.6)を式(4.4)と比べると $\Delta G = -T\,\Delta S_\text{世界}$ となり、世界(孤立系)のエントロピーが増大するとき、系のギブズエネルギー G は減少することがわかる。したがって、自発的変化が起こるとき

$$\Delta G < 0 \tag{4.7}$$

となり、ΔG の符号によって系の変化の方向が定まることがわかる。

式(4.6)において、ΔH および ΔS の温度依存性はあまり大きくないため、ΔG は温度 T に対して ΔH を切片として直線的に変化すると近似できる。この場合、ΔH と ΔS の符号によって4つのパターンに分類できる(図4.3)。

① $\Delta H < 0$, $\Delta S > 0$ のとき、ΔG は温度によらず負
② $\Delta H > 0$, $\Delta S < 0$ のとき、ΔG は温度によらず正
③ $\Delta H < 0$, $\Delta S < 0$ のとき、ΔG は低温でのみ負
④ $\Delta H > 0$, $\Delta S > 0$ のとき、ΔG は高温でのみ負

このように、ΔG の符号は、エンタルピー変化 ΔH とエントロピー変化 ΔS の兼ね合いで決まる。また、$\Delta G < 0$ となるとき、その符号の決定に ΔH の寄与が大きい場合を**エンタルピー駆動**、ΔS の寄与が大きい場合を**エントロピー駆動**という。

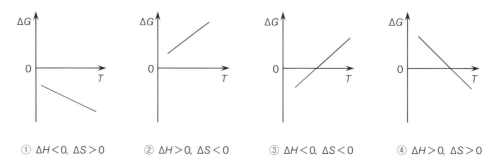

① $\Delta H<0$, $\Delta S>0$　　② $\Delta H>0$, $\Delta S<0$　　③ $\Delta H<0$, $\Delta S<0$　　④ $\Delta H>0$, $\Delta S>0$

図 4.3　ギブズエネルギー変化の温度依存性

4.2 標準反応ギブズエネルギー ———————————————

標準状態（1 bar）での反応におけるギブズエネルギー変化を**標準反応ギブズエネルギー** $\Delta_r G^\circ$ という。$\Delta_r G^\circ$ は標準状態における生成物と反応物のギブズエネルギーの差であるが，次のように，標準反応エンタルピー $\Delta_r H^\circ$ と標準反応エントロピー $\Delta_r S^\circ$ から

$$\Delta_r G^\circ = \Delta_r H^\circ - T\,\Delta_r S^\circ \tag{4.8}$$

と求めることができる。

標準反応ギブズエネルギーは標準反応エンタルピーと同様に，**標準生成ギブズエネルギー**の値から計算することもできる。標準生成ギブズエネルギーは，標準状態において 1 mol の化合物を構成元素の単体から生成するときのギブズエネルギー変化であり，最も安定な元素の単体のギブズエネルギーの値を 0 とする。

ギブズエネルギー変化の符号は，その変化が自発的に進行するかどうかの指標になるものであり，ΔG はエンタルピー変化とエントロピー変化の組合せからなる。具体的な例を見てみよう。

(1) グルコースの燃焼

$$C_6H_{12}O_6(s) + 6O_2(g) \rightleftarrows 6CO_2(g) + 6H_2O(l)$$

	標準生成エンタルピー ΔH° (kJ mol^{-1})	標準モルエントロピー S° (J K^{-1} mol^{-1})
$C_6H_{12}O_6(s)$	-1273.3	212.2
$O_2(g)$	0	205.1
$CO_2(g)$	-393.5	213.7
$H_2O(l)$	-285.8	69.9

$$\Delta H^\circ = (-6 \times 393.5 - 6 \times 285.8) - (-1273.3 + 0) = -2803\ \text{kJ mol}^{-1}$$
$$\Delta S^\circ = (6 \times 213.7 + 6 \times 69.9) - (212.1 + 6 \times 205.1) = 258.9\ \text{J K}^{-1}\text{mol}^{-1}$$
$$\Delta G^\circ = -2803 \times 10^3 - 298 \times 258.9 = -2880\ \text{kJ mol}^{-1}$$

標準生成エンタルピーと標準モルエントロピーの値から標準反応エンタルピーと標準反応エントロピーを計算し，それらの値から標準反応ギブズエネルギーを求めると $\Delta_r G^\circ < 0$ となり，この燃焼反応が自発的過程であることがわかる。また，$\Delta_r H^\circ < 0$，$\Delta_r S^\circ > 0$ であることから，この反応は温度によらず自発的に進行することがわかる。

(2) メタンの燃焼

$$CH_4(g) + 2O_2(g) \rightleftarrows CO_2(g) + 2H_2O(g)$$

	標準生成エンタルピー ΔH° (kJ mol^{-1})	標準モルエントロピー S° (J K^{-1} mol^{-1})
$CH_4(g)$	-74.8	186.3
$O_2(g)$	0	205.1
$CO_2(g)$	-393.5	213.7
$H_2O(g)$	-241.8	188.8

$$\Delta H^\circ = (-393.5 - 2 \times 241.8) - (-74.8 + 2 \times 0) = -802.3 \, \text{kJ mol}^{-1}$$

$$\Delta S^\circ = (213.7 + 2 \times 188.8) - (186.3 + 2 \times 205.1) = -5.2 \, \text{J K}^{-1} \, \text{mol}^{-1}$$

$$\Delta G^\circ = -802.3 \times 10^3 - 298 \times (-5.2) = -800.5 \, \text{kJ mol}^{-1}$$

(1)と同じ燃焼反応であり，$\Delta_r G^\circ < 0$ であるが，標準反応エントロピー $\Delta_r S^\circ < 0$ であり，この反応がエンタルピー駆動であることがわかる．

(3)　食塩の水への溶解

$$\text{NaCl(s)} \rightleftarrows \text{Na}^+(\text{aq}) + \text{Cl}^-(\text{aq})$$

	標準生成エンタルピー $\Delta H^\circ (\text{kJ mol}^{-1})$	標準モルエントロピー $S^\circ (\text{J K}^{-1} \text{mol}^{-1})$
NaCl(s)	−411.2	72.1
Na$^+$(aq)	−240.1	59.0
Cl$^-$(aq)	−167.2	56.5

$$\Delta H^\circ = (-240.1 - 167.2) - (-411.2) = 3.9 \, \text{kJ mol}^{-1}$$

$$\Delta S^\circ = (59.0 + 56.5) - (72.1) = 43.4 \, \text{J K}^{-1} \, \text{mol}^{-1}$$

$$\Delta G^\circ = 3.9 \times 10^3 - 298 \times 43.4 = -9.03 \, \text{kJ mol}^{-1}$$

食塩を水に溶かすと冷たくなることからもわかるように，食塩の水への溶解は吸熱反応であり $\Delta_r H^\circ > 0$ である．一方，$\Delta_r S^\circ$ は大きな正の値であり，$\Delta_r G^\circ < 0$ となる要因となっている．このように，食塩の溶解はエントロピー駆動の反応である．

(4)　塩化カルシウムの溶解

$$\text{CaCl}_2(\text{s}) \rightleftarrows \text{Ca}^{2+}(\text{aq}) + 2\text{Cl}^-(\text{aq})$$

	標準生成エンタルピー $\Delta H^\circ (\text{kJ mol}^{-1})$	標準モルエントロピー $S^\circ (\text{J K}^{-1} \text{mol}^{-1})$
CaCl$_2$(s)	−795.8	104.6
Ca^{2+}(aq)	−542.8	−53.1
Cl$^-$(aq)	−167.2	56.5

$$\Delta H^\circ = (-542.8 - 2 \times 167.2) - (-795.8) = -81.4 \, \text{kJ mol}^{-1}$$

$$\Delta S^\circ = (-53.1 + 2 \times 56.5) - (104.6) = -44.7 \, \text{J K}^{-1} \, \text{mol}^{-1}$$

$$\Delta G^\circ = -81.4 \times 10^3 - 298 \times (-44.7) = -68.1 \, \text{kJ mol}^{-1}$$

塩化カルシウムは水への溶解に伴い発熱する（$\Delta_r H^\circ < 0$）ため，雪を溶かす融雪剤として用いられる．溶解に伴うエントロピー変化は大きな負の値を示すが，これはカルシウムイオンの水和により束縛される水分子が増えて，水分子のエントロピーが減少することによるものである．このように，電解質の溶解において，食塩のようにエントロピーで駆動されるもの，塩化カルシウムのようにエンタルピーで駆動されるものがある．

4.3 ギブズエネルギー変化と最大仕事

ギブズエネルギー $G = H - TS$ の微小変化 dG は

$$dG = dH - d(TS) = dH - T\,dS - S\,dT \tag{4.9}$$

と書ける。ここで，$dH = dU + d(pV) = dU + p\,dV + V\,dp$，$dU = \delta q + \delta w$ より

$$dG = \delta q + \delta w + p\,dV + V\,dp - T\,dS - S\,dT \tag{4.10}$$

となる。温度と圧力が一定のとき

$$dG = \delta q + \delta w + p\,dV - T\,dS \tag{4.11}$$

ここで，仕事 δw を膨張仕事 $-p_{ex}\,dV$ と膨張以外の仕事 $\delta w'$ に分けて考えると

$$dG = \delta q + (\delta w' - p_{ex}\,dV) + p\,dV - T\,dS \tag{4.12}$$

となる。

過程が可逆的に進行する場合は，$dS = \delta q_{rev}/T$，$-p_{ex}\,dV = -p\,dV$，$\delta w' = \delta w'_{rev}$ より

$$dG = \delta w'_{rev} = \delta w'_{max} \tag{4.13}$$

となる。これは，ギブズエネルギー変化が，その反応によって系から取り出すことができる膨張以外の仕事の最大値に等しいことを示すものである。

コラム：疎水性相互作用のモデル

　電解質など親水性の物質は，水分子と水和して発熱し，それが分子を溶解する要因となる。一方，疎水性物質は水分子との相互作用が弱く水和は生じない。このとき，水分子は疎水性物質のまわりを囲み，かご状構造を形成する。この構造形成に関与する水分子は束縛されるためエントロピーが減少する。疎水物質が集まって水分子との接触面積を減らすことにより，かご状構造の形成に必要な水分子が減少するため，結果として水分子のエントロピーが増大する。これが，疎水性相互作用のおもな要因である（図 4.4）。疎水分子同士の間にもファンデルワールス力が働くが，その作用は弱く疎水性物質が集合するおもな要因とはならない。

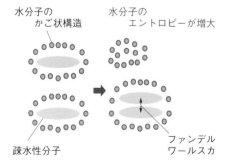

図 4.4　疎水性相互作用のモデル

> **コラム：ゴム弾性（エントロピー弾性）**
>
> 　天然ゴムはイソプレンが付加重合した鎖であり，単量体を連結する C-C 結合の部分が回転できるため，柔軟性に富み，ランダムに丸まった構造をとることができる（図4.5）。この状態では鎖のエントロピーが大きい。一方，ゴムが引っ張られて伸びた状態になると鎖のエントロピーが減少する。このように，天然ゴムの弾性はエントロピーの増大によるものである。ゴムを熱すると縮むが，これは鎖の運動が激しくなりエントロピーが増大するためである。一方，金属でできたばねの弾性は原子の位置のずれによるものであり，エネルギー弾性ともいう。 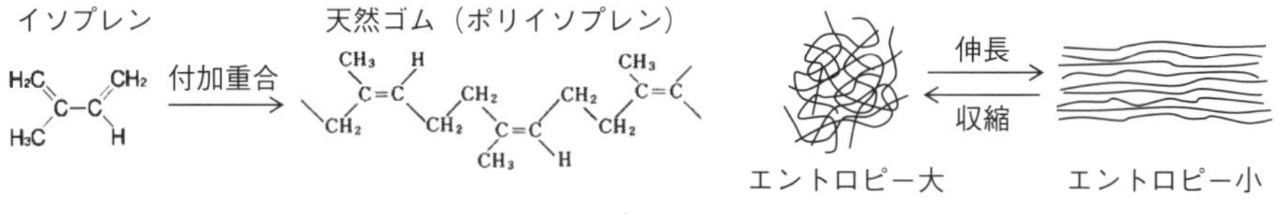
>
>
> **図 4.5　ゴムのエントロピー弾性**

4.4　ギブズエネルギーと化学ポテンシャル

　化学反応が自発的に進行するかどうかを調べるには，反応混合物全体のギブズエネルギー変化を考える必要がある。混合物の性質は純物質とは異なり，「1＋1＝2」が成り立たないことが多い。このような混合物全体のギブズエネルギーを求めるには，混合物中の各成分の寄与を示す**部分モル量**（partial molar quantity）を用いる必要がある。部分モル量とは，混合物全体の性質に対する成分 1 mol あたりの寄与を表す示強性状態関数である。

4.4.1　部分モル体積

　わかりやすい部分モル量の例として，**部分モル体積**（partial molar volume）$\overline{V}$ について見てみよう。物質の体積は温度や圧力により変化するが，混合物ではその組成による変化も加わる。部分モル体積は，定温定圧下で多量の混合物にある成分 1 mol を加えた場合の系全体の体積変化量で，ある組成における物質 J の部分モル体積 $\overline{V}$ は式（4.14）で表される。ここで，n' は物質 J 以外のすべての成分の物質量を表している。例えば，液体 A と B の混合物全体の体積 V は，それぞれの部分モル体積 $\overline{V}_A$，$\overline{V}_B$ と物質量 n_A，n_B を用いて，式（4.15）より求めることができる。

$$\overline{V}_J = \left(\frac{\partial V}{\partial n_J}\right)_{T,p,n'} \tag{4.14}$$

$$V = n_A \times \left(\frac{\partial V}{\partial n_A}\right)_{T,p,n_B} + n_B \times \left(\frac{\partial V}{\partial n_B}\right)_{T,p,n_A} = n_A \overline{V}_A + n_B \overline{V}_B \tag{4.15}$$

　水とエタノールの混合物におけるそれぞれの部分モル体積を，エタノールのモル分率に対して示したグラフは図4.6のようになる。

　純粋な水とエタノールの体積は，それらの物質固有の分子間力や分子の大きさなどにより決まっている。水とエタノールを混合することによる分子間力の変化や，大きな分子の間に小さな分子が入り混むことなどで，1分子あたりの占める体積は減少し，全体の体積が減少することになる（図4.7）。

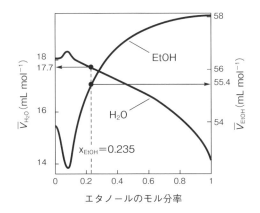

図 4.6　水とエタノールの部分モル体積（25℃）

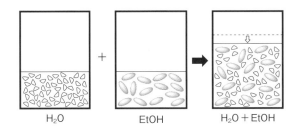

図 4.7　水とエタノールを混合したときの体積変化の模式図

例題　図 4.6 のグラフを利用し，水 1 L（997 g，55.3 mol）とエタノール 1 L（785 g, 17.0 mol）の混合物の体積を求めよ。

　［解答］　この混合物中のエタノールのモル分率をそれぞれの物質量から計算すると $x_{EtOH} = 0.235$ となる。この組成における水とエタノールの部分モル体積をグラフから読み取ると，それぞれ 17.7，55.4 mL mol^{-1} となる。これらの値とそれぞれの物質量を用いて，式(4.15)に従い全体積を求めると 1.92 L となる。これは混合前のそれぞれの体積の合計 2 L より少ないことがわかる。

$$\overline{V}_{H_2O} = 17.7 \ (\text{mL mol}^{-1}), \qquad \overline{V}_{EtOH} = 55.4 \ (\text{mL mol}^{-1})$$

$$V = n_{H_2O}\overline{V}_{H_2O} + n_{EtOH}\overline{V}_{EtOH}$$

$$= 55.3 \times 0.0177 + 17.0 \times 0.0554 = 1.92 \ (\text{L})$$

4.4.2　化学ポテンシャル（部分モルギブズエネルギー）

　部分モル量は示量性状態関数のすべてに定義できる。**部分モルギブズエネルギー**（partial molar Gibbs energy）$\overline{G}$ は，**化学ポテンシャル**（chemical potential）ともよばれ μ（ミュー）という記号で表す。これは定温定圧下で多量の混合物にある成分 1 mol を加えたときの，系全体のギブズエネルギー変化量である。ある成分 J の化学ポテンシャルは

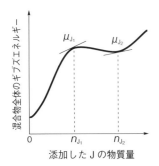

図 4.8 ある物質に物質 J を加えたときの混合物全体のギブズエネルギー

$$\mu_J = \left(\frac{\partial G}{\partial n_J}\right)_{T,p,n'} \tag{4.16}$$

で定義される。例えば，ある物質 X に物質 J を添加していくときにできる混合物全体（X＋J）のギブズエネルギーが図 4.8 のように変化するとき，μ はそのグラフの勾配に相当する。μ はモルあたりの物理量なので，示強性状態関数である。

化学ポテンシャルを用いれば，A と B の 2 成分からなる混合物のギブズエネルギーは式（4.15）と同様に，それぞれの化学ポテンシャル μ_A，μ_B と物質量 n_A，n_B を用いて

$$G = n_A \times \left(\frac{\partial G}{\partial n_A}\right)_{T,p,n_B} + n_B \times \left(\frac{\partial G}{\partial n_B}\right)_{T,p,n_A} = n_A\mu_A + n_B\mu_B \tag{4.17}$$

と表せる。純物質に対する化学ポテンシャルは，そのギブズエネルギーを物質量で割った値である**モルギブズエネルギー**（molar Gibbs energy）G_m を意味する。μ と G_m はどのように異なっているのだろうか。例えば，A と B の 2 成分が混合せずにそれぞれ n_A，n_B（mol）あるとき，全体のギブズエネルギーはそれぞれの物質量と G_m の積の和により求められる（図 4.9）。一方，A と B が混合する場合は，混合そのものが物質のエントロピーを増大させる変化であることに加え，A⋯B 間に新たな分子間相互作用が生じ，これは A⋯A および B⋯B のそれとは異なるため，発熱や吸熱などのエンタルピー変化を伴うことになる。この結果，混合物中の物質は純物質とは異なるモルギブズエネルギーをもつことになる。そのため，混合物に対しては部分モルギブズエネルギー，すなわち化学ポテンシャルを用いて全体のギブズエネルギーを求める必要がある。

μ は自発的変化の尺度を与え，これはギブズエネルギー変化 dG と関連づけられる。一般に，ギブズエネルギーは温度および圧力により変化するので dG は

$$dG = V\,dp - S\,dT \tag{4.18}$$

と表すことができる（5 章参照）。ここに物質量の変化が加わると

$$dG = V\,dp - S\,dT + \sum_J \mu_J\,dn_J \tag{4.19}$$

となる。定温定圧下では，圧力変化と温度変化の項がなくなるので，A，B の 2 成分からな

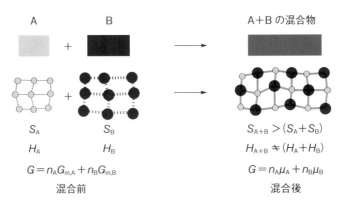

図 4.9 異なる物質を混合したときのギブズエネルギー算出のイメージ

る混合物全体の dG は

$$dG = \mu_A \, dn_A + \mu_B \, dn_B \qquad (4.20)$$

で表される。dG は膨張以外の仕事の最大値に相当するので，組成の変化は膨張以外の仕事を生じることを意味する。例えば，電池反応における組成の変化は電気的な仕事を生み出すことができる。一般に，μ が大きい物質ほど反応を引き起こし，拡散，蒸発，昇華，凝縮，など様々な物理過程を促進させることができ，これらの物質の変化や移動は，化学ポテンシャルが高い状態から低い状態へ進む。これは位置エネルギー（ポテンシャルエネルギー）をもつ物質が高い位置から低い位置へ移動することと似ている。そのため，部分モルギブズエネルギーには，化学ポテンシャルという特別な名前がつけられている。

4.4.3 化学ポテンシャルの組成に関する式

化学ポテンシャルは組成の関数である。ここで，濃度を表す方法について整理しておこう。物質量に関連する濃度の表し方には**モル分率** x，**質量モル濃度** m $(\mathrm{mol\,kg^{-1}})$，**モル濃度** c $(\mathrm{mol\,L^{-1}})$ などがある。実在溶液の多くは理想的な振舞いから外れており，実際の濃度とその溶液の示す性質との間には，ずれがある。このような理想的な挙動からのずれを取り込んだ実効的な濃度を**活量**(activity)といい a という記号で表す（6 章参照）。活量は実際の濃度と**活量係数**(activity coefficient) γ を用いて求められる。活量係数に単位はない。物質 J のモル分率，質量モル濃度，モル濃度に対応する活量はそれぞれ

$$a_J = \gamma_J \, x_J \qquad (4.21)$$

$$a_J = \gamma_J \, m_J / m^{\circ} \qquad (4.22)$$

$$a_J = \gamma_J \, c_J / c^{\circ} \qquad (4.23)$$

と表される。ここで，モル分率は物質量の比から計算されるので単位はなく，m_J/m° や c_J/c° はそれぞれ標準モル濃度（$m^{\circ} = 1\,\mathrm{mol\,kg^{-1}}$ や $c^{\circ} = 1\,\mathrm{mol\,L^{-1}}$）に対する比率を表しているので単位はない。したがって，活量は無次元の量である。活量を用いると溶質 J の化学ポテンシャルは

$$\mu_J = \mu_J^{\circ} + RT \ln a_J \qquad (4.24)$$

と表せる。μ_J° は成分 J の**標準化学ポテンシャル**(standard chemical potential)で，$a_J = 1$ のときの化学ポテンシャルである。また，活量係数が 1 ならば，質量モル濃度を用いて表す溶質 J の化学ポテンシャルは

$$\mu_J = \mu_J^{\circ} + RT \ln (m_J / m^{\circ}) = \mu_J^{\circ} + RT \ln (m_J / 1)$$
$$= \mu_J^{\circ} + RT \ln m_J \qquad (4.25)$$

として，標準モル濃度の 1 を省略して表せる。同様に，モル濃度を用いる場合

$$\mu_J = \mu_J^{\circ} + RT \ln c_J \qquad (4.26)$$

と表せる。これらの化学ポテンシャルの表し方においても，対数項の中は濃度比であって単位はないことを確認しておこう。

一方，理想気体の化学ポテンシャルは，成分 J の分圧 p_J (bar) を用いて

$$\mu_J = \mu_J^{\circ} + RT \ln (p_J / p_J^{\circ}) = \mu_J^{\circ} + RT \ln (p_J / 1) \qquad (4.27)$$

と表せる。ここで，p_J° は標準状態圧力(1 bar)である。μ_J° は成分 J の標準化学ポテンシャルを表し，圧力 1 bar における成分 J の化学ポテンシャルである。対数項の中は圧力の比となり単位はない。分母の 1 bar を省略して表せば

$$\mu_J = \mu_J^\circ + RT \ln p_J \tag{4.28}$$

となる。実在気体の化学ポテンシャルでは，実在溶液で用いた活量に相当するフガシティ f を用いるが，ここでは扱わない。

4.5　ギブズエネルギーと平衡の関係

　化学反応における平衡とは，反応物と生成物の組成が一定に保たれた状態である。しかし，これは反応が停止したわけではない。化学平衡とは，反応物が生成物を与える反応と，生成物が反応物を与える反応のつり合いがとれた状態である。定温定圧下で自発的な変化が起こるとき，系のギブズエネルギー変化は負($\Delta G < 0$)であることをすでに学んだ。ここから，温度と圧力が一定のもと化学反応が自発的に進行するとき，反応混合物全体のギブズエネルギー G が最小になるまで組成が変化し，そこで平衡に達することがわかる。反応物の大部分が生成物になる場合，系全体の G と組成は図 4.10 (a)で示すように変化し，多くの生成物を与える。一方，反応物がごくわずかしか生成物を与えない場合は，G と組成の関係は図 4.10 (c)のようになる。反応物と生成物をほぼ等量与える場合の G と組成の関係は図 4.10 (b)のようになる。ギブズエネルギーは示量性状態関数なので，各成分の量に依存して系のギブズエネルギーは変化する。系のギブズエネルギーと組成の関係を調べることで，反応がどこまで進行するかを明らかにすることができる。

4.5.1　反応ギブズエネルギー

　窒素と水素からアンモニアが生成する反応を例に，窒素の物質量が Δn 消費されたときの反応混合物全体のギブズエネルギー変化を考えてみよう。N_2 の物質量の変化を $-\Delta n$ とすると，H_2 は $-3\Delta n$，NH_3 は $+2\Delta n$ 変化する。これに伴う各成分のギブズエネルギー変化量は，各成分の化学ポテンシャル μ を用いて，N_2 が $-\Delta n \times \mu_{N_2}$，$H_2$ が

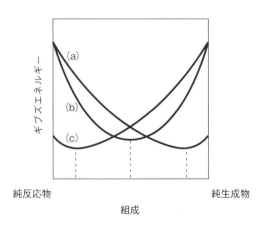

図 4.10　(a) 大部分が生成物に変化する反応，(b) ほぼ等量の生成物と反応物を与える反応，(c) わずかしか生成物を与えない反応

$-3\,\Delta n \times \mu_{H_2}$, NH_3 が $+2\,\Delta n \times \mu_{NH_3}$ となる。

	N_2	$+$	$3\,H_2$	$\rightleftharpoons$	$2\,NH_3$
物質量変化：	$-\Delta n$		$-3\,\Delta n$		$+2\,\Delta n$
ギブズエネルギー変化：	$-\Delta n \times \mu_{N_2}$		$-3\,\Delta n \times \mu_{H_2}$		$+2\,\Delta n \times \mu_{NH_3}$

系全体のギブズエネルギー変化 ΔG は，N_2, H_2, NH_3 のギブズエネルギー変化を足すことで求められ，これは，生成物の化学ポテンシャル変化量の合計から反応物の化学ポテンシャル変化量の合計を引くことと同じである。

$$\Delta G = (2\,\Delta n \times \mu_{NH_3}) - (\Delta n \times \mu_{N_2} + 3\,\Delta n \times \mu_{H_2})$$
$$= \Delta n \times [2\,\mu_{NH_3} - (\mu_{N_2} + 3\,\mu_{H_2})]$$

ここで，両辺を Δn で割ると反応ギブズエネルギー $\Delta_r G$ が

$$\Delta_r G = \frac{\Delta G}{\Delta n} = 2\,\mu_{NH_3} - (\mu_{N_2} + 3\,\mu_{H_2}) \tag{4.29}$$

で得られる。

反応ギブズエネルギー（reaction Gibbs energy）$\Delta_r G$ は，ある組成変化 Δn に対する系のギブズエネルギー変化を表し，図 4.11 (a) で示すように，縦軸に系のギブズエネルギー，横軸に組成変化を表したグラフの傾きに相当する。物質量の変化が無限小であれば，勾配は接線となり，反応ギブズエネルギーは $\Delta_r G = dG/dn$ と表される。この場合，$\Delta_r G$ はある組成における生成物と反応物のギブズエネルギー差と考えることができる。

一般に，反応や生成物で**化学量論係数** ν が異なる場合，どの物質の変化を調べるかにより物質量の変化は異なる。このような任意性を除くため，反応した量または生成した量を化学量論係数で割った**反応進行度**（extent of reaction）ξ（グザイ）を用いる。アンモニアの例では反応進行度は

$$\xi = \frac{-\Delta n_{N_2}}{1} = \frac{-\Delta n_{H_2}}{3} = \frac{\Delta n_{NH_3}}{2} \tag{4.30}$$

となる。反応進行度を用いれば，反応ギブズエネルギー $\Delta_r G$ は

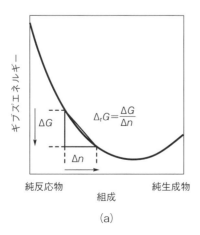
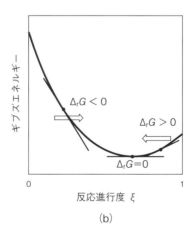

(a)   (b)

図 4.11 （a）ギブズエネルギーと組成の関係，（b）ギブズエネルギーと反応進行度の関係

$$\Delta_r G = \left(\frac{\partial G}{\partial \xi}\right)_{T,p} \tag{4.31}$$

という一般式で表せる。図 4.11 (b) に示すように，$\Delta_r G$ は系のギブズエネルギーを反応進行度に対してプロットしたグラフの勾配となる。平衡に達する前の組成の $\Delta_r G$ は負で，反応物から生成物への正反応が自発的に進む。反応が進行するにつれ勾配は緩やかになり，平衡において $\Delta_r G$ は 0 となる。平衡点を超えた組成の混合物では $\Delta_r G$ は正になる。この組成では，ギブズエネルギーが減少する方向である逆反応が自発的に進行する。すなわち

$$\Delta_r G < 0:\quad \text{正反応が自発的}$$
$$\Delta_r G = 0:\quad \text{平衡状態}$$
$$\Delta_r G > 0:\quad \text{逆反応が自発的}$$

である。

4.5.2 反応ギブズエネルギーの組成変化

具体的に各物質の組成と，反応ギブズエネルギー $\Delta_r G$ の関係を表す式を誘導してみよう。一般式 $a\,\text{A} + b\,\text{B} \rightleftarrows c\,\text{C} + d\,\text{D}$ で表される反応の $\Delta_r G$ は，生成物の化学ポテンシャルの合計から反応物の化学ポテンシャルの合計を引いて

$$\Delta_r G = (c\,\mu_C + d\,\mu_D) - (a\,\mu_A + b\,\mu_B) \tag{4.32}$$

として求められる。ここで，それぞれの成分の化学ポテンシャル μ は，標準化学ポテンシャル $\mu°$ とそれぞれの溶質の活量 a を用いて

$$\mu_A = \mu_A° + RT \ln a_A, \qquad \mu_B = \mu_B° + RT \ln a_B,$$
$$\mu_C = \mu_C° + RT \ln a_C, \qquad \mu_D = \mu_D° + RT \ln a_D$$

として表せるので，それぞれの化学ポテンシャルを式 (4.32) に代入し，標準化学ポテンシャル $\mu°$ の項と，対数の項に分けて整理すると

$$\Delta_r G = [(c\,\mu_C° + d\,\mu_D°) - (a\,\mu_A° + b\,\mu_B°)]$$
$$\qquad + (c \times RT \ln a_C + d \times RT \ln a_D) - (a \times RT \ln a_A + b \times RT \ln a_B) \tag{4.33}$$

となる。式 (4.33) の右辺の第 1 項は，生成物の標準化学ポテンシャルの和から反応物の標準化学ポテンシャルの和を引いたもので，**標準反応ギブズエネルギー**（standard reaction Gibbs energy）$\Delta_r G°$ といい

$$\Delta_r G° = (c\,\mu_C° + d\,\mu_D°) - (a\,\mu_A° + b\,\mu_B°) \tag{4.34}$$

で表す。そこで，式 (4.33) を $\Delta_r G°$ を用いて書き換え，さらに対数項をまとめると

$$\Delta_r G = \Delta_r G° + [RT \ln a_C{}^c + RT \ln a_D{}^d] - [RT \ln a_A{}^a + RT \ln a_B{}^b]$$
$$= \Delta_r G° + RT \ln \frac{a_C{}^c\, a_D{}^d}{a_A{}^a\, a_B{}^b} \tag{4.35}$$

となる。対数項の $\frac{a_C{}^c\, a_D{}^d}{a_A{}^a\, a_B{}^b}$ は**反応比**，または**反応商**（reaction quotient）とよばれ，Q で表

す。Q は各成分の組成の比率を表している。溶質 A, B, C, D それぞれの質量モル濃度を m_A, m_B, m_C, m_D とし,溶質の活量係数 γ_A, γ_B, γ_C, γ_D を 1 とするならば,Q は式 (4.36) のように質量モル濃度 m を用いて表せる。同様に Q は,それぞれの溶質のモル濃度 [J] や (式 (4.37)),気体の分圧 p で表すこともできる (式 (4.38))。

$$Q = \frac{a_C{}^c\,a_D{}^d}{a_A{}^a\,a_B{}^b} = \frac{(\gamma_C\,m_C/m_C{}^\circ)^c(\gamma_D\,m_D/m_D{}^\circ)^d}{(\gamma_A\,m_A/m_A{}^\circ)^a(\gamma_B\,m_B/m_B{}^\circ)^b} = \frac{m_C{}^c\,m_D{}^d}{m_A{}^a\,m_B{}^b} \tag{4.36}$$

$$Q = \frac{[\mathrm{C}]^c\,[\mathrm{D}]^d}{[\mathrm{A}]^a\,[\mathrm{B}]^b} \tag{4.37}$$

$$Q = \frac{p_C{}^c\,p_D{}^d}{p_A{}^a\,p_B{}^b} \tag{4.38}$$

ここで,反応比 Q に含まれる各物質の組成は,活量もしくは濃度比や分圧比で表されるので単位はない。反応比を用いれば,反応ギブズエネルギーの組成依存性を表す式は

$$\Delta_r G = \Delta_r G^\circ + RT \ln Q \tag{4.39}$$

と表せる。

4.5.3 平衡に達した反応と平衡定数

反応が平衡に達すると $\Delta_r G$ は 0 なので,反応比 Q は**平衡定数** (equilibrium constant) K に等しくなる。

$$0 = \Delta_r G^\circ + RT \ln K$$

ここで,標準反応ギブズエネルギーと平衡定数について

$$\Delta_r G^\circ = -RT \ln K \tag{4.40}$$

の関係が得られる。標準反応ギブズエネルギー $\Delta_r G^\circ$ は温度が一定ならば定数となるので,平衡定数 K も温度一定で定数である。反応比 Q と同様に,K に単位はない。$\Delta_r G^\circ$ は,既知の熱力学データがあれば,反応物と生成物の標準生成ギブズエネルギー $\Delta_f G^\circ$ の差から求める方法や,標準反応エンタルピー $\Delta_r H^\circ$ と標準反応エントロピー $\Delta_r S^\circ$ からギブズエネルギーの式 $\Delta_r G^\circ = \Delta_r H^\circ - T\,\Delta_r S^\circ$ を用いて求めることができる。

$\Delta_r G^\circ$ は,混合前の反応の推進力に相当し,$\Delta_r G^\circ$ の絶対値が大きいほど平衡は生成物側に偏るが,すべてが生成物になるわけではない。混合を無視した場合は,系のギブズエネルギーは反応進行度に対して直線的に変化するが,化学ポテンシャルを用いて混合の寄与を考慮すると,ギブズエネルギーと反応進行度のグラフには極小点が生じ,ここが平衡組成に相当する (図 4.12)。

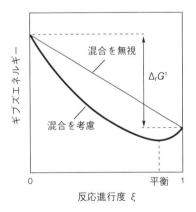

図 4.12 ギブズエネルギーと標準反応ギブズエネルギーの関係

4.6　様々な条件による平衡の移動

　平衡状態にある系に圧力，温度，物質の添加などの変動を与えると，系はその変動を抑
制するように平衡の位置が移動する。これを**ルシャトリエの原理**（Le Chatelier's
principle）という。例えば，圧力が増えれば圧力が減少する方向に反応が進行し，温度が上
昇すれば吸熱の方向に反応が進行する。これらの変化は新しい平衡条件 $\Delta_r G = 0$ に向
かって組成が変化すること意味する。これまで学んだ熱力学を利用して考察してみよう。

4.6.1　平衡定数に及ぼす温度の影響とファントホッフプロット

　ギブズエネルギーの温度依存性を調べるため，G/T を T で微分する。G は温度の関数
なので，G と $1/T$ を積の導関数として扱うと

$$\left[\frac{\partial(G/T)}{\partial T}\right]_p = \left(\frac{\partial G}{\partial T}\right) \times \frac{1}{T} + G \times \left(-\frac{1}{T^2}\right) \tag{4.41}$$

となる。ここで，右辺の第 1 項はギブズエネルギーの温度変化 $(\partial G/\partial T) = -S$ となるの
で，これを用いて項をまとめると

$$\left[\frac{\partial(G/T)}{\partial T}\right]_p = (-S) \times \frac{1}{T} + G \times \left(-\frac{1}{T^2}\right) = -\frac{S}{T} - \frac{G}{T^2}$$

$$= -\left(\frac{TS + G}{T^2}\right) \tag{4.42}$$

となる。さらに，ギブズエネルギーの定義 $G = H - TS$ から $H = TS + G$ として右辺の
分子に代入すると

$$\left[\frac{\partial(G/T)}{\partial T}\right]_p = -\frac{H}{T^2} \tag{4.43}$$

が得られる。これを**ギブズ-ヘルムホルツの式**（Gbbs-Helmholtz equation）という。左辺の
G を標準反応ギブズエネルギー $\Delta_r G^\circ$ とし，$\Delta_r G^\circ$ と平衡定数の関係の式（4.40）を代入す
る。さらに，右辺のエンタルピーを標準反応エンタルピー $\Delta_r H^\circ$ とし，気体定数 R を右辺
に移項すると

$$\left[\frac{\partial[(-RT\ln K)/T]}{\partial T}\right]_p = -\frac{\Delta_r H^\circ}{T^2} \quad \rightarrow \quad \left[\frac{\partial(-R\ln K)}{\partial T}\right]_p = -\frac{\Delta_r H^\circ}{T^2}$$

$$\frac{\mathrm{d}\ln K}{\mathrm{d}T} = \frac{\Delta_r H^\circ}{RT^2} \tag{4.44}$$

が得られる。これを**ファントホッフの式**（van't Hoff equation）という。この式は微分方程
式の形をしており，変数分離し $\Delta_r H^\circ$ を定数として解くと式（4.45）となる。また，温度と
平衡定数が異なる状態 1 (T_1, K_1) から状態 2 (T_2, K_2) の条件で積分すると，式（4.46）が得
られる。

$$\int \mathrm{d}\ln K = \frac{\Delta_r H^\circ}{R} \int \frac{1}{T^2} \mathrm{d}T \quad \rightarrow \quad \ln K = -\frac{\Delta_r H^\circ}{RT} + C \tag{4.45}$$

$$\ln \frac{K_2}{K_1} = -\frac{\Delta_r H^\circ}{R} \left(\frac{1}{T_2} - \frac{1}{T_1}\right) \tag{4.46}$$

また，$\Delta_r G°$ と平衡定数の関係の式(4.40)に，式(4.8)を代入すると

$$-RT \ln K = \Delta_r H° - T \Delta_r S° \tag{4.47}$$

となり，$-RT$ で両辺を割ると

$$\ln K = -\frac{\Delta_r H°}{RT} + \frac{\Delta_r S°}{R} \tag{4.48}$$

が得られる。したがって，ファントホッフプロットの高温側における切片は $\Delta_r S°/R$ となることがわかる。

これらの関係式の $\ln K$ を $1/T$ に対してプロットしたグラフを**ファントホッフプロット**（van't Hoff plot）とよぶ（図4.13）。

このグラフの傾きは $-(\Delta_r H°/R)$ なので，発熱反応（$\Delta_r H° < 0$）で傾きは正，吸熱反応（$\Delta_r H° > 0$）で傾きは負となる。すなわち，発熱反応では温度が高いほど平衡定数は小さくなり，吸熱反応では温度が高いほど平衡定数は大きくなる（図4.13 (a)）。また，異なる温度で平衡定数を測定してグラフを作成すれば，その傾きから標準反応エンタルピーを求めることができる（図4.13 (b)）。

4.6.2 平衡に及ぼす圧力の影響

化学平衡に対する圧力の効果は，気相反応において特に重要である。気相反応における**圧平衡定数** K_p と標準反応ギブズエネルギーの関係は，式(4.40)と同様に

$$\Delta_r G° = -RT \ln K_p \tag{4.49}$$

と表される。K_p は温度が変われば変化するが，物質の濃度や圧力によっては変わらない。しかし，ルシャトリエの原理からは，水素と窒素からアンモニアを合成する反応のように分子数が減る反応では，圧力を増やすと生成物のアンモニアの生成量は増えることが予測できる。これは，圧力変動により平衡定数は変わらないが平衡組成は変化することを意味する。

そこで，モル分率を用いた平衡定数 K_x と圧平衡定数 K_p の関係を導き，組成に対する圧力の効果を調べてみよう。一般式 $a\mathrm{A} + b\mathrm{B} \rightleftarrows c\mathrm{C} + d\mathrm{D}$ で表される理想気体の反応の圧平衡定数は，それぞれの分圧 p_A，p_B，p_C，p_D を用いて

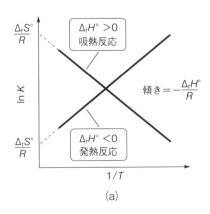

(a)

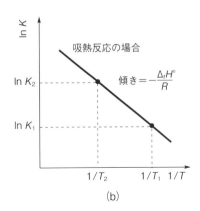

(b)

図 4.13　ファントホッフプロット

$$K_{\mathrm{p}} = \frac{p_{\mathrm{C}}{}^{c}\, p_{\mathrm{D}}{}^{d}}{p_{\mathrm{A}}{}^{a}\, p_{\mathrm{B}}{}^{b}} \tag{4.50}$$

と表される。式(4.51)に示すドルトンの分圧の法則を用い，それぞれの分圧を全圧とモル分率 x で表し，式(4.50)に代入すると**モル分率平衡定数** K_x が得られる。

$$p_{\mathrm{J}} = p\, x_{\mathrm{J}} \tag{4.51}$$

$$K_{\mathrm{p}} = \frac{p_{\mathrm{C}}{}^{c}\, p_{\mathrm{D}}{}^{d}}{p_{\mathrm{A}}{}^{a}\, p_{\mathrm{B}}{}^{b}} = \frac{(px_{\mathrm{C}})^{c}(px_{\mathrm{D}})^{d}}{(px_{\mathrm{A}})^{a}(px_{\mathrm{B}})^{b}} = \frac{x_{\mathrm{C}}{}^{c}\, x_{\mathrm{D}}{}^{d}}{x_{\mathrm{A}}{}^{a}\, x_{\mathrm{B}}{}^{b}} \frac{p^{c}\, p^{d}}{p^{a}\, p^{b}} = K_{x}\, p^{(c+d)-(a+b)}$$

$$K_{\mathrm{p}} = K_{x}\, p^{\Delta\nu} \rightarrow K_{x} = \frac{K_{\mathrm{p}}}{p^{\Delta\nu}} \tag{4.52}$$

ここで，$\Delta\nu$ は化学量論係数の反応前後の差である。この式を用いて，組成に対する圧力の効果を確認してみよう。

　以下に示す窒素と水素からアンモニアが生成する反応が平衡状態にあるとき，温度一定で全圧を 10 倍にすると，アンモニアのモル分率は何倍になるかを計算する。

$$\mathrm{N_2(g)} + 3\,\mathrm{H_2(g)} \rightleftarrows 2\,\mathrm{NH_3(g)}$$

この反応は，3 分子の水素と 1 分子の窒素から 2 分子のアンモニアが生成するので，$\Delta\nu$ は $\Delta\nu = 2 - (1+3) = -2$ となる。したがって，K_x と K_{p} の関係は

$$K_{x} = \frac{K_{\mathrm{p}}}{p^{\Delta\nu}} \quad \text{より，} \quad K_{x} = \frac{K_{\mathrm{p}}}{p^{-2}} = K_{\mathrm{p}}\, p^{2}$$

よって

$$K_{x} = \frac{x_{\mathrm{NH_3}}{}^{2}}{x_{\mathrm{N_2}}\, x_{\mathrm{H_2}}{}^{3}} = K_{\mathrm{p}}\, p^{2}$$

となる。上記の関係より，全圧 p を 10 倍にすると，$K_{x} = K_{\mathrm{p}} \times 10^{2}$ となり，このとき K_{p} は一定なので，K_{x} は 100 倍となる。K_x の式に含まれるアンモニアのモル分率は $x_{\mathrm{NH_3}}{}^{2}$ なので，アンモニアのモル分率は 10 倍となる。

　気相反応に関して，**濃度平衡定数** K_{c} と K_{p} の関係も求めてみよう。理想気体の状態方程式を変形し，圧力と濃度 $(c = n/V)$ の関係を導く。

$$pV = nRT \quad \rightarrow \quad p = \frac{n}{V}RT = cRT \tag{4.53}$$

これを K_{p} に代入すると

$$K_{\mathrm{p}} = \frac{p_{\mathrm{C}}{}^{c}\, p_{\mathrm{D}}{}^{d}}{p_{\mathrm{A}}{}^{a}\, p_{\mathrm{B}}{}^{b}} = \frac{(c_{\mathrm{C}}\, RT)^{c}(c_{\mathrm{D}}\, RT)^{d}}{(c_{\mathrm{A}}\, RT)^{a}(c_{\mathrm{B}}\, RT)^{b}} = \frac{c_{\mathrm{C}}{}^{c}\, c_{\mathrm{D}}{}^{d}}{c_{\mathrm{A}}{}^{a}\, c_{\mathrm{B}}{}^{b}} \frac{(RT)^{c}\,(RT)^{d}}{(RT)^{a}\,(RT)^{b}}$$

$$= K_{\mathrm{c}}(RT)^{(c+d)-(a+b)}$$

$$K_{\mathrm{p}} = K_{\mathrm{c}}(RT)^{\Delta\nu} \quad \rightarrow \quad K_{\mathrm{c}} = \frac{K_{\mathrm{p}}}{(RT)^{\Delta\nu}} \tag{4.54}$$

の関係が得られる。したがって，K_{c} は K_{p} と同様に圧力の影響を受けず，温度が一定ならば定数となることがわかる。また，反応前後での化学量論係数の合計が等しいとき，K_{c} と K_{p} は等しくなる。

4.7　共 役 反 応

　正の標準反応ギブズエネルギーの値をもつ反応は，本来は自発的でないが，自発的な他の反応と組み合わせることで進めることができる。このような仕組みは生体反応でしばしば見られる。ある反応の生成物が次の反応の反応物となる場合，この2つの反応は**共役**(coupling)の関係にあり，そのような反応を**共役反応**(coupled reaction)という。

4.7.1　反応の共役と標準反応ギブズエネルギー

　物質AとBがCとDを生成する反応と，物質DとEがFとGを生成する反応があり，それぞれの反応の平衡定数 K_1, K_2 は式(4.55)と式(4.56)で表される。また，これらの反応の標準反応ギブズエネルギー $\Delta_r G_1°$, $\Delta_r G_2°$ はそれぞれ，式(4.57)と式(4.58)で与えられる。

$$A + B \rightleftarrows C + D, \quad K_1 = \frac{[C][D]}{[A][B]} \tag{4.55}$$

$$D + E \rightleftarrows F + G, \quad K_2 = \frac{[F][G]}{[D][E]} \tag{4.56}$$

$$\Delta_r G_1° = -RT \ln K_1 \tag{4.57}$$

$$\Delta_r G_2° = -RT \ln K_2 \tag{4.58}$$

上記2つの反応を比べると，物質Dが共通の物質となっている。そこで，これらの反応式を足し合わせると左右両辺から物質Dが消去され，共役反応の反応式が得られる。この反応の平衡定数は K_3 で表され(式(4.59))，その標準反応ギブズエネルギー $\Delta_r G_3°$ は式(4.60)で与えられる。

$$A + B + E \rightleftarrows C + F + G, \quad K_3 = \frac{[C][F][G]}{[A][B][E]} \tag{4.59}$$

$$\Delta_r G_3° = -RT \ln K_3 \tag{4.60}$$

ここで，$K_1 \times K_2$ を計算すると K_3 と等しくなるので，式(4.57)と式(4.58)で与えられた $\Delta_r G_1°$ と $\Delta_r G_2°$ の和は $\Delta_r G_3°$ となることがわかる。

$$K_1 \times K_2 = \frac{[C][D]}{[A][B]} \times \frac{[F][G]}{[D][E]} = \frac{[C][F][G]}{[A][B][E]} = K_3$$

$$\Delta_r G_1° + \Delta_r G_2° = -RT \ln K_1 - RT \ln K_2 = -RT \ln(K_1 \times K_2) = -RT \ln K_3 = \Delta_r G_3°$$

$$\Delta G_3° = \Delta G_1° + \Delta G_2° \tag{4.61}$$

　よって，共役反応の標準生成ギブズエネルギー $\Delta G_3°$ は，共役反応を構成するそれぞれの反応の標準生成ギブズエネルギー $\Delta G_1°$ と $\Delta G_2°$ の和として求められる。したがって，$\Delta G_1°$ が正でも，$\Delta G_2°$ が大きな負の値をもつ場合，$\Delta G_3°$ は負の値となり，このような共役反応は自発的に進行することとなる。

4.7.2　ATP の加水分解反応の共役を利用した生体反応

　生体内では ATP の加水分解反応と共役することで，様々な基質のリン酸化反応が行われている(図4.14)。

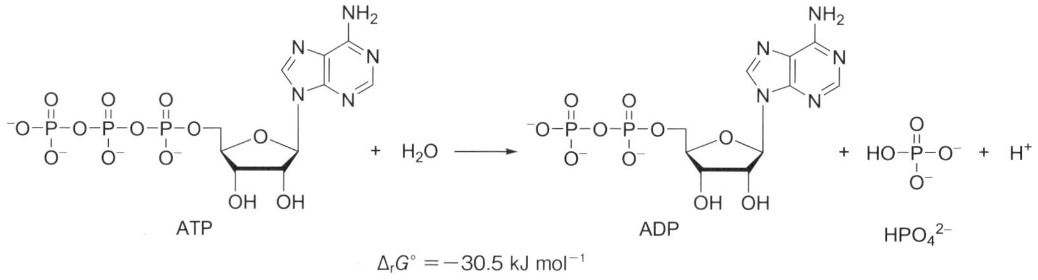

$$\Delta_r G^\circ = -30.5 \text{ kJ mol}^{-1}$$

図 4.14　ATP の加水分解におけるギブズエネルギー変化

　ATP(ATP^{4-}) が ADP(ADP^{3-}) に加水分解する反応では，反応の進行に伴い H$^+$ が生成する。この反応は水素イオン濃度が小さい条件下の方がより自発的に進行しやすいだろう。このような反応を定量的に取り扱うには，水素イオン濃度の影響を考慮する必要がある。物理化学において通常採用している標準状態は，水素イオンの活量として $a_{H^+} = 1$ であり，pH 0 に相当する。これは生体内の条件からはかけ離れているので別の標準的な条件が必要である。生体内はほぼ pH 7(水素イオン濃度として 1×10^{-7} mol L^{-1})に保たれているので，生化学の分野ではこの状態を標準状態として採用している。これを**生物学的標準状態**(biological standard state)といい，この条件における標準反応ギブズエネルギーには，右上に′をつけて，$\Delta_r G^{\circ\prime}$ として表す。

　生体における共役反応の例として，解糖系の第 1 段階であるグルコースのリン酸化反応を見てみよう。仮に，グルコースのリン酸化試薬として無機リン酸を用いた場合は，図 4.15 に示すように $\Delta_r G^{\circ\prime} = +14.3$ kJ mol^{-1} であり，自発的には進行しない。

　しかし，この反応が，ATP の加水分解反応($\Delta_r G^{\circ\prime} = -30.5$ kJ mol^{-1})とリン酸を共通の物質として共役すると，その標準反応ギブズエネルギーは $\Delta_r G^{\circ\prime} = -17.2$ kJ mol^{-1} と負の値となり，グルコースのリン酸化が自発的に進行することになる(図 4.16)。

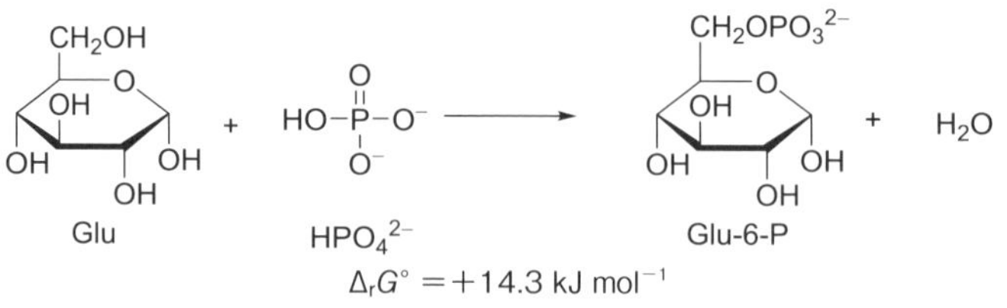

$$\Delta_r G^\circ = +14.3 \text{ kJ mol}^{-1}$$

図 4.15　無機リン酸によるグルコースのリン酸化の $\Delta_r G^{\circ\prime}$

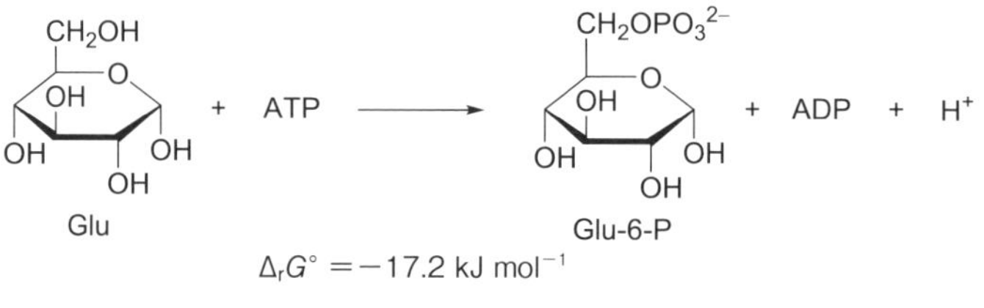

$$\Delta_r G^\circ = -17.2 \text{ kJ mol}^{-1}$$

図 4.16　ATP の加水分解反応と共役したグルコースのリン酸化反応

　ATP が ADP に加水分解する反応の生物学的標準反応ギブズエネルギーが大きな負の値をもつ理由はおもに 3 つの要因による。① pH 7 では水素イオンの濃度が $10^{-7}\,\mathrm{mol\,L^{-1}}$ と極めて低く，平衡が右に移動すること，② ATP^{4-} のもつ 4 つの負電荷の静電的反発が ADP^{3-} になり緩和されること，③ ATP^{4-} に比べて ADP^{3-} と $HPO_4{}^{2-}$ は，より多くの共鳴構造をもつため，より安定化できること，などである。このように，ATP の加水分解における大きな $\Delta_r G^{\circ\prime}$ を共役反応として利用することで，生体では $+30\,\mathrm{kJ\,mol^{-1}}$ 程度までの不利な標準反応ギブズエネルギーをもつ反応を進行させることができる。これは様々な物質の生合成に利用されている。

コラム：ATP 産生におけるエネルギー効率

　生体はグルコースのもつエネルギーを，どのくらいのエネルギー効率で利用しているのだろうか。グルコース 1 分子の完全燃焼における標準反応ギブズエネルギーは $-2872\,\mathrm{kJ}$ である。一方，グルコースが解糖系と TCA サイクルを経て H_2O と CO_2 に分解されると，ATP 38 分子を生成できる。ここに蓄えられているエネルギーは，$38 \times (-30.5) = -1159\,\mathrm{kJ}$ と見積もられる。ここから，グルコースのもつエネルギーが ATP に蓄えられた割合を計算すると，$(-1159\,\mathrm{kJ})/(-2872\,\mathrm{kJ}) \times 100 = 40\%$ となる。これは高いのだろうか低いのだろうか？　生体を単純に 37℃ と外気温 25℃ で働く熱機関と考えると，その熱効率は，$\eta = (T_H - T_L)/T_H = (310 - 298)/310 = 0.039$ となり，わずか 3.9% である。これでは生きていけそうにない。生体は熱機関としては驚くほどの高い効率でグルコースのもつエネルギーを利用していることになる。最新のハイブリッドカーに使われているガソリンエンジンの熱効率でやっと 40% だという。生体は長い年月をかけて，エネルギーを効率的に使う方法を進化させてきたということだろう。

演習問題 4

4.1 温度によって ΔG の符号が変わるのはどれか。2 つ選べ。

(1) $\Delta H > 0$, $\Delta S > 0$

(2) $\Delta H > 0$, $\Delta S < 0$

(3) $\Delta H < 0$, $\Delta S > 0$

(4) $\Delta H < 0$, $\Delta S < 0$

4.2 アンモニアと二酸化炭素から尿素を合成する反応における標準反応ギブズエネルギーを，表の値を用いて求めなさい。この反応はエンタルピー駆動，エントロピー駆動のどちらか。

$$2NH_3(g) + CO_2(g) \rightarrow H_2N(CO)NH_2(s) + H_2O(l)$$

	標準生成エンタルピー ΔH° (kJ mol^{-1})	標準モルエントロピー S° (J K^{-1} mol^{-1})
NH$_3$(g)	-46.1	192.5
CO$_2$(g)	-393.5	213.7
尿素(s)	-333.1	104.6
H$_2$O(l)	-285.8	69.9

4.3 混合物中の 1 つの成分の化学ポテンシャルは，圧力と温度が一定の条件下，混合物中にその成分を 1 mol 加えたときの，系全体の ☐ の変化量として定義される。☐ にあてはまる熱力学量はどれか。1 つ選べ。

(1) 内部エネルギー

(2) エンタルピー

(3) エントロピー

(4) ギブズエネルギー

(5) ヘルムホルツエネルギー　（国試 105-5 改）

4.4 物質 A と B からなる混合物のギブズエネルギー G として正しいものを選べ。ただし，A と B のそれぞれのモルギブズエネルギーを $G_{m,A}$, $G_{m,B}$, 化学ポテンシャルを μ_A, μ_B, A と B の物質量を n_A, n_B とする。

(1) $G = G_{m,A}\,dn_A + G_{m,B}\,dn_B$

(2) $G = G_{m,A}\,n_A + G_{m,B}\,n_B$

(3) $G = \mu_A\,dn_A + \mu_B\,dn_B$

(4) $G = \mu_A\,n_A + \mu_B\,n_B$

4.5 ギブズエネルギーに関する次の記述について，正誤を答えなさい。

(1) 自発的な反応は，系のギブズエネルギーが増加する方向に進む。

(2) ギブズエネルギーは，圧力一定の条件下では温度の上昇に伴って増加する。

(3) 定温，定圧では，系が外界に対して行うことができる体積変化以外の最大仕事は，ギブズエネルギーの減少量に対応する。

(4) 純物質は，その沸点で液相と気相のモルギブズエネルギーが等しい。

(5) 標準反応ギブズエネルギー $\Delta_r G^\circ$ と平衡定数 K には，$\Delta_r G^\circ = -RT \ln K$ の関係がある。ただし，R は気体定数，T は絶対温度である。

（国試 94-18 改）

4.6 図は，ある反応の平衡定数 K の自然対数を絶対温度 T(K) の逆数に対してプロットしたものである。直線の傾きが示す熱力学的パラメータはどれか。1 つ選べ。

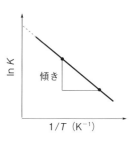

(1) 活性化エネルギー

(2) 遷移状態エネルギー

(3) 内部エネルギー変化

(4) 標準反応エントロピー

(5) 標準反応エンタルピー　（国試 99-2 改）

4.7 以下の化学反応式における熱力学的パラメータに関する次の記述について，正誤を答えなさい。ただし，この反応における絶対温度を T, 平衡定数を K, 気体定数を R とする。

$$A + B \overset{K}{\rightleftharpoons} C$$

(1) この反応の標準反応ギブズエネルギー $\Delta_r G^\circ$ は，$\Delta_r G^\circ = -RT \ln K$ で表すことができる。

(2) いくつかの温度で測定した平衡定数から，反応の標準反応エンタルピー $\Delta_r H^\circ$ を求めることができる。

(3) $\Delta_r H^\circ$ が正のときは吸熱反応となり，温度を上げると平衡が左にずれる。

(4) A, B, C が気体の場合，圧力を増大させると圧平衡定数は大きくなる。

（国試 102-91 改）

4.8 以下の化学反応式に関する次の記述について，正誤を答えなさい。ただし，$\Delta_f H°$ はアンモニアの標準生成エンタルピーであり，(g)は気体状態を表す。

$$\frac{3}{2}H_2(g) + \frac{1}{2}N_2(g) \stackrel{K}{\rightleftharpoons} NH_3(g)$$

$$\Delta_f H° = -46.4\,\text{kJ mol}^{-1}$$

(1) 反応が平衡状態にあるとき，温度を低下させると反応は右方向に進行する。

(2) 反応が平衡状態にあるとき，圧力をかけると反応は左方向に進行する。

(3) 触媒の添加により，反応の標準生成エンタルピーを低下させることができる。

(4) 温度を変化させて，ファントホッフプロットを行うと，右上がりの直線性のプロットが得られる。   (国試 97-92 改)

5 相 平 衡

物質は，周囲の温度と圧力の条件によって，様々な状態(固体，液体，気体)をとる。本章では，純物質と混合物の相平衡が熱力学的にどのように記述できるかについて学習する。純物質の相図では温度，圧力とモルギブズエネルギーの関係から物質の状態が決まることを学ぶ。一方，混合物の相図では組成が変数として加わり，相の数と相の組成の間に密接な関係があることを学ぶ。

5.1 純物質における安定な相

5.1.1 平衡の条件と安定な相の条件

はじめに，平衡を熱力学的に定義する方法を見てみよう。平衡状態ではギブズエネルギー変化が 0 となることはすでに学んだ。図 5.1 (a) のように，コップに入った氷水を 0℃ におくと，氷と水は平衡状態になる。しかし，氷より水の量が多い場合，示量性状態関数のギブズエネルギーの関係は $G_{(氷)} < G_{(水)}$ となり平衡状態を表すことはできない。そこで，氷と水の平衡(氷⇄水)において，定温定圧下で氷が dn (mol) 減少して水に変化したときを考えてみよう。このときの系全体のギブズエネルギー変化 dG は

$$dG = G_{m,(水)} \times dn - G_{m,(氷)} \times dn = [G_{m,(水)} - G_{m,(氷)}] \times dn$$

と表せる。ここで，G_m は**モルギブズエネルギー**である。平衡では d$G = 0$ なので

$$[G_{m,(水)} - G_{m,(氷)}] \times dn = 0 \;\rightarrow\; G_{m,(水)} - G_{m,(氷)} = 0$$

$$G_{m,(水)} = G_{m,(氷)}$$

となり，純物質の平衡は，存在する量によらない示強性状態関数のモルギブズエネルギー G_m が両相において等しい状態として表すことができる。

一方，図 5.1 (b) のように，10℃ で自発的に氷が水へ融解しつつあるときは，両相のモルギブズエネルギーは異なる。定温定圧下である変化が自発的なとき，ギブズエネルギー変

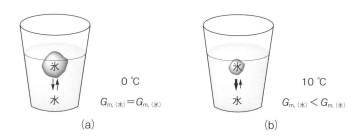

図 5.1 (a) 水と氷が平衡状態にある系，(b) 自発的に氷が融解しつつある系

化 ΔG が負であることはすでに学んでいるので，氷が水へ自発的に変化するときの ΔG は，$\Delta G = G_{\mathrm{m,(水)}} - G_{\mathrm{m,(氷)}} < 0$ と負の値になるはずである。したがって，$G_{\mathrm{m,(水)}}$ は $G_{\mathrm{m,(氷)}}$ より小さいことがわかる。すなわち，純物質の安定な相とは，その G_{m} が最小の状態であり，物質は G_{m} が最小の状態に向かい自発的に変化する。ここで，コップに入った氷水の異なる温度における G_{m} を比較すると，0℃では $G_{\mathrm{m,(氷)}} = G_{\mathrm{m,(水)}}$ なのに対し，10℃では，$G_{\mathrm{m,(水)}} < G_{\mathrm{m,(氷)}}$ である。これは物質のギブズエネルギーが温度により変化することを示している。

5.1.2 ギブズエネルギーの温度と圧力による変化
(1) ギブズエネルギーの温度および圧力による変化を表す式

物質のもつギブズエネルギーが温度や圧力によりどのように変化するか見てみよう。ギブズエネルギーは $G = H - TS$ で定義される。系の温度，圧力，体積を微小変化させたとき，G を定義する物理量の変化は，それぞれ $G = G + \mathrm{d}G$，$H = H + \mathrm{d}H$，$T = T + \mathrm{d}T$，$S = S + \mathrm{d}S$ となるので

$$G + \mathrm{d}G = H + \mathrm{d}H - (T + \mathrm{d}T) \times (S + \mathrm{d}S)$$
$$= H + \mathrm{d}H - TS - T\,\mathrm{d}S - S\,\mathrm{d}T - \mathrm{d}T\,\mathrm{d}S$$

となる。上式の左辺の G は右辺の $H - TS$ と打ち消し合い，微小変化同士の積 $\mathrm{d}T\,\mathrm{d}S$ を無視すると

$$\mathrm{d}G = \mathrm{d}H - T\,\mathrm{d}S - S\,\mathrm{d}T$$

が残る。ここで，エンタルピー $H = U + pV$ に対しても同様の操作を行うと

$$H + \mathrm{d}H = U + \mathrm{d}U + (p + \mathrm{d}p) \times (V + \mathrm{d}V)$$
$$= U + \mathrm{d}U + pV + p\,\mathrm{d}V + V\,\mathrm{d}p + \mathrm{d}p\,\mathrm{d}V$$

となる。上式の左辺の H は右辺の $U + pV$ と打ち消し合い，微小変化同士の積 $\mathrm{d}p\,\mathrm{d}V$ を無視すると

$$\mathrm{d}H = \mathrm{d}U + p\,\mathrm{d}V + V\,\mathrm{d}p$$

が残る。上式を $\mathrm{d}G$ の式の右辺 $\mathrm{d}H$ に代入すると

$$\mathrm{d}G = \mathrm{d}U + p\,\mathrm{d}V + V\,\mathrm{d}p - T\,\mathrm{d}S - S\,\mathrm{d}T$$

となる。ここで，内部エネルギーの微小変化 $\mathrm{d}U = \mathrm{d}q + \mathrm{d}w$ を代入すると

$$\mathrm{d}G = \mathrm{d}q + \mathrm{d}w + p\,\mathrm{d}V + V\,\mathrm{d}p - T\,\mathrm{d}S - S\,\mathrm{d}T$$

となる。さらに，仕事は体積変化のみとした $\mathrm{d}w = -p\,\mathrm{d}V$ の関係と，系の変化を可逆過程としてエントロピーの定義 $\Delta S = (q_{\mathrm{rev}}/T)$ から誘導，微小変化とした $\mathrm{d}q = T\,\mathrm{d}S$ の関係を，それぞれ代入すると

$$\mathrm{d}G = T\,\mathrm{d}S - p\,\mathrm{d}V + p\,\mathrm{d}V + V\,\mathrm{d}p - T\,\mathrm{d}S - S\,\mathrm{d}T$$

となり，重複する項を消去すると，**ギブズエネルギーの温度および圧力依存性の式**として

$$\mathrm{d}G = V\,\mathrm{d}p - S\,\mathrm{d}T \tag{5.1}$$

が得られる。

(2) ギブズエネルギーの温度による変化

相転移が温度変化によりどのように起こるかを，式(5.1)に基づいて考えてみる。はじめに温度の効果のみを調べるため圧力を一定とすると，式(5.1)の圧力変化の項 $\mathrm{d}p$ は 0 となり

$$\mathrm{d}G = -S\,\mathrm{d}T \quad \text{または} \quad \left(\frac{\partial G}{\partial T}\right)_p = -S \tag{5.2}$$

が得られる。さらに，モルギブズエネルギーを使って有限の変化とすると

$$\Delta G_\mathrm{m} = -S_\mathrm{m}\,\Delta T \tag{5.3}$$

が得られる。ここで，S_m は物質のモルエントロピーで正の値をもつので，モルギブズエネルギーは温度の上昇とともに減少する。

また，気体，液体，固体のモルエントロピー $S_{\mathrm{m(g)}}$，$S_{\mathrm{m(l)}}$，$S_{\mathrm{m(s)}}$ の大きさは，気体が最も大きく，液体，固体の順に小さくなる。これらの関係をまとめると図5.2のようになる。

物質の安定な相はモルギブズエネルギーが最小の状態なので，温度が低いときは固体が最安定な相となり，温度が上昇するに従い，液体から気体へ安定な相が変化する。T_f（融点）は固体と液体のグラフの交点の温度であり，この温度では固体と液体の G_m が等しく，両相は平衡状態にある。同様に，T_b（沸点）は液体と気体のグラフの交点の温度であり，この温度では液体と気体の G_m は等しく，両相は平衡状態にある。

(3) ギブズエネルギーの圧力による変化

相転移の圧力依存性は，定温下でモルギブズエネルギーと圧力の関係から明らかとなる。温度一定で，式(5.1)の $\mathrm{d}T$ は 0 となり

$$\mathrm{d}G = V\,\mathrm{d}p \quad \text{または} \quad \left(\frac{\partial G}{\partial p}\right)_T = V \tag{5.4}$$

が得られる。さらに，モルギブズエネルギーを使って有限の変化とすると

$$\Delta G_\mathrm{m} = V_\mathrm{m}\,\Delta p \tag{5.5}$$

が得られる。ここで，V_m は物質のモル体積で正の値をもつので，モルギブズエネルギーは圧力の上昇とともに増大する。

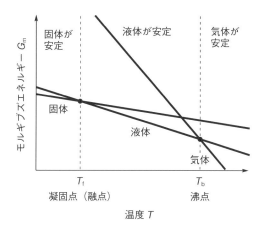

図 5.2　モルギブズエネルギーの温度変化

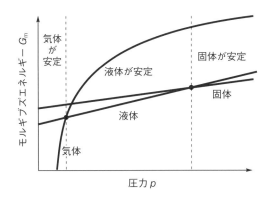

図 5.3　モルギブズエネルギーの圧力変化

　通常の物質では，固体のモル体積より液体のモル体積の方が大きい(水は重要な例外である)。また，気体のモル体積は液体のモル体積よりはるかに大きい。これらの関係をまとめると図5.3のようになる。

　圧力が低いとき，モルギブズエネルギーが最も小さいのは気体である。系はモルギブズエネルギーが最小の状態へ転移するから，気体が安定な相である。圧力が増加すると気体のモルギブズエネルギーは大きく増加し，液体のモルギブズエネルギーが最小となるので液体が安定な相となる。さらに圧力が増加すると，液体のモルギブズエネルギーが固体のそれより大きくなるので，固体が安定な相となる。固体および液体ではモル体積は圧力によらずほぼ一定なので，固体と液体のモルギブズエネルギーの圧力依存性のグラフは直線を用いてよい近似ができる(図5.3)。一方，気体のモル体積は圧力の関数であるので気体の状態方程式を用いた取扱いが必要になる。

　そこで，気体の圧力が変化したときの，モルギブズエネルギー変化について考えてみよう。ギブズエネルギーの圧力変化の関係 $\mathrm{d}G = V\,\mathrm{d}p$ (式(5.4))を利用してギブズエネルギー変化量 ΔG_m を求めるには，V_m を p_i から p_f まで積分する必要がある。ここで，気体を理想気体と仮定すると，気体のモル体積は，$V_\mathrm{m} = RT/p$ で表せるので，これを代入し積分すると

$$\Delta G_\mathrm{m} = \int_{G_\mathrm{m}(p_i)}^{G_\mathrm{m}(p_f)}\mathrm{d}G = \int_{p_i}^{p_f} V_\mathrm{m}\,\mathrm{d}p = RT\int_{p_i}^{p_f}\frac{\mathrm{d}p}{p} = RT\ln\frac{p_f}{p_i}$$

が得られる。ここで，ΔG_m は，圧力 p_i と p_f におけるモルギブズエネルギーの差なので，それぞれの圧力におけるモルギブズエネルギー $G_\mathrm{m}(p_i)$ と $G_\mathrm{m}(p_f)$ を用いて上式の関係を表すと

$$G_\mathrm{m}(p_f) = G_\mathrm{m}(p_i) + RT\ln\frac{p_f}{p_i} \tag{5.6}$$

となる。したがって，気体の圧力が p_i から p_f に増加すると，気体のモルギブズエネルギーは対数的に増加する。その関係が図5.3に示す気体のモルギブズエネルギーのグラフである。

5.2　純物質の状態図(相図)

5.2.1　相変化と相図

　これまで物質のモルギブズエネルギーを指標に安定な相について学んできた。純物質の

相図は，様々な圧力と温度における物質の安定な相を表している。物質の三態間の変化は温度と圧力によって決まり，それらの相変化は発熱的なものと吸熱的なものに分けられる。

(1) 三態間の相変化

固体が液体になる相変化を**融解**(melting)といい，その温度を**融点**(melting point)という。液体から気体への相変化を**蒸発**(vaporization, evaporation)といい，その温度を**沸点**(boiling point)という。また，固体から気体への相変化を**昇華**(sublimation)といい，その温度を**昇華点**(sublimation point)という。融解，蒸発，昇華(固体から気体への変化)はいずれも吸熱過程である。一方，気体が液体に相変化することを**凝縮**(condensation)といい，その温度を**凝縮点**(condensation point)という。液体から固体への相変化を**凝固**(solidification)といい，その温度を**凝固点**(freezing point, solidifying point)という。また，気体から固体への相変化を**昇華**といい，これは固体から気体への相変化と同じ名称である。凝縮，凝固，昇華(気体から固体への変化)はいずれも発熱過程である(図5.4)。

(2) 一般的な物質の相図

物質の三態間の平衡関係を表すのが**状態図(相図)**(phase diagram)である。純物質の相図は物質の三態(相)が安定に存在できる温度と圧力の領域を示すものである。一般的な純物質の相図を図5.5に示す。各相の領域を分ける線を**相境界**(phase boundary)といい，隣り合う2相が平衡状態になる温度と圧力を示している。気相と液相の平衡を表す曲線COを**蒸気圧曲線**(vapor pressure curve)，固相と液相の平衡を表す曲線AOを**融解曲線**(fusion curve)，固相と気相の平衡を表す曲線BOを**昇華曲線**(sublimation curve)という。点Oでは固相，液相，気相が平衡状態にあり，**三重点**(triple point)とよばれる。三重点の圧力と温度は物質固有の値であり，物質が液体で存在できる最低の圧力，温度の値となる。

ここで，相図をより理解するため，相図上で温度と圧力を変化させ，それに伴う相変化を確認しよう。固相にある点Pから圧力一定のもとで温度を上げていくと，状態は固相から液相，液相から気相へと変化することがわかる。また，気相にある点Qから温度一定のもとで圧力を上げていくと，気相から液相に変化することがわかる。一方，蒸気圧曲線CO上の点Rを線上で移動させると，この曲線は右上がりなので，圧力が高くなるほど沸

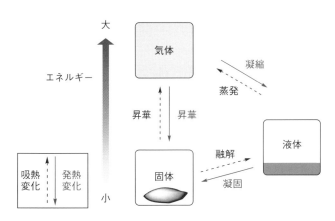

図 5.4 物質の三態変化

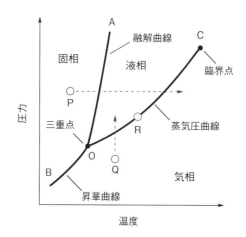

図 5.5　純物質の状態図(相図)

点は上昇し，圧力が低くなるほど沸点は低下することがわかる。相図上の点 C は**臨界点**
(critical point)とよばれ，この温度と圧力をそれぞれ**臨界温度**(critical temperature)，**臨界圧力**(critical pressure)という。この温度と圧力以上の状態は**臨界状態**(critical state)とよばれ，臨界状態の物質は気体に近い拡散性と液体に近い溶解度をもち，**超臨界流体**(supercritical fluid)とよばれる。二酸化炭素は比較的低い臨界温度と臨界圧力をもつため超臨界状態を実現しやすい物質であり，超臨界流体二酸化炭素はクロマトグラフィーの移動相や物質の抽出媒体(コーヒーからカフェインを取り除く媒体)などに用いられている。

5.2.2　相境界の位置

　純物質の状態図における相境界を表す曲線は，物質の熱力学的な値から予測できる。ある温度と圧力で隣り合う α 相と β 相が平衡状態(点 R)にあるとき，温度を dT だけ微小変化させ再び平衡状態(点 S)とするには，圧力を dp だけ変化させる必要がある。このように平衡が保たれる温度と圧力には，物質固有の関係があり，これが**相境界線**(phase boundary line)である(図 5.6)。

(1)　クラペイロンの式

　相境界線を表す式を求めてみよう。ある温度と圧力で2相(α 相と β 相)が平衡状態にあるとき，α 相と β 相のモルギブズエネルギーは等しい。また，平衡が保たれていれば，その微小変化も等しいので

$$G_{m,(\alpha)} = G_{m,(\beta)} \quad \Leftrightarrow \quad dG_{m,(\alpha)} = dG_{m,(\beta)}$$

が成り立つ。ここで，$dG = V\,dp - S\,dT$(式(5.1))を用いて，両辺をそれぞれのモル体積 V_m，モルエントロピー S_m で書き換え，エントロピー項を左辺に，体積項を右辺にまとめると

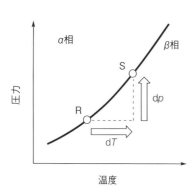

図 5.6　2相が平衡状態にあるときの温度と圧力の微小変化

$$V_{\mathrm{m},(\alpha)}\,\mathrm{d}p - S_{\mathrm{m},(\alpha)}\,\mathrm{d}T = V_{\mathrm{m},(\beta)}\,\mathrm{d}p - S_{\mathrm{m},(\beta)}\,\mathrm{d}T$$

$$(S_{\mathrm{m},(\beta)} - S_{\mathrm{m},(\alpha)})\,\mathrm{d}T = (V_{\mathrm{m},(\beta)} - V_{\mathrm{m},(\alpha)})\,\mathrm{d}p$$

となる。左辺の $(S_{\mathrm{m},(\beta)} - S_{\mathrm{m},(\alpha)})$ は相転移エントロピー $\Delta_{\mathrm{trs}}S$, 右辺の $(V_{\mathrm{m},(\beta)} - V_{\mathrm{m},(\alpha)})$ は転移に伴う体積変化 $\Delta_{\mathrm{trs}}V$ を表す。これらを用いると $\mathrm{d}p$ と $\mathrm{d}T$ の関係は

$$\Delta_{\mathrm{trs}}S\,\mathrm{d}T = \Delta_{\mathrm{trs}}V\,\mathrm{d}p$$

となる。さらに，状態図の縦軸（圧力）と横軸（温度）に対応させるため，左辺を $\mathrm{d}p/\mathrm{d}T$ としてまとめ，転移エンタルピーと転移エントロピーの関係（$\Delta_{\mathrm{trs}}S = \Delta_{\mathrm{trs}}H/T$）を用いれば，**クラペイロンの式**（Clapeyron equation）（式（5.7））

$$\frac{\mathrm{d}p}{\mathrm{d}T} = \Delta_{\mathrm{trs}}S \times \frac{1}{\Delta_{\mathrm{trs}}V} = \frac{\Delta_{\mathrm{trs}}H}{T} \times \frac{1}{\Delta_{\mathrm{trs}}V} = \frac{\Delta_{\mathrm{trs}}H}{T\,\Delta_{\mathrm{trs}}V}$$

$$\frac{\mathrm{d}p}{\mathrm{d}T} = \frac{\Delta_{\mathrm{trs}}H}{T\,\Delta_{\mathrm{trs}}V} \tag{5.7}$$

を得ることができる。ここで，$\Delta_{\mathrm{trs}}H$ は**転移エンタルピー**，$\Delta_{\mathrm{trs}}V$ は転移に伴う体積変化，T は絶対温度である。固相と液相の相境界におけるクラペイロンの式は，**融解エンタルピー** $\Delta_{\mathrm{fus}}H$（enthalpy of fusion）と融解に伴う体積変化 $\Delta_{\mathrm{fus}}V$ を用いて表すことができる（式（5.8））。温度上昇に伴う相変化は固体から液体なので，$\Delta_{\mathrm{fus}}V$ は $V_{\mathrm{m(l)}} - V_{\mathrm{m(s)}}$ として表される。融解は吸熱過程なので，融解エンタルピーは常に正の値で，融解における体積変化は通常，正の値で小さい。したがって，一般的な物質では，勾配 $\mathrm{d}p/\mathrm{d}T$ は大きな正の値となる（図5.5, 曲線AO）。

$$\frac{\mathrm{d}p}{\mathrm{d}T} = \frac{\Delta_{\mathrm{fus}}H}{T(V_{\mathrm{m(l)}} - V_{\mathrm{m(s)}})} = \frac{\Delta_{\mathrm{fus}}H}{T\,\Delta_{\mathrm{fus}}V} \tag{5.8}$$

一方，水などの一部の化合物では，固体のモル体積より液体のモル体積の方が小さいため，融解に伴う体積変化 $\Delta_{\mathrm{fus}}V$ は負の値となり，融解曲線 AO は大きな負の傾きを示す（図5.7）。これらの物質では，融解曲線上で平衡にある点 P の状態に圧力を加えると，液相への変化が起こる。

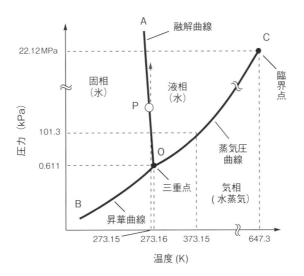

図 5.7 水の状態図

　水の三重点は，温度，圧力がそれぞれ 273.16 K，0.611 kPa にあり，液体の水が存在でき
る最低の温度と圧力である。固相の温度が三重点以下のときに圧力を下げていくと，固相
から気相に直接変化する。この変化は凍結乾燥とよばれる手法に用いられる。**凍結乾燥**
(freeze-drying)とは，物質の溶液を凍結させ，その状態のまま水分を昇華させて乾燥させ
る方法であり，熱に不安定な医薬品の製造などに用いられる。外圧が 1 気圧(101.3 kPa)
における沸点を**通常沸点**(normal boiling point)，標準状態圧力 1 bar(100 kPa)における沸
点を**標準沸点**(standard boiling point)といい，水の標準沸点は 99.6℃である。

(2)　クラウジウス–クラペイロンの式

　相変化に伴う体積変化が大きい気–液，および気–固平衡では，クラペイロンの式に理想
気体の状態方程式を利用した近似を組み込むことで，物質が示す蒸気圧と温度の関係を導
くことができる。例えば，気–液平衡の場合，気体のモル体積 $V_{m(g)}$ は液体のモル体積
$V_{m(l)}$ に比べてはるかに大きいため，蒸発に伴う体積変化 $\Delta_{vap}V = V_{m(g)} - V_{m(l)}$ を気体の
モル体積 $V_{m(g)}$ として近似できる。

$$\frac{dp}{dT} = \frac{\Delta_{vap}H}{T\,\Delta_{vap}V} \approx \frac{\Delta_{vap}H}{T\,V_{m(g)}}$$

ここで，気体を理想気体と仮定し，モル体積に $V_{m(g)} = RT/p$ の関係を代入すると，**クラ
ウジウス–クラペイロンの式**(Clausius-Clapeyron equation)(式 5.9)を与える。ただし，p
は平衡蒸気圧，$\Delta_{vap}H$ は**蒸発エンタルピー**(enthalpy of vaporization)，R は気体定数，T
は絶対温度である。この式は微分方程式の形をしており，変数分離し $\Delta_{vap}H$ を定数として
解くと式(5.10)となる。また，温度と圧力が異なる状態 1 (T_1, p_1)から状態 2 (T_2, p_2)の条
件で積分すると，式(5.11)が得られる。

$$\frac{dp}{dT} = \frac{p\,\Delta_{vap}H}{RT^2} \tag{5.9}$$

$$\ln p = -\frac{\Delta_{vap}H}{RT} + C \tag{5.10}$$

$$\ln\frac{p_2}{p_1} = -\frac{\Delta_{vap}H}{R}\left(\frac{1}{T_2} - \frac{1}{T_1}\right) \tag{5.11}$$

コラム：アイススケートができる理由

　スケートが氷の上で滑る理由は，氷に加えられた圧力により水が生じ，これが滑るため
と考えられてきた。しかし，人の体重による融点の変化をクラペイロンの式で計算すると
1℃にも届かないことがわかる。スケートは −10℃の氷の上でも滑るし普通の靴でもよく
滑るので，この仮説ではうまく説明できない。最近，氷が滑るのは表面に流動性の高い水
分子の層が形成されているため，という説が発表された。彼らは氷の上で鉄球を転がしそ
の摩擦と温度の関係を計測し，さらに，氷の表面分子のコンピュータシミュレーションを
行った。その結果，氷の表面では片側からしか水素結合を形成できないので，通常 4 個の
水素結合を形成できる水分子が，2~3 個の水素結合で弱く結合していること，このような
水分子は高い運動性をもつため，その表面が滑りやすくなることが明らかとなった。この
結果に基づけば，氷が −7℃で最も滑りやすくなることも説明できるようである。逆に，
氷を滑らなくする方法が見つかれば，雪道のドライブが安全になるかもしれない。

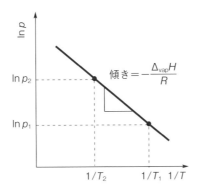

図 5.8　クラウジウス–クラペイロンの式における $\ln p$ と $1/T$ の関係

　これらの式の $\ln p$ を $1/T$ に対してプロットすれば直線が得られ，その傾きから蒸発エンタルピーを求めることができる（図5.8）。蒸発は吸熱反応なので，$\Delta_{vap}H$ は常に正の値をとる。そのため，このグラフの傾きは常に負である。

5.3　相　　律

　純物質の系では，平衡状態において各相の温度，圧力，モルギブズエネルギーが等しいことをすでに学んだ。一方，多成分系の相平衡でも各相の温度と圧力に加え，各成分の**化学ポテンシャル**（chemical potential）μ は，すべての相において等しい。これらの条件をもとにアメリカの物理化学者ギブズは，多成分系の相平衡において，相の数と状態を決める変数の間に，以下に示す**相律（ギブズの相律）**（phase rule, Gibbs phase rule）

$$F = C - P + 2 \tag{5.12}$$

が成り立つことを示した。ここで，C は系に含まれる独立な成分の数（number of composition），P は系を構成する相の数（number of phase），F は**自由度の数**（number of degree of freedom）である。**自由度**（freedom）とは系の状態を指定するのに必要な，独立に決定できる示強性状態関数の数であり，具体的には温度，圧力，各相における組成である。

　相律の式に従い，純物質（1成分系）の相の数と自由度を計算したものを図5.9と表5.1に示す。例えば，純物質の相図の場合，気相の点 A では圧力および温度を変化させても

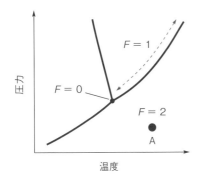

図 5.9　純物質の相図における自由度の数

表 5.1　純物質における自由度の数

相の数 P	自由度 F	独立変数
1	2	温度と圧力
2	1	温度または圧力
3	0	なし

（ある範囲内であれば）相変化は起こらない。この場合，自由度の数は $F = C - P + 2 = 1 - 1 + 2 = 2$（温度と圧力）である。一方，2 相が平衡状態にある相境界線上では，温度を指定すると圧力は自動的に決まり，逆もまた同様である。この場合，自由度の数は $F = C - P + 2 = 1 - 2 + 2 = 1$（温度または圧力）である。さらに，三重点においては相の数は 3 なので，自由度は 0 となり，人が自由に決定できる条件はない。三重点における温度と圧力は物質固有の値となる。2 成分系の相図における自由度は，次節以降で取り扱う。

5.4　2 成分系の状態図

　5 章では，これまで純物質の相平衡を取り扱ってきたが，ここからは 2 成分系の相平衡について考察する。2 成分系の混合物の相律を自由度の式(5.12)に従い求めると $F = C - P + 2 = 2 - P + 2 = 4 - P$ となり，自由度の最大数は 1 相の場合に最大で 3（温度，圧力，組成）となり，平面図では表しにくい。そのため，定温下で作成した圧力-組成図，または，定圧下で作成した温度-組成図を用いる。

5.4.1　2 成分系の液相-気相平衡
（1）　溶液の組成と蒸気の組成の違い
　2 種類の揮発性液体を密閉容器中で気液平衡の状態とすると，気相には蒸気圧が高く沸点が低い成分が多くなり，液相部分には蒸気圧が低く沸点が高い成分が多くなる。平衡状態にある溶液と蒸気のそれぞれの組成の間にはどのような関係があるのだろうか。ここでは，**圧力-組成図（蒸気圧図）**（pressure-composition diagram, vapor pressure diagram）を用いて考察する（図5.10）。

　図5.10 (a)には揮発性物質 A と B の溶液の圧力-組成図を示す。縦軸は圧力，横軸は A のモル分率である。$p_A{}^*$，$p_B{}^*$ はそれぞれ純粋な A および B の蒸気圧で，この図では $p_A{}^*$ は $p_B{}^*$ より大きいので，A は B より揮発しやすく，A の沸点は B より低い。実線で示した**液相線**（liquidus curve）は液相の組成 x_A に対する蒸気圧（全圧 p）を表す。A と B の分圧 p_A と p_B はラウールの法則（6 章）を用いて

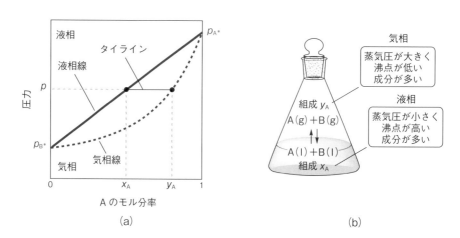

図 5.10　(a) 圧力-組成図(蒸気圧図)，(b) 気液平衡における組成の違い

$$p_A = p_A{}^* x_A \tag{5.13}$$

$$p_B = p_B{}^* x_B = p_B{}^*(1 - x_A) \tag{5.14}$$

と表せる。ここで，全圧 p は $p = p_A + p_B$ なので，式(5.13)と式(5.14)を代入すると，全圧を $p_A{}^*$，$p_B{}^*$，x_A を用いて

$$p = p_B{}^* + (p_A{}^* - p_B{}^*)x_A \tag{5.15}$$

と表すことができる。

　一方，気相における A のモル分率を y_A とすると，y_A はドルトンの分圧の法則より，全圧 p と A の分圧 p_A を用いて式(5.16)として与えられる。この式の右辺分子に式(5.13)を，右辺分母に式(5.15)を代入すると，気相の組成 y_A と液相の組成 x_A の関係式(5.17)が得られる。

$$p_A = p\, y_A \quad \rightarrow \quad y_A = \frac{p_A}{p} \tag{5.16}$$

$$y_A = \frac{p_A{}^* x_A}{p_B{}^* + (p_A{}^* - p_B{}^*)x_A} \tag{5.17}$$

　上式から，$p_A{}^*$ と $p_B{}^*$ が異なる場合は，液相の組成 x_A と気相の組成 y_A は異なり，$p_A{}^*$ が $p_B{}^*$ より大きい場合，y_A は x_A より大きくなることが明らかとなる。この蒸気圧と気相の組成の関係を表すのが，図5.10 (a)の点線で示した**気相線**(gas phase curve)である。液相線と気相線の関係から，蒸気圧が大きく沸点が低い成分は，気相により多く存在し，蒸気圧が小さく沸点が高い成分は，液相により多く存在することが明らかとなる(図5.10 (b))。任意の圧力 p で平衡状態にある液相と気相のそれぞれの組成は，液相線と気相線を圧力 p のところで水平に連結した線から読み取ることができる。この線を**タイライン**(tie line)，**連結線**，**平衡連結線**という。

(2)　圧力-組成図(蒸気圧図)における相変化と，てこの規則

　図5.11 (a)に，揮発性物質 A と B の溶液の圧力-組成図を示す。縦軸は圧力，横軸は A

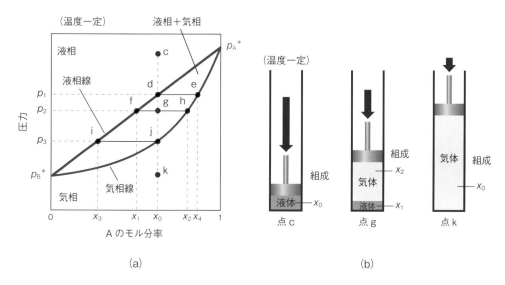

(a)	(b)

図 5.11　(a) 圧力-組成図(蒸気圧図)，(b) 相変化の模式図

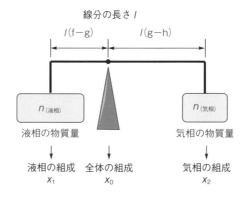

線分の長さ l

液相の物質量

全体の組成

気相の物質量

液相の組成
x_1

全体の組成
x_0

気相の組成
x_2

図 5.12　てこの規則

のモル分率である。組成 x_0 の点 c の混合物に加わる圧力を減少させたときの状態変化を見てみよう。図 5.11 (b)には，点 c，g，k における相の状態と組成を模式的に示す。点 c は液相線で示される圧力よりも上側に位置するので，点 c の混合物は液体として存在する。この溶液は点 d の圧力 p_1 で沸騰が始まり，わずかに生成し始めた蒸気の組成は，タイライン d−e が気相線と交差した点 e の x_4 である。点 g で表した圧力 p_2 の状態では，液相と気相が平衡状態で存在する。このとき，液相の組成はタイライン f−h が液相線と交差した点 f の x_1 で，気相の組成はタイライン f−h が気相線と交差した点 h の x_2 となる。さらに，圧力を p_3 まで下げた点 j では液相はほとんど存在しないが，その組成はタイライン i−j が液相線と交差した点 i の x_3 となり，蒸気の組成は x_0 となる。気相線よりも下側の圧力にある点 k の混合物は気相として存在し，その組成は x_0 である。

相図に引いたタイラインは気相と液相の組成に加え，それぞれの相の量の比も示してくれる。図 5.11 (a)の横軸はモル分率なので，量は物質量を表す。点 g における液相と気相の物質量の関係は，図 5.12 に示す支点に支えられた棒の両端で，おもりがつり合う状態と似ている。すなわち，液相の物質量 $n_{(液相)}$ と線分 f−g の長さ l(f−g)の積が，気相の物質量 $n_{(気相)}$ と線分 g−h の長さ l(g−h)の積と等しい関係にある。これを**てこの規則**（lever rule）という。

$$n_{(液相)} \times l(\text{f}-\text{g}) = n_{(気相)} \times l(\text{g}-\text{h}) \quad \Rightarrow \quad \frac{n_{(液相)}}{n_{(気相)}} = \frac{l(\text{g}-\text{h})}{l(\text{f}-\text{g})}$$

よって，$n_{(液相)}$: $n_{(気相)}$ は l(g−h) : l(f−g)となり，タイラインを区切る線分の長さの比から，両相の物質量の比を求めることができる。

(3)　温度−組成図（沸点図）

定圧下で作成した**温度−組成図**（temperature-composition diagram），または**沸点図**（boiling point diagram）では，縦軸が温度，横軸が組成を表し，図は気相線と液相線で隔てられている。**液相線**より低温側では液相のみ，気相線と液相線の間は気相と液相が，**気相線**より高温側では気相のみが存在する。また，相図の左右両端に位置する物質 A および B が純粋な組成における相境界の温度（T_b(A)，T_b(B)）は，それぞれ A および B の沸点を表す（図5.13 (a)）。

組成 x_0 の点 c の混合物を加熱したときの変化を見てみよう。点 c，g，k における相の状態と組成を模式的に図 5.13 (b)に示す。点 c は液相線で示される温度よりも下側に位置

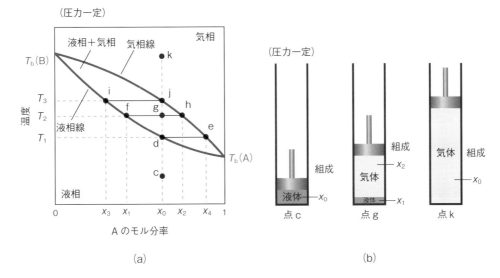

図 5.13　(a) 温度-組成図(沸点図)，(b) 相変化の模式図

するので，点 c の混合物は液体として存在する。この溶液は点 d の温度 T_1 で沸騰が始まる。そのため，液相線は**蒸発曲線**(evaporation curve)や**沸騰曲線**(boiling curve)ともいう。このとき，わずかに生成し始めた蒸気の組成は，タイライン d−e が気相線と交差した点 e の x_4 である。さらに加熱を続け，点 g の温度 T_2 の状態では，液相と気相が平衡状態で存在する。このとき，液相の組成はタイライン f−h が液相線と交差した点 f の x_1 で，気相の組成はタイライン f−h が気相線と交差した点 h の x_2 となる。ここで，てこの規則を適用すれば，液相と気相の物質量の比 $n_{(液相)}:n_{(気相)}$ は，線分の長さの比 $l(g−h):l(f−g)$ で表される。さらに温度を T_3 まで上げた点 j の状態では液相はほとんど存在しないが，その組成はタイライン i−j が液相線と交差した点 i の x_3 となり，蒸気の組成はほぼ x_0 となる。気相線よりも上側の温度にある点 k の混合物は気相として存在し，その組成は x_0 である。気相線は，**凝縮曲線**(condensation curve)，**液化曲線**ともいう。

　相図上の点 c や点 k の 1 相領域($P=1$)について，相律を用いて自由度を計算すると，$F=C−P+2=2−1+2=3$ となり，温度，圧力，組成を変化させることができる。一方，2 相領域の点 g では，$F=C−P+2=2−2+2=2$ となり，定圧下で作成した相図においては，残りの自由度は 1 である。これは，温度またはどちらか一方の組成しか決めることができないことを意味する。温度-組成図では，温度が決まればタイラインから自動的に液相と気相の組成は決まる。逆に，液相の組成を決めれば，温度が決定し，タイラインから気相の組成も自動的に決まる。

(4)　混合物の蒸留

　蒸留(distilation)は，沸点の異なる液体の精製などに用いられ，気液平衡において，液相と気相の組成が異なることを利用している。**分留装置**は，混合物が入った蒸留フラスコ，分留カラム，冷却器，受けフラスコなどから構成されており，蒸留フラスコ部分が高温で，分留カラムの上に行くほど温度は低くなる(図 5.14 (b))。温度-組成図(図 5.14 (a))を用いて，蒸留フラスコに入った A と B の混合物を加熱したときの変化を見てみよう。点 c_1 で示した組成 x_0 の液体を加熱すると，点 c_2 の温度 T_3 で沸騰し，ここで発生した蒸気の組

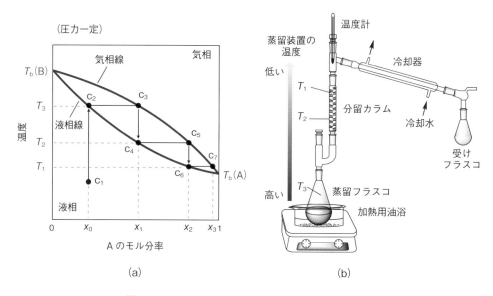

図 5.14 (a) 分留の原理(蒸気圧図)，(b) 分留装置

成は点 c_3 の x_1 である。組成 x_1 の蒸気が分留管を上昇すると温度が下がり，液相線と交差した点 c_4 の温度 T_2 で凝縮する。この組成 x_1 の液相は，温度 T_2 で蒸発し，点 c_5 の組成 x_2 の蒸気と気液平衡になる。この蒸気がさらに分留管を上昇し，点 c_6，点 c_7 と凝縮と蒸発を繰り返すと，蒸気の組成は純液体 $A(x_A = 1)$ に近づく。これを留出させると純粋な A を得ることができる。A が流出したことにより蒸留フラスコ内の組成は成分 B が多くなり，最終的には純粋な B が蒸留フラスコに残ることになり，B の沸点以上に温度を上げれば，純粋な B を得ることができる。

(5) 共沸混合物

沸点が異なる物質の混合物にもかかわらず，沸騰の前後で液相の組成と気相の組成に変化がない混合物を**共沸混合物**(azeotropic mixture)といい，その沸点を**共沸点**(azeotropic point)，その組成を**共沸組成**(azeotropic composition)という。共沸混合物は**極小沸点**をもつ混合物と**極大沸点**をもつ混合物の2種類に分けられる。これらの違いは混合前後での分子間力の強さに起因している。純粋な成分 A…A や B…B 同士の分子間力に比べ，混合後の A…B 間の分子間力が弱い場合，混合物はより揮発しやすく，極小沸点をもつ共沸混合物を形成する(図5.15 (a))。このような例には，水-エタノール，四塩化炭素-メタノール，水-ジオキサンなどの混合物が知られている。一方，混合後の A…B 間の分子間力が混合前よりも強くなる場合，混合物は揮発しにくくなり，極大沸点をもつ共沸混合物を形成する(図5.15 (b))。このような例には，クロロホルム-アセトン，水-塩化水素などが知られている。

共沸混合物の蒸留では，蒸留前の組成により留出する成分が異なる。図5.15 (a)の極小沸点をもつ共沸混合物の蒸留では，点 c_1 から加熱を始めると，点 c_2 で沸騰し，生じる気相の組成は c_3 となる。これが c_4 から c_7 へ凝縮と蒸発を繰り返すと，点 c_0 の組成 x_0 の共沸混合物が温度 T_0 で流出するので，純粋な A は得られない。共沸混合物の留出が終わってさらに温度を上げれば，純粋な B が留出する。共沸組成 x_0 よりも成分 A を多く含む点 c_8

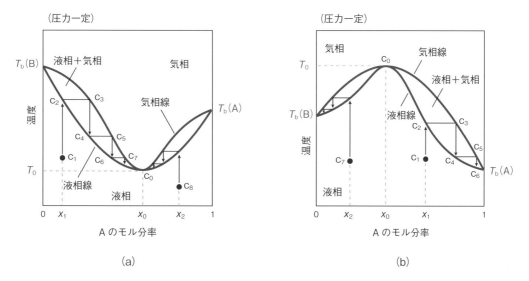

図 5.15 （a）極小沸点をもつ共沸混合物，（b）極大沸点をもつ共沸混合物

の混合物を蒸留する場合は，はじめに共沸混合物が流出し，その後温度を上げると A が留出する。

　一方，図 5.15（b）の極大沸点をもつ共沸混合物の蒸留では，A のモル分率が共沸組成 x_0 よりも大きい点 c_1 から蒸留を始めると，点 c_2 から点 c_6 の気液平衡を経て，最終的に成分 A が留出する。共沸組成よりも成分 A が少ない点 c_7 から蒸留を行うと，はじめに留出する成分は B となる。どちらの場合も A や B の留出が終わり，さらに温度を上げると共沸混合物が留出する。

5.4.2　2成分系の液相−液相平衡

　性質の異なる 2 種類の液体を混合すると，完全に混ざり合う場合と 2 相に分離する場合がある。特定の温度と組成のときだけ混合して 1 相になる液体を**部分可溶性液体**（partially miscible liquid）という。相の状態は混合したときの組成，温度，圧力に依存するが，気相が関与しない液−液平衡では圧力の影響は小さいため，定圧下で作成した温度−組成図で考察することが多い。図 5.16（a）にフェノール−水の温度−組成図を示す。縦軸は温度，横軸はフェノールの濃度（w/w%）である。1 相領域と 2 相領域は**相互溶解度曲線**（mutual solubility curve）で隔てられており，その内側が 2 相領域である。フェノールと水の**相互溶解度**は，温度が上昇するにつれ大きくなり，約 66℃ 以上で均一な液相となる。相分離が起こる温度の上限を**上限臨界共溶温度**（upper consolute temperature, upper critical solution temperature）という。

　フェノールと水の混合物が温度上昇により 1 相になるのは，混合が吸熱的なためである。混合におけるギブズエネルギー変化 $\Delta G_{(混合)} = \Delta H_{(混合)} - T\,\Delta S_{(混合)}$ を考えると，混合が吸熱的ならば $\Delta H_{(混合)}$ は正で自発的な変化には不利である。一方，$\Delta S_{(混合)}$ は正の値なので，温度上昇によりエントロピー項 $-T\,\Delta S_{(混合)}$ の絶対値が大きくなり，その結果 $\Delta G_{(混合)}$ が負になれば，自発的な混合が起こる。

　温度 50℃ で，水にフェノールを加えていくときの系の状態変化を見てみよう。点 a は水に少量のフェノールが溶解している 1 相状態の溶液である。ここにフェノールを加えてい

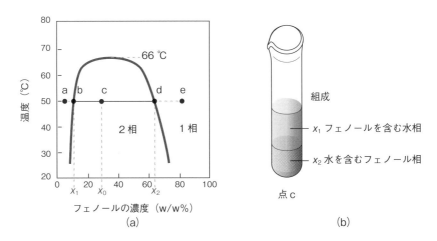

図 5.16 （a）フェノール–水の温度–組成図，（b）2相領域の模式図

くと，点bで2相に分離し始める。点bから点dまでは組成x_1の溶液と組成x_2の溶液の2相が存在する。点dを超えてフェノール濃度を大きくすると再び1相になる。

　点cで存在する2相の物質量は，温度50℃で相境界線を結んだタインb−dと，てこの規則を利用して求めことができる。線分b−cとc−dの長さをそれぞれ$l(b-c)$，$l(c-d)$とすると，組成x_1の溶液の質量：組成x_2の溶液の質量比は$l(c-d):l(b-c)$となり，タイラインを区切る線分の長さからそれぞれの相の量の比を求めることができる。図5.16（a）の横軸は質量パーセント濃度で示されているので，量の比は質量の比で計算される。

　ここで，この系の自由度を計算してみよう。1相領域では$F=C-P+2=2-1+2=3$で，温度，組成，圧力となる。定圧下作成した相図では温度と組成を任意に選ぶことができる。2相領域では$F=C-P+2=2-2+2=2$で，定圧下で作成した相図の場合，圧力を指定すると残り1つの自由度となり，温度，またはどちらか一方の成分の組成しか指定できない。すなわち，2相領域では温度を指定すればそれぞれ相の組成は決定し，フェノールと水の混合割合を変えても，2相の量は変わるが，それぞれの相の組成は変化しない。量は示量性状態関数であり，相律で決まるのは示強性状態関数の数であることを確認しておこう。

　トリエチルアミン–水の温度–組成図は，下向きに凸の相互溶解度曲線を示し，低温では1相，温度が高いと2相に分離する。相分離が起こる温度の下限を**下限臨界共溶温度**（lower consolute temperature, lower critical solution temperature）という。トリエチルアミンと水は混合により水素結合を形成し，その過程は発熱的である。この場合，低温では1相だが，高温になると水素結合が切断され，2相に分離する（図5.17（a））。このような系でも温度が高くなれば混合エントロピーの効果が支配的になり，均一系となることがある。ニコチン–水の温度–組成図の相互溶解度曲線は閉じた曲線になり，その内側が2相領域である。この系は上下に2つの臨界共溶温度をもつ（図5.17（b））。この相図は加圧状態で作成されている。

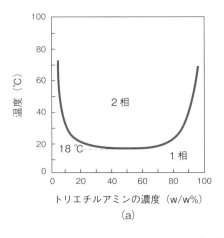
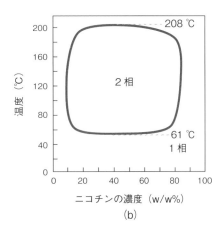

図 5.17　(a) トリエチルアミン-水の温度-組成図，(b) ニコチン-水の温度-組成図

5.4.3　2成分系の固相-液相平衡

(1)　固 溶 体

　固相および液相でも均一に溶け合う混合物を**固溶体**(solid solution)といい，合金などが相当し，銅-ニッケル合金(百円硬貨)などの例がある。相図は図5.13 (a)と同じで，1相部分が液相または固相，2相部分が液相と固相である。

(2)　共融混合物

　2種類の物質が液相では均一で，固相ではそれぞれの微少な結晶が混ざり合った混合物となる場合がある。このような混合物を**共融混合物**(eutectic mixture)といい，その固体を**共晶**(eutectic crystal)，一方の物質が氷のときは**氷晶**(cryohydrate)という。共融混合物はある1つの融点をもち，その融点はそれぞれの成分の融点より低い。定圧下で作成したベンゼンとナフタレンの混合物の温度-組成図を見てみよう(図5.18)。縦軸は温度，横軸はナフタレンのモル分率である。相図は2本の液相線と1本の固相線で隔てられており，液相線より高温側では液相が，液相線と固相線の間は液相と固相が，固相線より低温

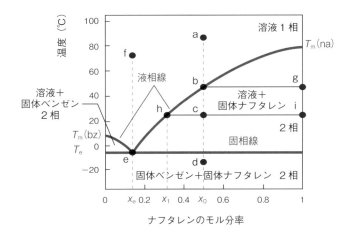

図 5.18　ベンゼン-ナフタレンの温度-組成図

側では固相が存在し，ここは2種類の固相からなる2相領域である．相図の左右両端に位置するベンゼンおよびナフタレンが純粋な組成における相境界の温度 $T_m(bz)$，$T_m(na)$ は，それぞれベンゼンおよびナフタレンの融点を表す．ベンゼンとナフタレンは組成 x_e の共融混合物を形成し，その融点 T_e を**共融点**(eutectic temperature)という．

　組成 x_0 の点 a の溶液を冷却するときの相の変化を見てみよう．溶液の温度が点 b に達すると固体が析出し始める．わずかに析出した固相は，タイライン b−g における点 g の $x=1$ の純粋なナフタレンである．さらに冷却を続けた点 c の状態では，液相と固相が平衡状態で存在する．このとき，液相の組成はタイライン h−i が液相線と交差した点 h の x_1 で，固相の組成は点 i の純粋なナフタレンである．ここで，てこの規則を適用すれば，液相と固相の物質量の比 $n_{(液相)} : n_{(固相)}$ は，線分の長さの比 $l(c-i) : l(h-c)$ で表される．共融点の温度以下になると，ベンゼンの凝固も始まり，点 d の状態では固体ベンゼンと固体ナフタレンからなる共晶となる．

　共融混合物の組成 x_e の液体 f を冷却すると，温度 T_e で共晶の凝固が起こり，それ以前にどちらか一方の固体を析出することはない．また，融解するときの温度も T_e であり，融解と凝固に関して純物質のように振る舞う．一方，共融組成以外の混合物では凝固と融解が始まる温度は異なる．共融組成よりもベンゼンまたはナフタレンが多い溶液を冷却すると，多い成分の固体が先に凝固し始め，その温度は共融点より高いが，これらの固体が溶解し始める温度は共融点である．

　相図上の点 a や点 f の1相領域($P=1$)について，相律を用いて自由度を計算すると，$F=C-P+2=2-1+2=3$ となり，温度，圧力，組成を変化させることができる．一方，2相領域の点 c では，$F=C-P+2=2-2+2=2$ となり，定圧下で作成した相図においては，残りの自由度は1である．これは，温度またはどちらか一方の組成しか決めることができないことを意味する．液相と2相の固相の合計3相が平衡状態にある点 e では，$F=C-P+2=2-3+2=1$ となり，定圧下で作成した相図においては，残りの自由度は0であり，共融点の組成と温度は自動的に決まる．共融混合物の組成と融点は物質固有の性質であり，圧力が変化すれば共融点とその組成も変化する．

(3)　分子間化合物の相図

　2成分 A，B から AB_2 のような**分子間化合物**(**分子化合物**)が生成し，これが A，B を含む溶液と平衡になる場合がある．相図は図 5.19 (a) のようになる．分子間化合物 AB_2 に含まれる A のモル分率は 0.33 なので，この組成を境に左右2つの共融混合物の状態図と考えればよい．分子間化合物の組成の相境界に相当する点 c の温度を**調和融点**または**一致融点**(congruent melting point)といい，分子間化合物 AB_2 は $T_m(AB_2)$ で融解する．物質 B と分子間化合物 AB_2 は共融混合物を形成し，その組成は e_1 で T_{e_1} の共融点をもつ．分子間化合物 AB_2 は物質 A とも共融混合物を形成し，その組成は e_2 で T_{e_2} の共融点をもつ．点 c ($x_A=0.33$) を冷却すると，固体 AB_2 が析出し，溶液 AB_2 との平衡になる．

　分子間化合物を作る物質の例として，フェノール-アニリン(1:1)，酢酸-尿素(2:1)，塩化カルシウム-塩化カリウム(1:1)などがある．

　水と NaCl は分子間化合物 $NaCl \cdot 2H_2O$ を形成し，この混合物は**寒剤**(freezing mixture)として利用される．水と NaCl の相図を図 5.19 (b) に示す．固体の H_2O と分子間化合物 $NaCl \cdot 2H_2O$ の共融点の温度は $-21.2℃$ で，このときの割合は，NaCl が 22.4 g に対して，H_2O が 77.6 g である．分子化合物 $NaCl \cdot 2H_2O$ は 0.1℃ で分解するので液相線は途中で途

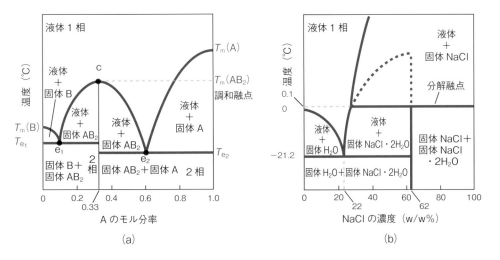

図 5.19 (a) AB_2 型の分子間化合物を形成する物質の温度-組成図,(b) 寒剤として用いられる $H_2O-NaCl$ の温度-組成図

切れている。この温度を**分解融点**または**非調和融点**(incongruent melting point)という。氷と食塩を混ぜると温度が下がる理由は,それぞれの融解熱に起因する。この系の共融点の温度は $-21.2℃$ なので,これより高い温度の氷と $NaCl$ を混合すると,それぞれは溶解することになり,これは吸熱過程なので周囲から熱を奪うことになる。

5.5 いろいろな平衡

5.5.1 溶解平衡

溶解度は医薬品のバイオアベイラビリティなどに影響する重要な性質である。物質の溶解度は温度により変化する他に,結晶多形,酸,塩基としての性質にも影響を受ける。これらの性質と溶解度の関係を熱力学的に考察してみよう。

(1) 溶解平衡の条件

溶液中で,固体とそれが溶解した溶質との間で成り立つ平衡を**溶解平衡**という。溶媒 A に固体 B が溶解していくとき,溶け始めは溶液の濃度が小さいので溶液中の B の化学ポテンシャル $\mu_{B(sol)}$ は,固体 B の化学ポテンシャル $\mu_{B(s)}^*$ よりも小さい。溶解が進むにつ

図 5.20 溶解平衡における固相と溶質の化学ポテンシャルの関係

れ，溶質 B の化学ポテンシャルは増大し，固相 B の化学ポテンシャルと等しい状態で溶解
平衡に達する（図 5.20）。この状態の溶液を**飽和溶液**（saturated solution）といい，このと
きの濃度を**溶解度**（solubility）という。

（2） 溶解度に対する温度の影響

化学ポテンシャルの関係から，溶解度と温度の関係を導いてみよう。いま，溶質と溶媒
の間で分子間力が変わらない理想溶液を仮定すると，溶解した溶質の状態は固体が融解し
た液体とみなすことができる。そこで，溶質 B に対して液体の化学ポテンシャルを表す式
を適用して，固相 B と液体 B の化学ポテンシャルが等しいとおくと

$$\mu_{B}^{*}{}_{(s)} = \mu_{B(l)} \quad \rightarrow \quad \mu_{B}^{*}{}_{(s)} = \mu_{B}^{*}{}_{(l)} + RT \ln x_B \quad \rightarrow \quad -RT \ln x_B = \mu_{B}^{*}{}_{(l)} - \mu_{B}^{*}{}_{(s)}$$

と表せる。ここで，$\mu_{B}^{*}{}_{(l)}$ は純液体 B の化学ポテンシャル，x_B は溶質 B のモル分率であ
る。知りたいのは濃度であるから，$\ln x_B$ について解き，$\mu_{B}^{*}{}_{(l)} - \mu_{B}^{*}{}_{(s)}$ は固体から液体へ
融解したときのギブズエネルギー変化に相当するので $\Delta_{fus}G$ と表し，ギブズエネルギーの
定義 $G = H - TS$ を使い変形すると

$$\ln x_B = \frac{\mu_{B}^{*}{}_{(l)} - \mu_{B}^{*}{}_{(s)}}{-RT} = -\frac{\Delta_{fus}G}{RT} = -\frac{\Delta_{fus}H - T\Delta_{fus}S}{RT} = -\frac{\Delta_{fus}H}{RT} + \frac{\Delta_{fus}S}{R}$$

となる。ここで，$\Delta_{fus}H$ は融解エンタルピー，$\Delta_{fus}S$ は融解エントロピーである。B の融点
を T_{fus} とすると，$\Delta_{fus}S$ は $\Delta_{fus}S = \Delta_{fus}H / T_{fus}$ の関係になるので

$$\ln x_B = -\frac{\Delta_{fus}H}{RT} + \frac{\Delta_{fus}S}{R} = -\frac{\Delta_{fus}H}{RT} + \frac{\Delta_{fus}H}{RT_{fus}} = -\frac{\Delta_{fus}H}{R}\left(\frac{1}{T} - \frac{1}{T_{fus}}\right)$$

$$\ln x_B = -\frac{\Delta_{fus}H}{R}\left(\frac{1}{T} - \frac{1}{T_{fus}}\right) \tag{5.18}$$

となる。B が固体として存在できる融点（T_{fus}）以下で式（5.18）のグラフを描くと図 5.21
となる。

これらのグラフから物質の溶解度の傾向は，融点がほぼ同じ物質同士を比較すると，融
解熱が小さい物質ほど溶解度が大きくなり（図 5.21 (a)），融解熱がほぼ同じ物質同士を比
較すると，融点の低い物質ほど溶解度が大きくなる，ということがわかる（図 5.21 (b)）。

これらのグラフは溶解が吸熱的な多くの物質に適用できるが，溶媒の性質は考慮されて
いない。物質によっては溶解に伴い発熱が起きるものもあり，このような場合は溶媒和を

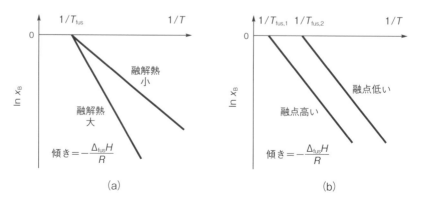

図 5.21 融解熱と融点が異なる物質の溶解度

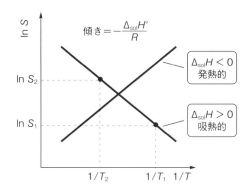

図 5.22 ファントホッフプロットによる溶解度と温度の関係

考慮した溶解エンタルピーを利用することで溶解度の取扱いを拡張できる。溶解平衡における平衡定数 K を溶質 B の活量 $a_{B(sol)}$ と固体 B の活量 $a_{B(s)}$ を用いて表し，純粋な固体や液体の活量が1であることを利用すると，平衡定数は溶質の濃度で表され，溶解度 S と同じ意味をもつことがわかる。

$$B_{(s)} \quad \rightleftarrows \quad B_{(sol)} \quad \rightarrow \quad K = \frac{a_{B(sol)}}{a_{B(s)}} = \frac{[B_{(sol)}]}{1} = [B_{(sol)}] = S$$

そこで，ファントホッフの式(式(4.44))の平衡定数 K を溶解度 S で置き換えると，溶解平衡に関する**ファントホッフの式**

$$\ln S = -\frac{\Delta_{sol}H^\circ}{RT} + C \quad (5.19), \qquad \ln \frac{S_2}{S_1} = -\frac{\Delta_{sol}H^\circ}{R}\left(\frac{1}{T_2} - \frac{1}{T_1}\right) \quad (5.20)$$

が得られる。ただし，$\Delta_{sol}H$ は**溶解エンタルピー**，R は気体定数，T は絶対温度である。

これらの式の $\ln S$ を $1/T$ に対してプロットすれば直線が得られ，その傾き$(-\Delta_{sol}H/R)$から溶解エンタルピーを求めることができる(図5.22)。溶解エンタルピーの値が正で溶解が吸熱的な場合はグラフの傾きは負となり，温度が高いほど溶解度が大きくなる。一方，溶解エンタルピーの値が負で溶解が発熱的な場合はグラフの傾きは正となり，温度が高いほど溶解度は小さくなる。

(3) 結 晶 多 形

溶解度に大きな影響を与えるものに**結晶多形**(polymorph)がある。結晶多形とは物質がその結晶化条件(溶媒，温度，濃度など)により異なる結晶構造で析出したもので，結晶中の分子の配列や配座が異なっている。結晶多形ではその熱力学的な安定性が異なり，熱力学的に最も安定な結晶を安定形，それ以外を準安定形とよぶ。一般に，準安定形は安定形より融点が低く，溶解度および溶解速度が大きい。

ある溶質 B の安定形と準安定形の結晶の溶解平衡における化学ポテンシャルの関係を図5.23に示す。安定形結晶の化学ポテンシャル μ よりも準安定形結晶の化学ポテンシャル μ' は大きいので，溶解平衡にある溶質の化学ポテンシャルも，準安定形の方が大きくなる。そのため，飽和溶液の溶解度は，準安定形の方が大きくなる。

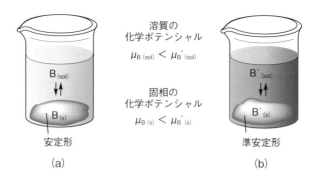

図 5.23 安定形(a) と準安定形(b) の結晶の溶解平衡

(4) 解離を伴う物質の溶解平衡

　酸性または塩基性の固体の溶解度は，水相の pH に影響を受ける。難溶性弱酸 $HA_{(s)}$ の固体を水に溶かすと，はじめに非解離型の $HA_{(sol)}$ として溶解していくが，溶解した $HA_{(sol)}$ は解離型 A^- との酸塩基平衡の状態となる。解離により減った $HA_{(sol)}$ は $HA_{(s)}$ から再び供給されるので，固体が溶け残っている限り，溶解平衡と酸塩基平衡が成り立つ（図5.24 (a)）。このとき，難溶性弱酸 HA の溶解度を求めてみよう。

　難溶性弱酸 HA の溶解度 S は，非解離型 $HA_{(sol)}$ と解離型 A^- のそれぞれの濃度 $[HA_{(sol)}]$，$[A^-]$ の合計として

$$S = [HA_{(sol)}] + [A^-] \tag{5.21}$$

と表される。解離型濃度 $[A^-]$ は通常水溶性なので，塩基性条件下で解離型が増えると溶解度も増加する。ここで，溶解平衡は，固相の $HA_{(s)}$ と非解離型の $HA_{(sol)}$ との間の平衡なので，温度一定ならば $HA_{(sol)}$ の濃度は一定とみなすことができる。

　また，この弱酸の酸解離定数を K_a とすると，解離型濃度 $[A^-]$ は

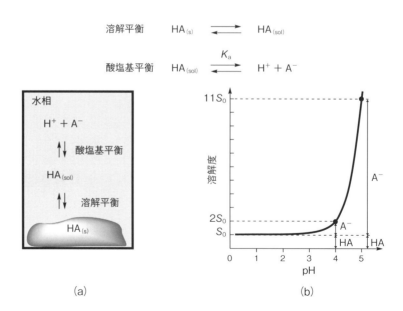

(a)   (b)

図 5.24 解離を伴う物質の溶解平衡と溶解度

$$K_a = \frac{[\mathrm{H}^+][\mathrm{A}^-]}{[\mathrm{HA}_{(\mathrm{sol})}]} \quad \rightarrow \quad [\mathrm{A}^-] = [\mathrm{HA}_{(\mathrm{sol})}] \times \frac{K_a}{[\mathrm{H}^+]}$$

と表される。得られた$[\mathrm{A}^-]$を式(5.21)に代入すると

$$S = [\mathrm{HA}_{(\mathrm{sol})}] + [\mathrm{HA}_{(\mathrm{sol})}] \times \frac{K_a}{[\mathrm{H}^+]} = [\mathrm{HA}_{(\mathrm{sol})}] \times \left(1 + \frac{K_a}{[\mathrm{H}^+]}\right)$$

となり，$[\mathrm{HA}_{(\mathrm{sol})}]$を非解離型の飽和溶解度$S_0$とおくとHAの溶解度は

$$S = S_0 \times \left(1 + \frac{K_a}{[\mathrm{H}^+]}\right) = S_0 \times (1 + 10^{\mathrm{pH} - \mathrm{p}K_a}) \tag{5.22}$$

と表せ，HAの溶解度SはpHのみに依存することがわかる。図5.24(b)は式(5.22)に従い，$\mathrm{p}K_a$4.0の弱酸の溶解度とpHの関係を表したグラフである。pH1〜3の酸性下では，弱酸HAはほぼ非解離型として存在するのでその溶解度はS_0に近い値となる。pH4では$[\mathrm{HA}]:[\mathrm{A}^-] = 1:1$となるので，溶解度は$2S_0$となる。pH5では$[\mathrm{HA}]:[\mathrm{A}^-] = 1:10$となるので，溶解度は$11S_0$となる。

　弱塩基Bの溶解度も，その分子形の飽和溶解度S_0と塩基解離定数K_b，または共役酸の酸解離定数K_aを用いて

$$S = S_0 \times \left(1 + \frac{K_b}{[\mathrm{OH}^-]}\right) = S_0 \times (1 + 10^{14 - \mathrm{pH} - \mathrm{p}K_b}) \tag{5.23}$$

$$S = S_0 \times \left(1 + \frac{[\mathrm{H}^+]}{K_a}\right) = S_0 \times (1 + 10^{\mathrm{p}K_a - \mathrm{pH}}) \tag{5.24}$$

と表せる。

コラム：結晶多形と医薬品開発

　医薬品開発において薬となる物質の結晶多形を調べることは重要である。一般に，結晶多形の違いにより融点，溶解度，溶解速度が異なるため，結晶多形は医薬品の安定性，バイオアベイラビリティに影響する。抗HIV薬のリトナビル(Ritonavir)は，ある結晶形の形で市販されていたが，実はこれは準安定形であった。市販開始から2年後(化合物が合成されてから実に6年後)に溶解度が約半分に低下した安定形の結晶が突然出現し，従来の合成法が使えなくなってしまった。市販済みの薬が安定形に変化していた場合は，バイオアベイラビリティが低下する。このため，薬剤の回収と新たな剤形への変更などが行われることとなった。最近では，医薬品の開発段階で結晶多形のスクリーニングが行われるが，すべてを見つけ出したかを確認する方法がないので悩ましい。

　チョコレートに含まれるカカオ脂も結晶多形をもつ物質である。カカオ脂の結晶多形は最も融点が低いI型(17℃)から最安定で融点が高いVI型(36℃)まで知られている。チョコレートに適しているのは準安定形V型であり，体温より少しだけ低い融点(33℃)をもつ。このため，口に入れたときに，ちょうどよい加減で閉じ込められていた味と香りを出しながら溶けていくことができる。このV型結晶を上手く作るにはコツがあり，テンパリングとよばれる温度を下げたり上げたりする操作が必要である。ちなみに，チョコレートを高温の場所においたときに白く変色する現象をブルーム現象といい，安定形のVI型カカオ脂の生成である。これは食べても問題ないが，口の中の温度では溶けるのが遅いので，口当たりが悪く，風味の放出も遅い。座薬の基材としてカカオ脂を用いるときもV型結晶が適している。

5.5.2 分 配 平 衡

(1) 分 配 平 衡

定温定圧下, 互いに混じり合わない2種類の溶媒に物質を溶解すると, ある濃度比で溶質の濃度が一定となる。この状態を**分配平衡**(partition equilibrium)といい, そのときの濃度比を**分配係数**(partition coefficient)Kという。このとき, α相, β相におけるそれぞれの溶質の化学ポテンシャルは, 標準化学ポテンシャル $\mu_{(\alpha)}{}^\circ$, $\mu_{(\beta)}{}^\circ$と質量モル濃度 $m_{(\alpha)}$, $m_{(\beta)}$を用いて

$$\mu_{(\alpha)} = \mu_{(\alpha)}{}^\circ + RT \ln m_{(\alpha)}, \qquad \mu_{(\beta)} = \mu_{(\beta)}{}^\circ + RT \ln m_{(\beta)}$$

と表される。分配平衡では, それぞれの相(α相, β相)における溶質の化学ポテンシャル($\mu_{(\alpha)}$と$\mu_{(\beta)}$)は等しいので, $\mu_{(\alpha)} = \mu_{(\beta)}$として標準化学ポテンシャルと対数項を整理すると

$$\mu_{(\beta)}{}^\circ - \mu_{(\alpha)}{}^\circ = RT \ln m_{(\alpha)} - RT \ln m_{(\beta)} \quad \Rightarrow \quad \mu_{(\beta)}{}^\circ - \mu_{(\alpha)}{}^\circ = RT \ln \frac{m_{(\alpha)}}{m_{(\beta)}}$$

$$K = \frac{m_{(\alpha)}}{m_{(\beta)}} = e^{\frac{(\mu_{(\beta)}{}^\circ - \mu_{(\alpha)}{}^\circ)}{RT}} \tag{5.25}$$

となる。分配係数 K は溶質がα相からβ相へ移行するときのギブズエネルギー変化($\mu_{(\beta)}{}^\circ - \mu_{(\alpha)}{}^\circ$)と温度に依存する。$\mu_{(\alpha)}{}^\circ$と$\mu_{(\beta)}{}^\circ$は, 定温定圧下で定数なので, 分配係数も定温定圧下では溶質の濃度に無関係で定数となる。

医薬品の疎水性(脂溶性)の指標として**オクタノール/水分配係数**(octanol/water partition coefficient)Pが, その常用対数 $\log P$ の形で通常用いられる。Pはオクタノール中の濃度/水中の物質濃度で表されるので, オクタノールに溶けやすい疎水性の大きい物質ほど $\log P$ は大きくなる。一般に, 疎水性が高い物質ほど, 脂質二重層, 血液脳関門を通過しやすい。また生物濃縮もされやすい。

(2) 解離を伴う物質の分配平衡

弱酸 HA のように水中で解離を伴う物質を有機相と水相に溶解すると, 有機相には非解離型 $HA_{(o)}$ が, 水相には非解離型のカルボン酸 $HA_{(w)}$ とその解離型を A^- を含む平衡が成り立つ(図5.25)。

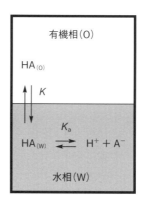

図 5.25 解離を伴う物質の分配平衡

真の分配係数 P は非解離型同士の濃度比(式(5.26))で表され pH の影響は受けないが，**見かけの分配係数** D は，水相に存在する解離型 A^- を含めた比率で表される(式(5.27))。

$$P = \frac{[HA_{(o)}]}{[HA_{(w)}]} \tag{5.26}$$

$$D = \frac{[HA_{(o)}]}{[HA_{(w)}] + [A^-]} \tag{5.27}$$

ここで，酸解離定数 K_a を用いて $[A^-]$ を表し，式(5.27)に代入すると，見かけの分配係数 D，真の分配係数 P，pH の関係が得られる(式(5.28))。

$$K_a = \frac{[H^+][A^-]}{[HA_{(w)}]} \quad \rightarrow \quad [A^-] = [HA_{(w)}] \times \frac{K_a}{[H^+]}$$

$$D = \frac{[HA_{(o)}]}{[HA_{(w)}] + [HA_{(w)}] \times \dfrac{K_a}{[H^+]}} = \frac{[HA_{(o)}]}{[HA_{(w)}]} \times \frac{1}{1 + \dfrac{K_a}{[H^+]}} = P \times \frac{1}{1 + \dfrac{K_a}{[H^+]}}$$

$$D = P \times \frac{1}{1 + 10^{(pH - pK_a)}} \tag{5.28}$$

上式より，見かけの分配係数は pH に依存し，酸性物質では pH が小さくなるほど，D は P に近づくことがわかる。

演習問題 5

5.1 ギブズエネルギーに関する次の記述について，正誤を答えなさい。

(1) 自発的な反応は，系のギブズエネルギーが増加する方向に進む。

(2) ギブズエネルギーは，圧力一定の条件下では温度の上昇に伴って増加する。

(3) ギブズエネルギーは，温度一定の条件下では圧力の上昇に伴って増加する。

(4) 純物質は，その沸点で液相と気相のモルギブズエネルギーが等しい。

(5) 固相が安定な圧力と温度の条件では，固相のモルギブズエネルギーは気相や液相のモルギブズエネルギーより大きい。

(国試 94-18 改)

5.2 一定圧力下で，純物質の固相の温度を上げていくと，固相，液相，気相に変化する。図は温度 T の変化に伴うモルギブズエネルギーの変化を表し，固相，液相，気相のモルギブズエネルギーが $G_{m(s)}$，$G_{m(l)}$，$G_{m(g)}$ で示されている。次の記述について，正誤を答えなさい。

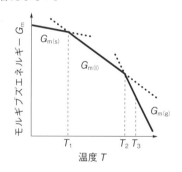

(1) このグラフの傾きはモルあたりのエンタルピーを表す。

(2) 液相の温度を下げていくと，凝固点 T_1 以下では $G_{m(s)} < G_{m(l)}$ となり，自発的に固相に変化しない。

(3) 液相の温度を上げていくと，沸点 T_2 以上で $G_{m(l)} > G_{m(g)}$ となり，自発的に気相に変化する。

(4) 凝固点および沸点では 2 相共存であり，相律によるとそれらの点での自由度は圧力を含めて 1 である。

(5) 温度が T_3 のとき，液相よりも気相の化学ポテンシャルが高いため，この純物質は自発的に気相に変化する。

(6) 過冷却の状態にある水が同温度の氷へ相転移するとき，モルギブズエネルギーは増大する。   (国試 91-18, 95-20 改)

5.3 水の相平衡図（模式図）に関する記述について，正誤を答えなさい。

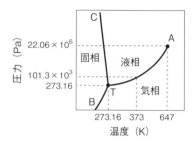

(1) 曲線 TA，TB，TC はそれぞれ蒸発曲線，昇華曲線，融解曲線を示し，いずれの線上でも両相の化学ポテンシャルは等しい。

(2) 点 T は三重点とよばれ，その自由度は 1 である。

(3) 曲線 TA，TB における圧力 p と温度 T の関係は $\ln p = a - b/T$（a，b は定数）で近似できる。

(4) 水と平衡状態にある氷に圧力をかけると融解する。

(5) 曲線 TC が負の勾配を示すことと，氷が水に浮くこととは関係がある。

(6) 臨界点 A 以上の圧力および温度の状態では超臨界流体として存在する。

(国試 90-18 改)

5.4 下式は，相転移温度と圧力の関係を表したクラペイロンの式である。相転移に関する記述について，正誤を答えなさい。ただし，p は圧力，T は絶対温度，$\Delta_{trs} H$ は相転移に伴うエンタルピー変化，$\Delta_{trs} V$ は相転移に伴う体積変化である。

$$\frac{\mathrm{d}p}{\mathrm{d}T} = \frac{\Delta_{trs}H}{T \, \Delta_{trs}V}$$

(1) $\Delta_{trs} V$ が正の値をもつ純物質において，固体と液体が共存する状態に圧力をかけると固体から液体へと変化する。

(2) 純物質は，圧力が高くなると沸点が上昇する。

(3) 純物質の状態図における昇華曲線の傾きは負となる。

(4) 相転移に伴うエンタルピー変化と相転移温度から、相転移に伴うエントロピー変化を求めることができる。 (国試98-93改)

5.5 図は成分 A, B からなる混合物の液相-気相の状態図である。P 点にある混合物の温度上昇に伴って観測される状態変化の記述について、正誤を答えなさい。

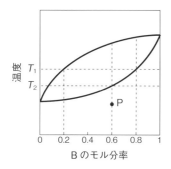

(1) 温度 T_2 で、気相が現れる。

(2) 温度 T_1 では、液相中の成分 B のモル分率は 0.2 である。

(3) 温度 T_1 では、気相中の成分 B のモル分率は 0.2 である。

(4) 温度 T_1 で、蒸気を集めて冷却して液化したものを再蒸留する。この操作を繰り返すと、ほぼ成分 B の蒸気が得られる。

(5) 温度 T_1 では、液相と気相の物質量の比は 2:1 である。 (国試93-18改)

5.6 図は圧力一定で作成した、クロロホルムとアセトンの混合系の気相-液相の状態図である。横軸はクロロホルムのモル分率、縦軸は温度である。この混合系に関する記述について、正誤を答えなさい。

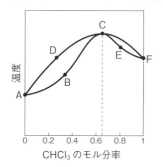

(1) 曲線 ABC および曲線 CEF は沸騰曲線である。

(2) 曲線 ABCD に囲まれた領域で系の自由度を

求めると、圧力を含め 1 である。

(3) クロロホルムのモル分率が 0.35 の混合物は、分留によって共沸混合物とクロロホルムに分けられる。

(4) クロロホルムとアセトンを混合すると発熱する。 (国試96-19改)

5.7 図は圧力一定で作成した、化合物 A と化合物 B の液体-液体の相図で、縦軸は温度、横軸は B のモル分率である。化合物 A 0.72 mol と化合物 B 0.48 mol を含む混合物があるとき、この混合系に関する記述について、正誤を答えなさい。

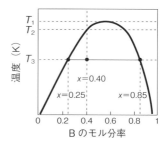

(1) この混合物を加熱していくと、2 相から 1 相となる温度は T_1(K) である。

(2) A と B の混合は吸熱的である。

(3) T_3(K) で、A を多く含む相の B のモル分率は 0.85 である。

(4) T_3(K) で A を多く含む相に含まれる A と B の物質量の合計は 0.9 mol である。

(5) T_3(K) におけるこの混合物の自由度の数は、圧力を含め 2 である。 (国試94-19改)

5.8 図は一定圧力条件下での水-塩化ナトリウム二水和物($NaCl \cdot 2H_2O$) の 2 成分の状態を表したもの（相図）である。この図に関する記述について、正誤を答えなさい。

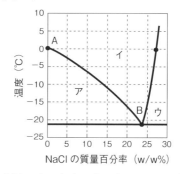

(1) 領域ア内の任意の点で生じている固体は、すべて純水からなる。

(2) 領域イ内の任意の点の塩化ナトリウム濃度

は，一定である。

(3)　領域ウ内の任意の点（線上は含まない）における熱力学的自由度は，条件指定に使っている圧力も含めて1である。

(4)　曲線 AB は水と塩化ナトリウムの溶解度積を表している。

(5)　点 B では，液相，固体の水，固体の塩化ナトリウム二水和物の3相が平衡状態にある。

(国試 103-92 改)

5.9　医薬品の溶解度に関する記述について，正誤を答えなさい。ただし，その溶解度と温度の関係はファントホッフの式に従うものとする。

(1)　温度を下げることにより溶解度が減少する場合，その溶解反応は発熱反応である。

(2)　融解熱が等しい化合物の場合，融点の高い化合物は低い化合物に比べてその溶解度が大きい。

(3)　融点が等しい化合物の場合，融解熱の大きい化合物ほどよく溶ける。

(4)　一般に化合物の溶解度は，準安定形の方が安定形よりも大きい。　　　　　(国試 91-19 改)

5.10　ある固体薬物の結晶多形である I 形と II 形は互変二形の関係にある。ファントホッフの式から求めた I 形の溶解熱は 28 kJ mol^{-1}，II 形の溶解熱は 21 kJ mol^{-1} であり，I 形と II 形の転移温度は 83℃ であった。次の記述について，正誤を答えなさい。ただし，温度 10℃ から 90℃ の間で溶解熱は変化しないものとする。

(1)　37℃ における溶解度は I 形＜II 形である。

(2)　37℃ における溶解度は I 形＞II 形である。

(3)　37℃ における溶解度は I 形＝II 形である。

(4)　83℃ における溶解度は I 形＝II 形である。

(5)　90℃ における溶解度は I 形＜II 形である。

(国試 91-168 改)

5.11　25℃ において固相が十分に存在する条件下，pH と弱電解質 A の非解離型と解離型の溶解平衡時の濃度の関係を図に表した。以下の記述について，正誤を答えなさい。ただし，弱電解質 A の非解離型と解離型の溶解平衡時の濃度比はヘンダーソン-ハッセルバルヒの式に従い，弱電解質 A の溶解や pH 調整に伴う容積変化は無視できるものとする。必要ならば，log 2 = 0.30，log 3 = 0.48，10$^{1/2}$ = 3.2 を用いて計算せよ。

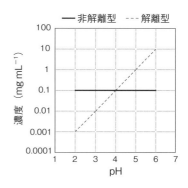

(1)　弱電解質 A は弱酸性化合物である。

(2)　弱電解質 A の pK_a は 2.0 である。

(3)　25℃ において，pH 7.0 のときの弱電解質 A の溶解度は，pH 6.0 のときの溶解度の約 10 倍になると予想される。

(4)　25℃ において，pH 1.0 のときの弱電解質 A の溶解度は，pH 2.0 のときの溶解度の約 1/10 倍になると予想される。

(5)　25℃ において，弱電解質 A 5 mg を水 1 mL に分散させたとき，pH 5.5 以上になると全量が溶解すると予想される。

(国試 104-170 改)

5.12　互いに混ざり合わない2つの液相間における分配平衡に関する記述について，正誤を答えなさい。

(1)　溶質の分配係数は，溶け込んでいる溶質の濃度に比例して大きくなる。

(2)　一定温度，一定圧力下での分配係数は，それぞれの液相における溶質の標準化学ポテンシャル差により決まる。

(3)　有機相と水相を利用した親油性化合物の抽出では，誘電率の低い有機溶媒の方が抽出率は高い。

(4)　それぞれの液相における溶質の標準化学ポテンシャルが温度によらず一定のとき，定圧下で液相の温度を上昇させると，分配係数は低下する。　　　　　(国試 98-94 改)

5.13　処方薬の物性を測定する目的で，種々の pH で水溶液（50 μg mL^{-1}）を調製し，その 5 mL ずつに，それぞれ 1-オクタノール 5 mL を加えてよく振り混ぜ，分配平衡に達した後，水層中の薬物濃度を測定した。以下の表は，処方されたどちらかの薬物の結果である。この結果に関する記述について，正誤を答えなさい。ただし，この薬物は 1-オクタノールとの相互作用を起こさず，また，イオン形薬物の 1-オ

クタノールへの分配は起こらないものとする。

水層の pH	1	2	3	4	4.5	5	5.5	6	7	8
水層中の薬物濃度 (μg mL^{-1})	0.5	0.5	0.54	1	2	5	12	25	45	50

(1)　塩基性薬物の測定結果である。

(2)　酸性薬物の測定結果である。

(3)　この薬物の真の分配係数は，約 10 である。

(4)　この薬物の pK_a は，約 6.0 である。

(5)　この薬物の pK_a は，約 4.0 である。

（国試 101-205 改）

6

溶液の化学

　2種類以上の物質からなる混合物が均一な液相を形成するとき，その液相を溶液とよぶ。溶液は溶媒と溶質から構成される。溶媒は溶液において最も多量に存在する液体成分であり，溶質は溶媒に溶解しているその他の成分である。溶質は気体，液体，固体のいずれでも構わない。例えば，砂糖水の場合，水が溶媒，砂糖が溶質となる。

　多くの生体内における生化学的反応過程は溶液中で起こるので，溶液の性質を理解することは，薬学分野の学びにおいて非常に大切である。本章では，まず，理想的に振る舞う溶液（理想溶液）を定義し，理想溶液が示す性質を理解する。しかし，現実にはほとんどの溶液は理想的には振る舞わない溶液（実在溶液）であるので，次に実在溶液について学ぶ。そして，不揮発性の溶質が溶解している希薄溶液で観察される束一的性質について学びを進め，最後に溶媒に溶解する際に陽イオンと陰イオンに電離する電解質が溶質となった電解質溶液の性質について学習する。

6.1 濃　　度

　溶液の性質を扱うには，溶液における成分の割合を表す濃度を知ることが必要になる。ここでは，よく使用される3種類の濃度，モル分率，モル濃度，質量モル濃度を確認しよう。

6.1.1 モル分率

　溶液中の成分 i の**モル分率** x_i は式(6.1)で定義される。すなわち，成分 i の物質量 n_i (mol)と溶液中の全物質量 $\sum_j n_j$ (mol)の比として定義される（比であるので，モル分率に単位はない）。また，$\sum_j x_j = 1$ となる。モル分率は溶液の蒸気圧を扱う際に便利である。

$$x_i = \frac{成分\,i\,の物質量\,(\mathrm{mol})}{溶液の全物質量\,(\mathrm{mol})} = \frac{n_i}{\sum_j n_j} \tag{6.1}$$

6.1.2 モル濃度

　溶液中の溶質 i の**モル濃度** c_i は式(6.2)で定義される。すなわち，単位体積の溶液に溶解している溶質の物質量として定義される。モル濃度の SI 単位は $\mathrm{mol\,m^{-3}}$ であるが，通常 $\mathrm{mol\,L^{-1}}$ ($\mathrm{mol\,dm^{-3}}$)の単位がよく用いられる。モル濃度は最もよく用いられる濃度の1つであるが，溶液の体積には温度依存性があるため，同一の溶液でも温度が変化するとモル濃度も変化してしまうという短所がある。

$$c_i = \frac{\text{溶質 } i \text{ の物質量 (mol)}}{\text{溶液の体積 (L あるいは m}^3)} \tag{6.2}$$

6.1.3 質量モル濃度

溶液中の溶質 i の**質量モル濃度** m_i は式(6.3)で定義される。すなわち，単位質量の溶媒に溶解している溶質の物質量として定義される。それゆえ，モル濃度と異なり質量モル濃度に温度依存性はない。この理由により，質量モル濃度は，凝固点降下など温度変化がかかわる性質を扱う際に用いられることが多い濃度である。質量モル濃度の SI 単位は mol kg^{-1} である。

$$m_i = \frac{\text{溶質 } i \text{ の物質量 (mol)}}{\text{溶媒の質量 (kg)}} \tag{6.3}$$

6.2 理想溶液

2種類の液体 A と B を混合した混合溶液を考えよう。液体 A と B の分子の形状や大きさがほぼ同じであることに加えて，分子間相互作用の大きさが A-A 間，B-B 間，A-B 間で等しいとき，この混合溶液は**理想溶液**となる。理想溶液を構成する成分はこのような特徴を有するので，定温定圧下で成分を混合して理想溶液を調製するとき，熱の出入りも体積の変化も観察されないことになる。すなわち，混合に伴うエンタルピー変化は 0 であり，混合前の成分の体積の合計が混合後の体積に等しくなる。さらに，理想溶液は，蒸気圧に関するラウールの法則に完全に従うという非常に重要な特徴がある。そこで，まずはラウールの法則について学習する。そして，ラウールの法則に基づいて，理想溶液の化学ポテンシャルについて理解する。

6.2.1 ラウールの法則

まず，蒸気圧について復習しよう。図 6.1 (a)は，一定の温度に保たれた密閉容器の中に，ある液体を入れた直後の様子を示している。すると，液体分子の蒸発が始まり，蒸気となった分子があちこちに衝突し，密閉容器の中で圧力を及ぼすようになる。また，蒸気となった分子の一部は液体にも衝突し，液体中に引き戻されるようになる(凝縮)。時間が経ち，図 6.1 (b)のように蒸発する速さと凝縮する速さが等しくなると，見かけ上，蒸発も凝縮も起こっていない平衡状態(**気液平衡**)となる。この液体と平衡状態にある蒸気の圧力を飽和蒸気圧といい，単に**蒸気圧**とよぶことも多い。蒸気圧は物質に特有の物性値であ

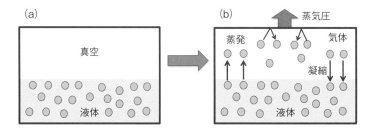

図 6.1 (a) 一定の温度に保たれた密閉容器の中に液体を入れた直後の様子，
(b) 気液平衡

り，温度に依存して決まる。

図6.2の(a),(b)に，それぞれ，純液体 A および液体 A と B からなる理想溶液の気液平衡を模式的に示している。図6.2(a),(b)の密閉容器は同じ大きさであり，同一温度に保たれているとする。

まず，純液体 A からなる系(純 A 系)について，気液平衡時の液相から分子が飛び出して気体になる速度(蒸発速度)，気体の分子が液相に戻る速度(凝縮速度)を考えよう。蒸発速度は液体表面にある分子の数 N に比例すると考えることができるので，ある速度定数 k を用いて

$$純 A 系の蒸発速度 = kN \tag{6.4}$$

と表すことができる。一方，凝縮は気体の分子が液体に衝突して起こるので，凝縮速度は気相中の気体分子の濃度，すなわち気相の圧力に比例すると考えることができる。純液体 A の蒸気圧を $p_A{}^*$ とすると，気液平衡時の凝縮速度は，別の速度定数 k' を用いて

$$純 A 系の凝縮速度 = k' p_A{}^* \tag{6.5}$$

と表すことができる。気液平衡では，蒸発速度と凝縮速度は等しいので

$$kN = k' p_A{}^* \tag{6.6}$$

が成り立つ。

次に，液体 A と B からなる理想溶液の系(AB 系)について考えてみよう。理想溶液中の液体 A および B のモル分率をそれぞれ x_A，x_B とする。理想溶液は均一に混合されているので，液体表面上の分子における成分 A のモル分率も x_A とみなすことができる。そして，液体 A と B の分子の大きさがほぼ同じであるので，液体表面にある分子の総数は純 A 系のときと同じ N となる。それゆえ，液体表面にある成分 A の分子の数は $x_A N$ と表すことができる。また，理想溶液では分子間相互作用の大きさが A-A 間，B-B 間，A-B 間で等しいので，純 A 系で使用した式(6.4)の速度定数 k をそのまま用いることができる。したがって

$$AB 系における成分 A の蒸発速度 = kx_A N \tag{6.7}$$

と表すことができる。同様に，気液平衡時の成分 A の蒸気分圧を p_A とすると，凝縮速度も式(6.5)の速度定数 k' を用いて

$$AB 系における成分 A の凝縮速度 = k' p_A \tag{6.8}$$

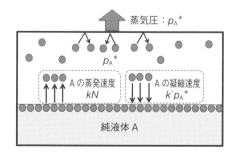 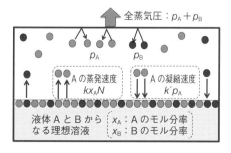

図 6.2 (a) 純液体 A，(b) 液体 A と B からなる理想溶液の気液平衡
（◉：成分 A の分子，●：成分 B の分子）

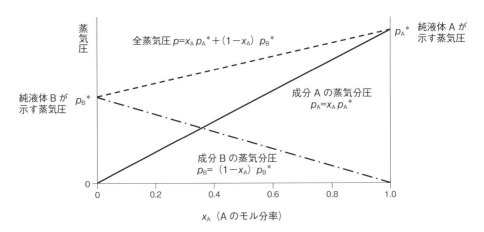

図 6.3　液体 A と B からなる理想溶液の蒸気圧−組成図

と表すことができる。したがって，理想溶液の気液平衡では

$$kx_A N = k' p_A \tag{6.9}$$

が成り立つ。

　このとき，式(6.6)と式(6.9)より，理想溶液の成分 A の蒸気分圧 p_A について

$$p_A = x_A p_A{}^* \tag{6.10}$$

が得られる。すなわち，理想溶液の成分 A の蒸気分圧は，純粋な A の蒸気圧 $p_A{}^*$ と溶液中の A のモル分率 x_A の積で与えられる。同様に，成分 B の蒸気分圧 p_B についても

$$p_B = x_B p_B{}^* \tag{6.11}$$

と表すことができる。ここで，$p_B{}^*$ は純液体 B が示す蒸気圧である。式(6.10)，式(6.11)は**ラウールの法則**とよばれる。ラウールの法則は，気相中の蒸気圧と溶液中のモル分率を結びつける非常に重要な式である。液体 A と B からなる理想溶液について，各成分の蒸気圧 p_A，p_B，全蒸気圧 $p = p_A + p_B$ を成分 A のモル分率 x_A に対してプロットすると，図 6.3 のような蒸気圧−組成図が得られる。このように，理想溶液は純粋な A から純粋な B までの全組成域にわたってラウールの法則に従う溶液である。ほぼ理想溶液とみなせる例として，ベンゼン−メチルベンゼン(トルエン)系がある。

例題 6.1　成分 A と成分 B からなる理想溶液があり，A のモル分率が 0.40 である。また，純液体 A の蒸気圧を 500 hPa，純液体 B の蒸気圧を 1000 hPa とする。この理想溶液の全蒸気圧(hPa)はいくらか。

　　[解答]　成分 A の蒸気分圧 ＝ 500 × 0.40 ＝ 200 (hPa)
　　　　　　成分 B の蒸気分圧 ＝ 1000 × (1 − 0.40) ＝ 600 (hPa)
　　　　　　全蒸気圧 ＝ 200 ＋ 600 ＝ 800 (hPa)

6.2.2　理想溶液の化学ポテンシャル

　ラウールの法則に基づいて，理想溶液中の成分液体の化学ポテンシャルを定式化しよ

う。いま，図 6.2 (b)のように，温度 T (K)のもと液体 A と B からなる理想溶液が気液平衡にあるとする。このとき，液相における成分 A の化学ポテンシャル μ_A (l)と蒸気相における成分 A の化学ポテンシャル μ_A (g)は等しいので

$$\mu_A(l) = \mu_A(g) \tag{6.12}$$

が成り立つ。ここで，気体を理想気体とみなすと，蒸気分圧 p_A (bar)の気体 A の化学ポテンシャル μ_A (g)は

$$\mu_A(g) = \mu_A^\circ(g) + RT \ln \frac{p_A}{p^\circ} \tag{6.13}$$

で与えられる。ここで，μ_A° (g) は気体 A の標準化学ポテンシャル(温度 T (K)，圧力 1 bar の純気体 A がもつモルギブズエネルギー)，R は気体定数，p° は標準圧力(1 bar)である。したがって，式(6.12)と式(6.13)より

$$\mu_A(l) = \mu_A^\circ(g) + RT \ln \frac{p_A}{p^\circ} \tag{6.14}$$

が得られる。ここで，ラウールの法則である式(6.10)を式(6.14)に代入すると

$$\mu_A(l) = \mu_A^\circ(g) + RT \ln \frac{x_A p_A{}^*}{p^\circ} = \mu_A^\circ(g) + RT \ln \frac{p_A{}^*}{p^\circ} + RT \ln x_A \tag{6.15}$$

となる。式(6.15)の最右辺のはじめの 2 項 μ_A°(g)，$RT \ln \frac{p_A{}^*}{p^\circ}$ は，混合物の組成とは無関係で，ともに定温下で一定の値をもつ項である。そこで，この 2 項をまとめたものを，純液体 A の化学ポテンシャル $\mu_A{}^*$(l) と定義すると

$$\mu_A(l) = \mu_A{}^*(l) + RT \ln x_A \tag{6.16}$$

が得られる。式(6.16)が理想溶液中にモル分率 x_A で存在する成分液体 A の化学ポテンシャル μ_A (l)を表す式となる。μ_A (l)は x_A の値に依存して変化する。$0 < x_A < 1$ より $\ln x_A < 0$ であるから，理想溶液中の成分液体 A の化学ポテンシャルは純液体 A($x_A = 1$)のときよりも常に低くなることがわかる。式(6.16)を理想溶液の定義として用いることも多い。

6.3　実在溶液(非理想溶液)と理想希薄溶液 ────────────────

まず，ラウールの法則からのずれを生じる実在溶液(非理想溶液)を対象とする。次に，実在溶液であっても理想希薄溶液とよばれる特性を示す溶液について学ぶ。そして，理想希薄溶液が従うヘンリーの法則から，理想的に振る舞う溶質の化学ポテンシャルを定式化する。さらに，活量と活量係数を用いることで，実在溶液の化学ポテンシャルも記述できることを学習する。

6.3.1　実在溶液(非理想溶液)

実際の 2 成分からなる混合溶液の蒸気圧は，ラウールの法則からずれることが多い。このように，ラウールの法則からのずれを生じる溶液を**実在溶液**(非理想溶液)という。実在溶液には，ラウールの法則の上にずれるもの(正のずれ)と下にずれるもの(負のずれ)がある。図 6.4 (a)に正のずれを示すアセトン-四塩化炭素混合溶液，(b)に負のずれを示すクロロホルム-アセトン混合溶液の蒸気圧-組成図を示す。

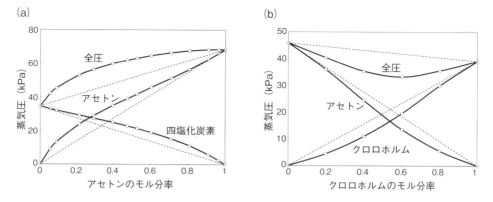

図 6.4 (a) アセトン-四塩化炭素混合溶液(45℃), (b) クロロホルム-アセトン混合
溶液(35℃)の蒸気圧-組成図(。:実測値, 破線:ラウールの法則)

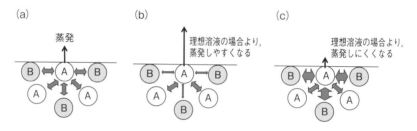

図 6.5 (a) 理想溶液, (b) 正のずれを示す実在溶液, (c) 負のずれを示す実在溶液
の分子間相互作用の模式図

　いま 2 成分を A, B で表すと, 一般に, 正のずれは A-B 間の分子間相互作用が A-A 間,
B-B 間の分子間相互作用より弱いとき, 負のずれは A-B 間の分子間相互作用が A-A 間,
B-B 間の分子間相互作用より強いとき生じる。これは, 図 6.5 のように考えると理解でき
る。すなわち, 液体表面上のある分子 A に着目し, その分子 A とまわりの分子との相互
作用を考える。ラウールの法則に従う理想溶液の場合, 図 6.5 (a)のように, 着目した分子
A はまわりに存在する他の分子 A および分子 B から同じ大きさの相互作用を受ける。一
方, A-B 間の分子間相互作用が A-A 間より弱い場合, 図 6.5 (b)のようになり, 着目した
分子 A に働く相互作用の総和は, ラウールの法則に従う理想溶液のときより小さくなる。
すると, 着目した分子 A の蒸発を引き止める相互作用が弱くなり, 分子 A は理想溶液の
場合よりも蒸発しやすくなるので, 正のずれを示すようになる。また, 図 6.5 (c)のように,
A-B 間の分子間相互作用が A-A 間より強いとき, 着目した分子 A に働く相互作用の総和
は, ラウールの法則に従う理想溶液のときより大きくなるので, 負のずれを示すようにな
る。

6.3.2　理想希薄溶液

　ここで, 図 6.4 (b)のクロロホルム-アセトン混合溶液の蒸気圧-組成図を例にして, 溶
質となっている成分の濃度が十分に低い希薄溶液を考えよう。観察しやすくなるように,
図 6.6 (a)にクロロホルムの蒸気分圧の組成依存性, 図 6.6 (b)にアセトンの蒸気分圧の組
成依存性を分けて示す。

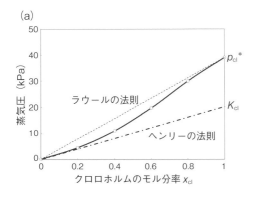
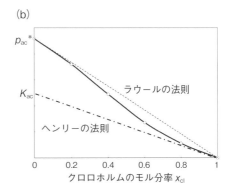

図 6.6 クロロホルム–アセトン混合溶液における，(a) クロロホルムの蒸気分圧，
(b) アセトンの蒸気分圧の組成依存性

　まず，クロロホルムのモル分率 $x_{cl} \approx 0$ の組成域に注目する。この組成域では，アセトン
が溶媒，クロロホルムが溶質となっている希薄溶液である。図 6.6 (b) において，この組
成域におけるアセトンの蒸気分圧を観察すると，ラウールの法則を表す直線とほぼ重なっ
ていることがわかる。したがって，希薄溶液における溶媒の蒸気分圧に関して，ラウール
の法則が近似的に成り立つことがわかる。一方，$x_{cl} \approx 0$ の組成域で溶質となっているクロ
ロホルムの蒸気分圧に着目すると，図 6.6 (a) でわかるように，ラウールの法則を表す直線
から明らかにずれている。しかし，よく観察すると，$x_{cl} \approx 0$ の組成域で，クロロホルムの
蒸気分圧 p_{cl} は x_{cl} と比例関係(直線関係)が成り立ちそうなことがわかる。すなわち，この
組成域で，クロロホルムの蒸気分圧 p_{cl} はある比例定数 K_{cl} を用いて

$$p_{cl} = K_{cl}\, x_{cl} \tag{6.17}$$

と表すことができる。式(6.17)は**ヘンリーの法則**を表している。比例定数 K_{cl} は実験で求
められる定数で，ヘンリーの法則の定数とよばれる。

　次に，クロロホルムのモル分率 $x_{cl} \approx 1$ の組成域に注目する。この組成域では，アセトン
が溶質，クロロホルムが溶媒となっている希薄溶液である。図 6.6 (a)，(b) を観察すると，
$x_{cl} \approx 1$ の組成域では，溶媒であるクロロホルムの蒸気分圧についてラウールの法則が近似
的に成り立ち，溶質であるアセトンの蒸気分圧 p_{ac} に関して，式(6.17)と同様に別の比例
定数 K_{ac} を用いて

$$p_{ac} = K_{ac}\, x_{ac} \tag{6.18}$$

と表すことができる。ここで，x_{ac} はアセトンのモル分率である($x_{ac} = 1 - x_{cl}$)。

　この例のように，溶媒についてラウールの法則が成り立ち，溶質についてヘンリーの法
則が成り立つ溶液を**理想希薄溶液**という。

6.3.3　理想希薄溶液における溶質の化学ポテンシャル

　溶媒 A と溶質 B からなる理想希薄溶液において，溶媒 A はラウールの法則に従うと近
似できるので，溶媒 A の化学ポテンシャルは式(6.16)を用いて表すことができる。一方，
理想希薄溶液中の溶質 B の化学ポテンシャルは，ヘンリーの法則(6.3.2項)に基づいて定
式化できる。6.2.2項と同様に考えていくと，まず，溶質 B の化学ポテンシャル $\mu_B(l)$ は

$$\mu_B(l) = \mu_B°(g) + RT \ln \frac{p_B}{p°} \tag{6.19}$$

で表される。$\mu_B°(g)$ は気体 B の標準化学ポテンシャル(温度 T (K),圧力 1 bar の純気体
B がもつモルギブズエネルギー)である。ここで,ヘンリーの法則によれば,溶質 B の蒸
気分圧 $p_B = K_B x_B$(K_B:ヘンリーの法則の定数,x_B:溶質 B のモル分率)であるから

$$\mu_B(l) = \mu_B°(g) + RT \ln \frac{K_B x_B}{p°} = \mu_B°(g) + RT \ln \frac{K_B}{p°} + RT \ln x_B \tag{6.20}$$

となる。溶液の組成を表す場合,溶質についてはモル分率ではなくモル濃度 [B] を用いる
ことが多い。溶液の濃度が十分に低い希薄溶液であれば,モル分率とモル濃度は比例関係
にあるとみなすことができるので,ある比例定数 k を用いて

$$x_B = k \frac{[B]}{c°} \tag{6.21}$$

と表すことができる。ここで,$c°$ は標準モル濃度($1\,mol\,L^{-1}$)を表している。[B] を $c°$ で
除しているのは,無次元化するためである。式(6.21)を式(6.20)に代入すると

$$\mu_B(l) = \mu_B°(g) + RT \ln \frac{K_B}{p°} + RT \ln k + RT \ln \frac{[B]}{c°} \tag{6.22}$$

が得られる。右辺のはじめの 3 項は,混合物の組成には無関係であるので,まとめて $\mu_B°$
と表すと

$$\mu_B(l) = \mu_B° + RT \ln \frac{[B]}{c°} \tag{6.23}$$

となる。ここで,式(6.23)は溶質 B について一般的に使用できるので,$\mu_B(l)$ を μ_B で表す
と

$$\mu_B = \mu_B° + RT \ln \frac{[B]}{c°} \tag{6.24}$$

となる。式(6.24)が溶質 B の化学ポテンシャルを表す式となる。μ_B はモル濃度 [B] の値
に依存して変化する。$[B] = 1\,mol\,L^{-1}$ のとき $\mu_B = \mu_B°$ となるので,$\mu_B°$ はモル濃度が
$1\,mol\,L^{-1}$ のときの溶質 B の化学ポテンシャル(以降,溶質 B の標準化学ポテンシャルと
よぶ)を表している。また,μ_B は溶質 B の濃度が低くなるほど低くなる。

6.3.4 活量,活量係数,実在溶液の化学ポテンシャル

6.3.3 項より,実在溶液であっても希薄溶液の場合,溶媒についてはラウールの法則,溶
質についてはヘンリーの法則に基づいて,それぞれの化学ポテンシャルを表すことができ
た。それでは,どちらの法則も利用できない組成域では,溶液成分の化学ポテンシャルを
どのように表せばよいのだろうか。2 成分(A と B)からなる実在溶液を考え,成分 A の蒸
気分圧の組成依存性(成分 A のモル分率 x_A 依存性)が図 6.7 の実線とし,純液体 A の蒸気
圧を $p_A{}^*$ とする。

図 6.7 より,$x_A = 0.6$ における成分 A の蒸気分圧 $p_{A(real)}^{x_A = 0.6}$ と,成分 A がラウールの法則
に従うと仮定した場合の $x_A = 0.6$ における成分 A の蒸気分圧 $p_{A(ideal)}^{x_A = 0.6}$ を比較すると,明
らかに

$$p_{A(real)}^{x_A = 0.6} \neq p_{A(ideal)}^{x_A = 0.6} = 0.6 p_A{}^* \tag{6.25}$$

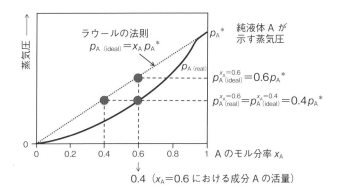

図 6.7　液体 A と B からなる実在溶液における，成分 A の蒸気分圧 $p_{A(real)}$ の組成依存性

である。さて，理想溶液を考えたとき，$p_{A(real)}^{x_A=0.6}$ と等しい蒸気分圧を与える x_A が 0.4 であるとしよう(図 6.7)。すなわち

$$p_{A(real)}^{x_A=0.6} = p_{A(ideal)}^{x_A=0.4} = 0.4p_A{}^* \tag{6.26}$$

であるとする。このとき，「この実在溶液の成分 A のモル分率 0.6 は，理想溶液上のモル分率 0.4 に相当する」といえる。そこで，実在溶液の蒸気分圧 $p_{A(real)}$(この例では，$x_A=0.6$ における蒸気分圧)と等しい蒸気分圧を与える理想溶液上のモル分率(この例では，0.4)を実在溶液の**活量** a_A(実効的なモル分率)とよぶことにする。そして，式(6.27)により，活量 a_A とモル分率 x_A を関係づける。

$$a_A = \gamma_A x_A \tag{6.27}$$

γ_A は**活量係数**とよばれる。いま，$x_A=0.6$ における成分 A の活量 a_A は 0.4 であるので，このとき活量係数 γ_A は 2/3 となる。活量係数は，「成分 A のモル分率を理想溶液上のモル分率に変換する係数である」といえる。活量を使用することで，ラウールの法則と同じ形で，実在溶液の蒸気分圧 $p_{A(real)}$ を表すことが可能となる。すなわち

$$p_{A(real)} = a_A p_A{}^* \tag{6.28}$$

と表すことができる。前述の例で考えると

$$p_{A(real)}^{x_A=0.6} = a_A^{x_A=0.6} p_A{}^* = 0.4p_A{}^* \tag{6.29}$$

となり，活量 a_A を定義することで，ラウールの法則と同じ形で実在溶液の成分 A の蒸気分圧 $p_{A(real)}$ を表現できることが確認できる。

　さて，活量 a_A，活量係数 γ_A はどのように求めることができるのだろうか？　式(6.28)を変形すると

$$a_A = \frac{p_{A(real)}}{p_A{}^*} \tag{6.30}$$

となる。すなわち，成分 A の蒸気分圧 $p_{A(real)}$ を純液体 A の蒸気圧 $p_A{}^*$ で除することで活量 a_A を実験的に求めることができる。活量 a_A が求まれば，式(6.27)により活量係数も定まることになる。また，式(6.27)，式(6.28)，ラウールの法則 $p_{A(ideal)} = x_A p_A{}^*$ より，活量係数 γ_A に関して

$$\gamma_A = \frac{p_{A(real)}}{p_{A(ideal)}} \tag{6.31}$$

が得られる。式 (6.31) は，実在溶液の蒸気分圧 $p_{A(real)}$ とラウールの法則に従うと仮定したときの蒸気圧 $p_{A(real)}$ の比から活量係数 γ_A を決定できることを示している。また，式 (6.31) より，図 6.4 (a) のように正のずれを示す実在溶液の成分の活量係数は 1 より大きくなること，一方，図 6.4 (b) のように負のずれを示す実在溶液の成分の活量係数は 1 より小さくなることがわかる。そして，理想溶液では活量係数は 1 となる。

　活量，活量係数を用いることで，実在溶液における溶媒 A および溶質 B の化学ポテンシャルに関する一般式が得られる。溶媒 A の場合，式 (6.14) に式 (6.28) を代入することで

$$\mu_A(l) = \mu_A{}^*(l) + RT \ln a_A \tag{6.32}$$

が得られる。また，式 (6.27) を用いることで

$$\mu_A(l) = \mu_A{}^*(l) + RT \ln x_A + RT \ln \gamma_A \tag{6.33}$$

となる。したがって，$RT \ln \gamma_A$ が理想的な振舞いからのずれになる。

　また，溶質 B については活量 a_B を実効的な無次元のモル濃度を表すものとして

$$a_B = \gamma_B \frac{[B]}{c^\circ} \tag{6.34}$$

で定義すると

$$\mu_B = \mu_B{}^\circ + RT \ln a_B = \mu_B{}^\circ + RT \ln \left(\gamma_B \frac{[B]}{c^\circ} \right)$$

$$= \mu_B{}^\circ + RT \ln \frac{[B]}{c^\circ} + RT \ln \gamma_B \tag{6.35}$$

となる。したがって，$RT \ln \gamma_B$ が理想的な振舞いからのずれになる。

例題 6.2　成分 A と成分 B からなる実在溶液があり，A のモル分率が 0.40 である。成分 A の蒸気圧を測定したところ 150 hPa であった。このとき，成分 A の活量係数はいくらか。ただし，純液体 A の蒸気圧を 500 hPa とする。

　[解答]　理想溶液として振る舞ったときの成分 A の蒸気分圧は $500 \times 0.40 = 200$ (hPa) である。したがって，成分 A の活量係数は $150/200 = 0.75$ となる。

6.4　束一的性質

　不揮発性溶質が溶解している希薄溶液には，**束一的性質**とよばれる性質がある。不揮発性溶質とは，問題としている温度において極めて蒸気圧が低い物質のことで，その温度において気化しないと考えることができる。また，束一的性質は，溶媒の種類が同じであれば溶質の種類に関係なく，溶質粒子の数（濃度）のみに依存する性質であり，代表的な物理現象として，蒸気圧降下，凝固点降下，沸点上昇，浸透圧の 4 つがある。この束一的性質は，等張溶液の調製や物質の分子量測定に利用されている。

6.4.1 束一的性質に関係する溶質粒子の濃度について

溶液中で溶質が分子会合も解離も起こさない場合，溶質の質量モル濃度$(mol\,kg^{-1})$およびモル濃度$(mol\,L^{-1})$は，束一的性質に関係する溶質粒子の濃度と等しくなる。一般に，溶質が非電解質の場合，これに該当する。例えば，非電解質であるグルコース$0.1\,mol$を水$1\,kg$に溶かしたとき，グルコースの濃度も束一的性質に関係する溶質粒子の濃度も$0.1\,mol\,kg^{-1}$と考えることができる。一方，溶質が分子会合あるいは解離を起こす場合，溶質の濃度と束一的性質に関係する溶質粒子の濃度が等しくならないので注意が必要である。例えば，電解質である塩化ナトリウム$0.1\,mol$を水$1\,kg$に溶かしたとき，塩化ナトリウムの濃度は$0.1\,mol\,kg^{-1}$となるが，溶液中で塩化ナトリウムが完全に電離したとき，束一的性質に関係する溶質粒子の濃度は$0.2\,mol\,kg^{-1}$となる。

以下では，溶質が分子会合や解離を起こさない場合(6.4.2～6.4.4項)，溶質が分子会合や解離を起こす場合(6.4.5項)を扱うことにする。

6.4.2 蒸気圧降下

蒸気圧降下は，不揮発性溶質が溶解している希薄溶液の蒸気圧が，純粋な溶媒の蒸気圧よりも小さくなる現象である。図6.8 (a)に純溶媒 A，図6.8 (b)に溶媒 A と不揮発性溶質 B からなる希薄溶液の気液平衡を模式的に示す。

図6.8 (b)において，溶質 B は不揮発性で気化しないので，溶液と平衡にある蒸気はすべて溶媒 A の蒸気である。また，溶液表面における溶質 B の分子の存在が溶媒 A の蒸発頻度を低下させる。したがって，溶液の蒸気圧が純粋な溶媒の蒸気圧よりも小さくなることがわかる。

次に，溶媒 A の蒸気圧がラウールの法則に従うとして，蒸気圧降下を考えよう。純溶媒 A の蒸気圧を$p_A{}^*$，希薄溶液における溶媒 A および溶質 B のモル分率をx_A, x_Bとする。このとき，溶液の蒸気圧pは

$$p = x_A p_A{}^* = (1 - x_B)p_A{}^* \tag{6.36}$$

で表される。式(6.36)より

$$p_A{}^* - p = \Delta p = x_B p_A{}^* \tag{6.37}$$

が得られる。ここで，Δpは**蒸気圧降下度**である。式(6.37)より，Δpは不揮発性溶質 B のモル分率x_B，すなわち溶液中の溶質粒子の数のみに依存し，溶質の種類には無関係であることが確認できる。

Δpを溶質 B の質量モル濃度m_B $(mol\,kg^{-1})$で表す式に変換しよう。溶液中の溶媒 A

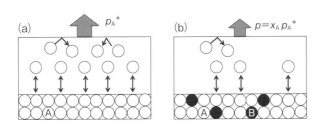

図 6.8 (a) 純溶媒 A，(b) 溶媒 A と不揮発性溶質 B からなる希薄溶液の気液平衡

の物質量を n_A (mol), 溶質 B の物質量を n_B (mol) とする。希薄溶液では $n_A \gg n_B$ であるので, 溶質 B のモル分率 x_B を

$$x_B = \frac{n_B}{n_A + n_B} \approx \frac{n_B}{n_A} \tag{6.38}$$

と近似できる。また, 溶媒 A の質量を W_A (g), モル質量を M_A (g mol^{-1}) とすると, 溶質 B の質量モル濃度 m_B は

$$m_B = \frac{n_B}{W_A/1000} = \frac{1000\,n_B}{W_A} = \frac{1000\,n_B}{n_A M_A} \tag{6.39}$$

で表される。式 (6.38), 式 (6.39) より

$$x_B \approx \frac{M_A}{1000} m_B \tag{6.40}$$

を得る。式 (6.40) を式 (6.37) に代入することで

$$\Delta p = \left(\frac{M_A p_A{}^*}{1000} \right) m_B \tag{6.41}$$

が得られる。したがって, 式 (6.41) のカッコ内は溶媒に関する定数とみなせるので, 蒸気圧降下度 Δp は溶質 B の質量モル濃度 m_B に比例することになる。

6.4.3 沸点上昇と凝固点降下

　まず, 希薄溶液の沸点上昇と凝固点降下を扱うにあたって, 大切な 2 つの条件をまとめておく。

　　(1)　溶質は不揮発性であるため, 蒸気相に現れない (すでに 6.4.2 項で扱った条件)。
　　(2)　溶質は固体の溶媒に溶けず, 固相に現れない。すなわち, 希薄溶液が凝固するとき, 純粋な溶媒の固体が析出する。

　上記 (2) の条件は, 身近なところでも観察される。例えば, スクロース水溶液を冷却すると, 純粋な水からなる氷が析出し, スクロースは液相に取り残される。

　液体の蒸気圧が外圧と等しくなる温度がその液体の沸点である。例えば, 外圧 1 気圧のもとで水は 100 ℃ で沸騰し, そのとき水の蒸気圧は 1 気圧を示す。不揮発性溶質を溶媒に溶かした溶液では, 溶媒分子が液相から飛び出そうとするのを溶質分子が妨げるため, 溶液の蒸気圧は純溶媒より低下することを学んだ (6.4.2 項)。このため, この溶液中の溶媒が沸騰するのに必要なエネルギーは増加し, 沸点が上昇することになる。これが**沸点上昇**とよばれる現象である。同様に, 不揮発性の溶質は溶媒分子が凝固しようとするのを妨げるため, 純溶媒が示す凝固点で凝固することを困難にする。このため, 溶液中の溶媒を凝固させるには, より低温であることが必要になる。これが**凝固点降下**とよばれる現象である。

　化学ポテンシャルの観点から沸点上昇と凝固点降下を理解しよう。図 6.9 (a) は, ある外圧下 (例えば, 1 気圧下) における, 純固体 A, 純溶媒 A (純液体 A), 純気体 A の化学ポテンシャル $(\mu_A{}^*(s), \mu_A{}^*(l), \mu_A{}^*(g))$ の温度依存性を示している。$\mu_A{}^*(s) = \mu_A{}^*(l)$ となる温度が純溶媒 A の凝固点, $\mu_A{}^*(l) = \mu_A{}^*(g)$ となる温度が純溶媒 A の沸点である。ここで, 溶質が存在するときの溶媒 A の化学ポテンシャル $\mu_A(l)$ は, $\mu_A(l) = \mu_A{}^*(l) + RT \ln x_A$ (式 (6.16)) で表されることを思い出そう (6.2.2 項)。溶媒 A のモル分率 x_A は $0 < x_A < 1$ であるから, $\mu_A(l)$ は $RT \ln x_A$ の大きさの分だけ $\mu_A{}^*(l)$ より小さくなる。したがって,

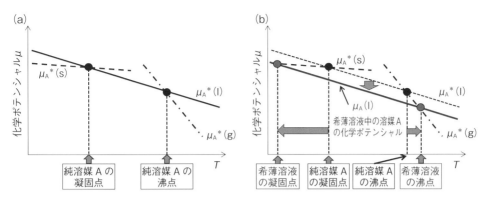

図 6.9　(a) 純固体 A，純溶媒 A（純液体 A），純気体 A の化学ポテンシャルの温度依存性，(b) 不揮発性溶質が加わることによる溶媒 A の化学ポテンシャルの変化

図 6.9 (b) のように，$\mu_A(l)$ を表すグラフは $\mu_A{}^*(l)$ より下方向に移動することになる。また，溶液から出てくる蒸気と固体は純粋な A であるので，蒸気と固体の化学ポテンシャルは変化しない。その結果，図 6.9 (b) でわかるように，溶液の凝固点（$\mu_A(l) = \mu_A{}^*(s)$ となる温度）は純溶媒の凝固点より低温側に移動し，溶液の沸点（$\mu_A(l) = \mu_A{}^*(g)$ となる温度）は純溶媒の沸点より高温側に移動することになる。以上が化学ポテンシャルに基づいた沸点上昇と凝固点降下の説明である。

純溶媒の沸点 $T_b{}^*$ と希薄溶液の沸点 T_b の差 $\Delta T_b = T_b - T_b{}^*$ を**沸点上昇度**，純溶媒の凝固点 $T_f{}^*$ と希薄溶液の凝固点 T_f の差 $\Delta T_f = T_f{}^* - T_f$ を**凝固点降下度**といい，不揮発性溶質 B が溶けた希薄溶液では，それぞれ

$$\Delta T_b = K_b m_B \tag{6.42}$$
$$\Delta T_f = K_f m_B \tag{6.43}$$

で表される。m_B は溶質の質量モル濃度である。一方，K_b（K kg mol^{-1}）は**モル沸点上昇定数**，K_f（K kg mol^{-1}）は**モル凝固点降下定数**とよばれる溶媒に固有の定数である。水の場合，$K_b = 0.515$（K kg mol^{-1}），$K_f = 1.85$（K kg mol^{-1}）となる。希薄溶液の沸点上昇度 ΔT_b，凝固点降下度 ΔT_f は，溶質の質量モル濃度に比例する。また，質量モル濃度のみに依存するので，両性質はともに溶質の種類には無関係であることが確認できる。熱力学的に K_b，K_f を導くと

$$K_b = \frac{R(T_b{}^*)^2}{\Delta_{vap}H} \frac{M_A}{1000} \tag{6.44}$$

$$K_f = \frac{R(T_f{}^*)^2}{\Delta_{fus}H} \frac{M_A}{1000} \tag{6.45}$$

で表される。ここで，R は気体定数，M_A は溶媒 A のモル質量，$\Delta_{vap}H$ は純溶媒 A の蒸発エンタルピー，$\Delta_{fus}H$ は純溶媒 A の融解エンタルピーである。

図 6.10 に，純水と不揮発性溶質が溶けた水溶液中の水の相図（模式図）を示す。沸点上昇と凝固点降下により，水溶液中の水の融解曲線は純水より低温側に移動し，蒸気圧曲線は純水より高温側に移動することになる。

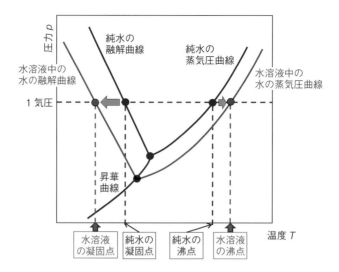

図 6.10　純水と不揮発性溶質が溶けた水溶液中の水の相図（模式図）

例題 6.3　水 500 g に尿素 0.10 mol を溶かした溶液の凝固点はいくらか。ただし，水の凝固点を 0℃ とする。

　[**解答**]　この溶液の質量モル濃度は 0.20 mol kg^{-1} となるので，凝固点降下度は $1.85 \times 0.20 = 3.7$ (K) となる。したがって，この溶液の凝固点は -3.7℃である。

6.4.4　浸　透　圧

　同じ体積の純溶媒 A および溶媒 A と不揮発性溶質 B からなる希薄溶液を調製し，溶媒分子は通すが溶質分子は通さない半透膜で仕切られた U 字管の左側に純溶媒 A，右側に希薄溶液を入れる（図 6.11 (a)）。すると，純溶媒側の溶媒分子が溶液側に移動し，純溶媒側の液面の高さと溶液側の液面の高さが異なる位置で平衡状態になる（図 6.11 (b)）。この純溶媒側の溶媒分子が半透膜を通り抜けて溶液側に入り込んでいく現象を**浸透**という。図 6.11 (b) の平衡状態で純溶媒および溶液にかかる外圧は等しく，その外圧を p とする。ここで，純溶媒と溶液の液面の高さを同じに保つためには，図 6.11 (c) のように，溶液側に余分な圧力 Π を加えなければならない。この純溶媒側から溶液側へ溶媒分子が移行しないように溶液側に加える必要がある余分な圧力 Π を**浸透圧**（osmotic pressure）という。

　それでは，化学ポテンシャルを用いて浸透圧 Π を表す式を導いてみよう。図 6.11 (c) の平衡状態において，外圧 p のもとにある純溶媒 A の化学ポテンシャルを $\mu_A{}^*(p)$，外圧 $p + \Pi$ のもとにある溶液中の溶媒 A（溶液中でのモル分率 x_A）の化学ポテンシャルを $\mu_A(x_A, p + \Pi)$ とする。図 6.11 (c) は平衡状態なので

$$\mu_A{}^*(p) = \mu_A(x_A, p + \Pi) \tag{6.46}$$

が成り立つ。また，溶媒 A がラウールの法則に従うとすると式 (6.16) にならって

$$\mu_A(x_A, p + \Pi) = \mu_A{}^*(p + \Pi) + RT \ln x_A \tag{6.47}$$

と表すことができる。ここで，$\mu_A{}^*(p + \Pi)$ は外圧 $p + \Pi$ のもとにある純溶媒 A の化学ポテンシャル，R は気体定数，T は絶対温度を表している。

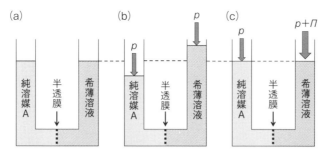

図 6.11 (a) 純溶媒 A と希薄溶液を入れた直後，(b) 外圧 p での平衡状態，(c) 希薄溶液側に外圧 $p+\varPi$ を加え，純溶媒側と液面の高さを等しくした平衡状態

一定温度下における純溶媒 A の化学ポテンシャル $\mu_A{}^*$ の圧力依存性を表す式は

$$\mathrm{d}\mu_A{}^* = V_{m(A)}\,\mathrm{d}p \tag{6.48}$$

で与えられる。ここで，$V_{m(A)}$ は純溶媒 A のモル体積である。いま考えている圧力の範囲で，$V_{m(A)}$ が変化しないとすると

$$\mu_A{}^*(p+\varPi) = \mu_A{}^*(p) + \int_p^{p+\varPi} V_{m(A)}\,\mathrm{d}p = \mu_A{}^*(p) + \varPi\,V_{m(A)} \tag{6.49}$$

が得られる。式(6.46)，式(6.47)，式(6.49)より

$$\varPi\,V_{m(A)} = -RT\ln x_A \tag{6.50}$$

が成り立つ。溶液中の溶質 B のモル分率を x_B とし，希薄溶液では $x_A \gg x_B$ であることを考慮すると

$$\ln x_A = \ln(1-x_B) \approx -x_B \tag{6.51}$$

と近似できるので，式(6.50)と式(6.51)より

$$\varPi\,V_{m(A)} = x_B\,RT \tag{6.52}$$

となる。溶液中の溶媒の物質量を n_A，溶質の物質量を n_B とすると，x_B は $x_B \approx n_B/n_A$（式(6.38)）で近似できるので，式(6.52)に代入すると

$$\varPi = \frac{n_B}{n_A V_{m(A)}}RT \tag{6.53}$$

が得られる。上式の $n_A V_{m(A)}$ は溶液を調製する際に用意する純溶媒 A の体積を表すが，この体積が溶液の体積 V に等しいとみなすと

$$\varPi = \frac{n_B}{V}RT = c_B RT \tag{6.54}$$

と表すことができる。ここで，c_B は不揮発性溶質 B のモル濃度となる。気体定数 R が $8.31\,\mathrm{J\,K^{-1}\,mol^{-1}}$ で与えられるとき，c_B は $\mathrm{mol\,m^{-3}}$ の単位を用いる必要がある。一方，気体定数 R が $8.31\times10^3\,\mathrm{Pa\,L\,K^{-1}\,mol^{-1}}$ で与えられるとき，c_B はよく用いられる $\mathrm{mol\,L^{-1}}$ の単位を用いることができる。式(6.54)は**ファントホフの式**とよばれ，希薄溶液の浸透圧 $\varPi$ は溶質のモル濃度 c_B に比例することを示している。また，浸透圧 $\varPi$ はモル濃度のみに依存するので，浸透圧についても溶質の種類には無関係であることが確認できる。

6.4.5　溶質が分子会合や解離を起こす場合の取扱い

　溶液中で溶質 B が分子会合や解離を起こす場合には，**ファントホッフ係数**とよばれる補正係数 i を用いて，式(6.37)，式(6.42)，式(6.43)，式(6.54)は，それぞれ次のように補正される。

蒸気圧降下　　　$\Delta p = i x_B p_A{}^*$　　　　　　　　　　　　　　　　　　　　　　(6.55)

沸点上昇　　　　$\Delta T_b = i K_b m_B$　　　　　　　　　　　　　　　　　　　　　　(6.56)

凝固点降下　　　$\Delta T_f = i K_f m_B$　　　　　　　　　　　　　　　　　　　　　　(6.57)

浸透圧　　　　　$\Pi = i c_B R T$　　　　　　　　　　　　　　　　　　　　　　　　(6.58)

　例として，1 価 −1 価型電解質 XY が溶質となっている希薄な水溶液を考えよう。XY の質量モル濃度を m_{XY}，水溶液中での電離度(解離度)を α とすると，電解質 XY は図 6.12 のような電離平衡状態にある。

$$XY \rightleftharpoons X^+ + Y^-$$

濃度　　　$(1-\alpha)\,m_{XY}$　　　　　αm_{XY}　　　αm_{XY}

図 6.12　水溶液中の電解質 XY の電離平衡状態

　したがって，束一的性質に関係する溶質粒子の濃度(総粒子濃度)は

溶質粒子の濃度 $=(1-\alpha)m_{XY}+\alpha m_{XY}+\alpha m_{XY}=(1+\alpha)m_{XY}$　　　　(6.59)

で与えられる。すなわち，総粒子濃度は XY の濃度 m_{XY} の $(1+\alpha)$ 倍となるので，この場合，ファントホッフ係数 $i=1+\alpha$ となる。一般に，電離する電解質のファントホッフ係数 i は，電離度 α および電離により電解質 1 分子から生じるイオンの数 N と

$$i = 1 + \alpha(N-1)$$　　　　　　　　　　　(6.60)

の関係がある。

例題 6.4　次の水溶液 A〜C を，沸点の高い順に並べよ。ただし，電解質はすべて電離するものとする。

　　A：0.10 mol kg^{-1} の塩化マグネシウム水溶液
　　B：0.10 mol kg^{-1} の塩化ナトリウム水溶液
　　C：0.10 mol kg^{-1} のスクロース水溶液

　[解答]　A の総粒子濃度 0.30 mol kg^{-1}，B の総粒子濃度 0.20 mol kg^{-1}，C の総粒子濃度 0.10 mol kg^{-1} となるので，A＞B＞C である。

6.4.6　オスモル濃度

　注射剤，点眼剤などの医薬品は，体液と浸透圧が同じになるように調製しなければならない。浸透圧が同じでないと，溶血などが起こり生理的にも悪影響を及ぼすことになる。束一的性質である浸透圧は，溶液に含まれる溶質粒子の濃度(総粒子濃度)に依存する(6.4.5項)。したがって，総粒子濃度は浸透圧を表す濃度として用いることができる。こ

のため，浸透圧を特に考えるとき，総粒子濃度は**オスモル濃度**とよばれる。オスモル濃度には質量オスモル濃度(osmolality) ξ_m と容量オスモル濃度(osmolarity) ξ_c がある。質量オスモル濃度 ξ_m (osmol kg^{-1})は溶媒1kg中に溶解している溶質粒子のモル数を表し，容量オスモル濃度 ξ_c (osmol L^{-1}または Osm)は溶液1L中に含まれる溶質粒子のモル数を表す。溶媒Aと溶質Bからなる希薄溶液の ξ_m, ξ_c は，溶質Bの質量モル濃度を m_B (mol kg^{-1})，モル濃度 c_B (mol L^{-1})，ファントホッフ係数 i と

$$\xi_m = i m_B \tag{6.61}$$
$$\xi_c = i c_B \tag{6.62}$$

の関係にある。

　ところで，総粒子濃度は浸透圧を測定しなくても，他の束一的性質を利用して測定できる。そこで，日本薬局方の一般試験法では，浸透圧測定法(オスモル濃度測定法)として，測定が比較的容易な凝固点降下法によりオスモル濃度を求めるよう規定されている。凝固点降下法で得られるオスモル濃度は質量オスモル濃度 ξ_m であるが，希薄溶液では $\xi_m \approx \xi_c$ とみなせるので，日本薬局方では実用的な容量オスモル濃度 ξ_c が採用されている。日本薬局方では，体液と等張な生理食塩水の容量オスモル濃度を 286 mOsm (1 mOsm = 1/1000 Osm)として，試料溶液の容量オスモル濃度(mOsm)を 286 mOsm で除したものを**浸透圧比**と定義している。したがって，浸透圧比は等張性の尺度となる。

6.5 電解質溶液の性質

　電解質とは，水などの極性溶媒に溶かしたときに陽イオンと陰イオンを生じる物質である。このため，電解質溶液は電気電導性を示す。溶媒として水を用いることが多いので，水溶液中で電離している割合(電離度)によって，電解質は**強電解質**と**弱電解質**に分類される。強電解質は水溶液中でほぼ完全に電離する電解質(電離度が1に近い物質)である。一方，弱電解質は水溶液中で分子の一部だけ電離する電解質(電離度が小さい物質)である。ここでは，電解質溶液の性質を学習する。

6.5.1 NaCl の水への溶解過程

　塩化ナトリウム NaCl の結晶は，Na$^+$ と Cl$^-$ が静電気力で強く引き合うイオン結合でできており，その格子エネルギー(結晶中のイオン結合を切断して，気体状態のバラバラのイオンにするのに必要なエネルギー)は，298K で 790 kJ mol^{-1} と非常に大きな値を示す。このように強く結合しているイオン同士が，なぜ水中では電離して存在するのだろうか。

　この NaCl の水への溶解には，「イオンの水和」と「エントロピーの増大」が重要な役割を果たしている。まず，「イオンの水和」を見てみよう。水 H$_2$O は極性分子であり，分子中の水素原子はいくらか正の電荷を，酸素原子はいくらか負の電荷を帯びている。水に NaCl の結晶を入れると結晶表面の Na$^+$ には水分子の酸素原子が，結晶表面の Cl$^-$ には水分子の水素原子が，それぞれ静電気力によって引き付けられる。そして，結晶表面のイオンに引き付けられた水分子の数が増すと水分子との相互作用が大きくなり，イオンが結晶から離れるようになる。イオンが結晶から離れると，さらに多くの水分子が引き付けられ，**水和イオン**が溶液中に散在するようになる(図 6.13)。**水和**とは，水溶液中で溶質分子あるいはイオンがその周囲にいくつかの水分子を引き付けて，1つの分子集団をつくる現

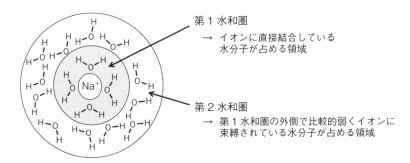

図 6.13　水和した Na^+ の模式図

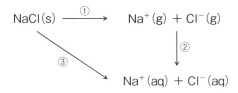

図 6.14　NaCl の水への溶解過程を考察するための経路

象のことで，水和イオンとは水和しているイオンのことである。水和イオンは，極性分子である水分子とのイオン−双極子相互作用により非常に安定な状態である。また，水の比誘電率は 298 K で約 78 であるので，水溶液中での Na^+ と Cl^- の間の静電引力は真空中の約 1/78 に弱まることになる。「水和イオン形成による安定化」に加えて「イオン間の静電引力の減弱」も，水溶液中で Na^+ と Cl^- が離れて存在するのに役立っている。

　図 6.14 のように，定圧下での NaCl の水への溶解（$NaCl(s) \rightarrow Na^+(aq) + Cl^-(aq)$，図 6.14 の過程③）は，2 つの段階に分けて考えることができる。過程①は，$NaCl(s)$ が格子エネルギーを吸収して，気体状態のイオン $Na^+(g)$, $Cl^-(g)$ になる過程である。過程②は，$Na^+(g)$, $Cl^-(g)$ が水に溶けて，それぞれ水和イオン $Na^+(aq)$, $Cl^-(aq)$ となる過程である。

　過程①のエンタルピー変化 ΔH_1 は，格子エネルギーに等しい。したがって

$$NaCl(s) \rightarrow Na^+(g) + Cl^-(g), \qquad \Delta H_1 = 790 \text{ kJ mol}^{-1} \qquad (6.63)$$

と表すことができる。また，過程③のエンタルピー変化（溶解エンタルピー）ΔH_3 は NaCl が多量の水に溶解するときの溶解熱に相当し

$$NaCl(s) \rightarrow Na^+(aq) + Cl^-(aq), \qquad \Delta H_3 = 3.88 \text{ kJ mol}^{-1} \qquad (6.64)$$

であることが実験的にわかっている。式(6.63)と式(6.64)より

$$Na^+(g) + Cl^-(g) \rightarrow Na^+(aq) + Cl^-(aq), \qquad \Delta H_2 = -786.12 \text{ kJ mol}^{-1} \qquad (6.65)$$

が得られる。式(6.65)より Na^+ と Cl^- の水和は非常に大きな発熱反応であり，格子エネルギーをほとんど打ち消すくらいのエネルギー安定化をもたらしていることがわかる。

　次に，NaCl の水への溶解（過程③）のギブズエネルギー変化（溶解ギブズエネルギー）ΔG_3 を考えよう。溶解に伴うエントロピー変化（溶解エントロピー）を ΔS_3 とすると

$$\Delta G_3 = \Delta H_3 - T \Delta S_3 \qquad (6.66)$$

で表される。私たちは NaCl の水への溶解が自発的に進むことを知っている。それゆえ，$\Delta G_3 < 0$ でなければならないが，ΔH_3 はわずかながら正の値をもつ。したがって，$\Delta S_3 > 0$

であり，かつ $|T \Delta S_3| > |\Delta H_3|$ となる必要がある。すなわち，NaCl の水への溶解過程でエントロピーは増大する。ΔS_3 には 2 つの寄与があることに注意しよう。1 つは結晶中の束縛された状態から溶液中で自由に動けるイオンになることによるエントロピーの増大である。もう 1 つは，おもにイオンが水和する過程で水分子が束縛されることによるエントロピーの減少である。いま $\Delta S_3 > 0$ であるので，自由に動けるイオンになることによるエントロピーの増大が勝っていることになる。

最後に，同じ電解質でも塩化銀（I）AgCl は難溶性であることにふれよう。これは，AgCl の格子エネルギーが $918 \, \text{kJ mol}^{-1}$ と NaCl よりもさらに大きいからである。したがって，AgCl の溶解ギブズエネルギーは正の値となり，水に不溶性となる。

6.5.2 溶液中のイオンの分布

電解質溶液中のある 1 つのイオン（中心イオン）に着目し，この中心イオンのまわりに，他のイオンがどのように分布するのか考えてみよう。中心イオンと同符号の電荷をもつ他のイオンが，熱運動により中心イオンに近づいても静電気的な反発によりすぐに離れていく。一方，反対符号の電荷をもつ他のイオンが近づくと静電気的な引力が働くので，同符号のイオンよりも時間的により長く中心イオンの近くに滞在できる。したがって，時間平均で考えると中心イオンの周囲には反対符号の電荷をもつイオンが球対称に分布した領域ができる。この領域を**イオン雰囲気**という。

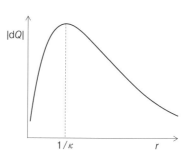

図 6.15 中心イオンからの距離 r と距離 r での表面電荷 dQ の関係

イオン溶液に関するデバイ–ヒュッケル理論によると，完全に電離した強電解質溶液において，ある中心イオンからの距離 r と距離 r における表面電荷（中心イオンからの距離 r と $r+dr$ の間の微小な空間に含まれる電荷 dQ）の関係は図 6.15 のようになる。

$|dQ|$ は $r = 1/\kappa$ のとき最大になり，それを超えると急速に減少する。この長さの次元をもつ $1/\kappa$ をイオン雰囲気の厚さ（**デバイ半径**）といい，対イオンが最も多く見つかる中心イオンからの距離を表している。κ は

$$\kappa^2 = \frac{2000F^2}{\varepsilon RT} I \tag{6.67}$$

で与えられる。ここで，F はファラデー定数，ε は溶媒の誘電率，R は気体定数，T は絶対温度である。そして，I は**イオン強度**とよばれ，溶液中のイオン種 j のモル濃度を c_j，電荷数を z_j とすると

$$I = \frac{1}{2} \sum_j c_j z_j{}^2 \tag{6.68}$$

で与えられる。式(6.67)より，デバイ半径は溶液のイオン強度の平方根に反比例することがわかる。すなわち，溶液中のイオン強度が高いほど，反対符号の電荷をもつイオンが中心イオンに近づくことになる。したがって，イオン強度はイオン間相互作用を議論する際の重要なパラメータとなる。また，質量モル濃度 m_j を用いて

$$I = \frac{1}{2} \sum_j m_j z_j{}^2 \tag{6.69}$$

で表されたイオン強度も用いられる。

例題 6.5　質量モル濃度 $1.00 \times 10^{-2}\,\mathrm{mol\,kg^{-1}}$ の $CuSO_4$ 水溶液のイオン強度($\mathrm{mol\,kg^{-1}}$)はいくらか。ただし，水溶液中において $CuSO_4$ は完全に電離しているものとする。

[解答]　$I = \dfrac{1}{2}\left\{1.00 \times 10^{-2} \times (+2)^2 + 1.00 \times 10^{-2} \times (-2)^2\right\}$

$\qquad\qquad = 4.00 \times 10^{-2}\ (\mathrm{mol\,kg^{-1}})$

6.5.3　平均活量係数を用いた電解質の化学ポテンシャルの記述

電解質溶液中のイオン-イオン間の静電的相互作用は，クーロンの法則に従い非常に長距離まで作用する。このため，極めて薄い電解質溶液でも理想的な振舞いからのずれが生じる。例えば，低濃度であってもイオン雰囲気が形成されることになり，イオン雰囲気は中心イオンを安定化し，中心イオンの自由な移動を妨げる。したがって，電解質溶液におけるイオンの化学ポテンシャルは，ほとんどの場合，式(6.35)のように活量を用いて化学ポテンシャルを表すことになる。

ところで，いかなる濃度の NaCl 溶液でも Na^+ と Cl^- が常に同数同居し，電気的中性を保っている。このため，Na^+ あるいは Cl^- だけを増減することはできないので，Na^+ と Cl^- の活量係数を別々に測定することができない。したがって，理想的な振舞いからのずれを，Na^+ と Cl^- に等しく負わせる**平均活量係数** $\gamma_\pm$ を用いることになる。Na^+ の活量係数を γ_+，Cl^- の活量係数を γ_- とすると，$\gamma_\pm$ は

$$\gamma_\pm = (\gamma_+ \gamma_-)^{1/2} \tag{6.70}$$

で与えられる。この根拠を次に示そう。NaCl 溶液における Na^+，Cl^- の化学ポテンシャルを μ_+，μ_-，Na^+，Cl^- のモル濃度を標準モル濃度($1\,\mathrm{mol\,L^{-1}}$)で除して無次元化したものを c_+，c_- とすると

$$\mu_+ = \mu_+{}^\circ + RT\ln(\gamma_+ c_+) \tag{6.71}$$

$$\mu_- = \mu_-{}^\circ + RT\ln(\gamma_- c_-) \tag{6.72}$$

と表される。ここで，$\mu_+{}^\circ$，$\mu_-{}^\circ$ は標準化学ポテンシャル($1\,\mathrm{mol\,L^{-1}}$ のときの化学ポテンシャル)，R は気体定数，T は絶対温度である。式(6.71)と式(6.72)より，溶質としての NaCl の化学ポテンシャル μ は

$$\mu = \mu_+ + \mu_- = (\mu_+{}^\circ + RT\ln c_+) + (\mu_-{}^\circ + RT\ln c_-) + RT\ln(\gamma_+ \gamma_-) \tag{6.73}$$

となる。ここで，$\gamma_+ \gamma_- = \gamma_\pm{}^2$ として，式(6.73)を整理すると

$$\begin{aligned}
\mu &= \mu_+ + \mu_- \\
&= (\mu_+{}^\circ + RT\ln c_+) + (\mu_-{}^\circ + RT\ln c_-) + RT\ln\gamma_\pm{}^2 \\
&= (\mu_+{}^\circ + RT\ln c_+) + (\mu_-{}^\circ + RT\ln c_-) + 2RT\ln\gamma_\pm \\
&= (\mu_+{}^\circ + RT\ln c_+ + RT\ln\gamma_\pm) + (\mu_-{}^\circ + RT\ln c_- + RT\ln\gamma_\pm) \\
&= (\mu_+{}^\circ + RT\ln\gamma_\pm c_+) + (\mu_-{}^\circ + RT\ln\gamma_\pm c_-)
\end{aligned} \tag{6.74}$$

が得られる。すなわち，式(6.70)で定義した平均活量係数を使用すると，理想的な振舞いからのずれを Na^+ と Cl^- に等しく負わせることになる。

一般に，$M_p X_q$ 型の電解質(1 分子から p 個の陽イオン M^{z+} と q 個の陰イオン X^{z-} が電

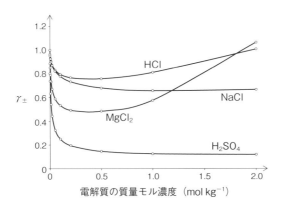

図 6.16　25℃における電解質の平均活量係数

離する電解質)では，陽イオン M^{z+} の活量係数を γ_+，陰イオン X^{z-} の活量係数を γ_- とすると，平均活量係数 $\gamma_\pm$ は

$$\gamma_\pm = (\gamma_+{}^p \gamma_-{}^q)^{1/(p+q)} \tag{6.75}$$

で表される。

　図 6.16 に，25℃における水溶液中の様々な電解質の平均活量係数 $\gamma_\pm$ を示す。低濃度領域では，電解質の平均活量係数は濃度の増加とともに急激に減少する。

6.5.4　デバイ-ヒュッケルの極限則

　デバイ-ヒュッケル理論によると，極めて希薄な電解質溶液に限られるが，電解質溶液の平均活量係数 $\gamma_\pm$ について

$$\log_{10} \gamma_\pm = -A|z_+ z_-|\sqrt{I} \tag{6.76}$$

が成り立つ。ここで，A は溶媒の性質により求まる定数で，水溶液の場合，25℃で 0.509 である。また，z_+ と z_- はそれぞれ陽イオンと陰イオンの電荷数(陽イオンは正，陰イオンは負)，I はイオン強度である。式(6.76)は**デバイ-ヒュッケルの極限則**とよばれる。

　図 6.17 に，式(6.76)に基づいた理論値と NaCl の実測値の比較を示す。これより，約 $I < 0.01$ $(\mathrm{mol\,kg^{-1}})$ の希薄な溶液において，式(6.76)は実験値をよく再現していることがわかる。希薄な溶液という条件つきであるが，デバイ-ヒュッケルの極限則を用いると，イオンの種類に関係なく，イオンの電荷数と濃度がわかれば，その電解質溶液の平均活量係数を求めることができる。

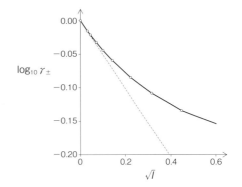

図 6.17　25℃での NaCl の平均活量係数
(○：実測値)とデバイ-ヒュッケルの
極限則(破線)の比較

6.5.5　電解質溶液の電気伝導性

(1)　オームの法則

　電解質溶液では，イオンが移動することで電気が流れる。それゆえ，電解質溶液でも**オームの法則**が成り立つ。オームの法則は，電気回路における電位差(電圧)，電流，抵抗

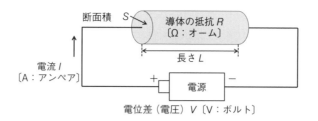

図 6.18　電気回路

の関係を与える法則である。いま，着目する導体の両端を電源に接続して電位差 V をか
け，電流 I を流す場合を考える(図6.18)。

　このとき，電位差 V(単位：V(ボルト))と電流 I(単位：A(アンペア))は比例関係にあり

$$V = RI \tag{6.77}$$

が成り立つ。比例係数 R(単位：Ω(オーム)，$V\,A^{-1}$)は，着目している導体の材質，形状な
どによって定まる抵抗とよばれる物性値である。ある一定の大きさの電流 I を流したい場
合，抵抗 R が大きいほど必要な電位差 V は大きくなるので，抵抗 R は導体の電流の流れ
にくさを表す物性値である。図6.18の導体のように，断面積が一様な導体において抵抗
R は

$$R = \rho \frac{L}{S} \tag{6.78}$$

と表される。ここで，L は導体の長さ(m)，S は導体の断面積(m^2)である。L/S の項は抵
抗 R の導体の形状に対する依存性を表しており，抵抗 R は導体の長さ L に比例し，断面
積 S に反比例する。一方，ρ は抵抗率(単位：$\Omega\,m$)とよばれ，「導体の材質の電流の流れに
くさを示す物性値」である。例えば，鉄より電気を通しやすい銅の抵抗率は鉄の約 1/6 の
大きさである。

　抵抗 R の逆数は，コンダクタンス G(単位：S(ジーメンス)，$S = \Omega^{-1}$)とよばれ

$$G = \frac{1}{R} = \frac{1}{\rho} \frac{S}{L} = \kappa \frac{S}{L} \tag{6.79}$$

で表される。コンダクタンス G を用いて，式(6.77)を変形すると

$$I = GV = \kappa \frac{VS}{L} \tag{6.80}$$

となる。電位差 V が一定の場合，電流 I は G に比例するので，コンダクタンス G は電流
の流れやすさを表す物性値となる。ここで，κ は**電気伝導率**(単位：$S\,m^{-1}$)とよばれる。
電気伝導率 κ は抵抗率 ρ の逆数であるので，「導体の材質の電流の流れやすさを表す物性
値」となる。鉄より電気を通しやすい銅の電気伝導率は鉄の約6倍の大きさとなる。

　電解質溶液の電気伝導率 κ の測定では，2枚の一定面積をもつ平面電極を一定距離だけ
離して平行に配置した構造をもつ電気伝導率測定用セルを，電解質溶液に浸漬し，これに
電流を流し抵抗 R が求められる。式(6.78)の L/S の項はセルに固有の定数(セル定数 $k = L/S$)となるので，電気伝導率 κ が既知の標準物質の水溶液(KCl など)の測定であらかじめ
決定される。抵抗 R とセル定数 k が求まれば，式(6.79)より電解質溶液の電気伝導率 κ を
決定できる。

(2) 電解質溶液のモル伝導率

電解質溶液ではイオンが移動することにより電気が流れる。これより，ほぼ完全に電離する NaCl の水溶液では，その電気伝導率 κ はイオンの濃度，すなわち NaCl の濃度 c にほぼ比例するのではないかと予想される。

図 6.19(a)に，NaCl 水溶液について，電気伝導率 κ をモル濃度 c に対してプロットしたグラフを示す。

予想したように，NaCl の濃度 c が高くなると，電気伝導率 κ も直線的に大きくなるのが観察される。しかし，濃度が高くなるにつれ，濃度に対する電気伝導率の上昇率は逓減していくことがわかる。これは，濃度が高くなるほどイオン間の相互作用の影響が大きくなり，イオンの移動が妨げられるからである。このイオンの移動に対するイオン間の相互作用の効果として，以下の2つの効果がある。

(i) 非対称効果（緩和効果）

電解質溶液中のイオンは水和イオンとなり溶解している(6.5.1 項)。また，ある水和イオン（中心イオン）に着目すると，そのまわりには反対の電荷をもつイオンが取り囲み，イオン雰囲気を形成している。電解質溶液に電場をかけると中心イオンは電極に向かって移動する。その際，中心イオンの大きさはイオン雰囲気よりも小さいのでイオン雰囲気よりも速く移動し，イオン雰囲気を後方に置き去りにしてしまう。その結果，移動した中心イオンは，後方の反対の電荷をもつイオン雰囲気から静電引力を受け，移動速度が遅くなる。

(ii) 電気泳動効果

ある電場のもとで，中心イオンが電極の方向に移動するとき，そのイオン雰囲気は反対の電極の方向に移動しようとする。このとき，イオン雰囲気を構成している各イオンもそれぞれ水和された水分子をもっているので，これらの水分子もイオン雰囲気とともに中心イオンとは反対の方向に移動する。すなわち，中心イオンのまわりには，中心イオンとは反対の方向に進む溶媒の流れがある。このため，中心イオンは溶媒の流れに逆らって移動することになり，移動速度が遅くなる。

(i)と(ii)のイオン間の相互作用の効果をみるには，電気伝導率 κ (S m^{-1})をモル濃度 c (mol m^{-3})（注意：κ の単位中の長さは m であるため，mol L^{-1} を mol m^{-3} で表し直す必要がある）で割った単位濃度あたりの伝導率であるモル伝導率 Λ (S m^2 mol^{-1})の式

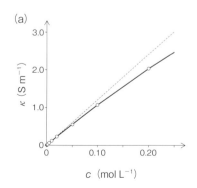
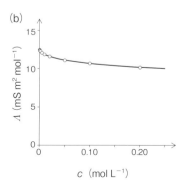

図 6.19 NaCl の(a)電気伝導率と(b)モル伝導率の濃度変化

$$\Lambda = \frac{\kappa}{c} \tag{6.81}$$

が便利である。

図 6.19 (b) に，NaCl 水溶液について，モル伝導率 Λ とモル濃度 c の関係を示す。濃度が高くなるにつれ，モル伝導率 Λ が減少していく傾向がわかる。もし個々のイオンが互いに影響を及ぼし合わないのであれば，モル伝導率 Λ は濃度に関係なく一定となるはずである。したがって，この傾向は，濃度の増加とともにイオン間の相互作用の影響が大きくなって，イオンの移動が妨げられていることを示している。

図 6.20 に，いくつかの電解質について，モル伝導率 Λ とモル濃度の平方根 $\sqrt{c}$ の関係を示す。HCl，NaOH，KCl のような強電解質では，濃度が希薄な領域でモル伝導率 Λ はモル濃度の平方根 $\sqrt{c}$ に対してほぼ直線的に減少する。この関係はコールラウシュによって実験的に見出されたものであり

$$\Lambda = \Lambda^{\infty} - k\sqrt{c} \tag{6.82}$$

で表される。この関係は**コールラウシュの平方根則**とよばれる。ここで，Λ^{∞} は図 6.20 のグラフの縦軸の切片に相当し，**極限モル伝導率**とよばれる。極限モル伝導率 Λ^{∞} は，溶液中でイオン同士が相互作用しないとみなせるほど濃度が低い極限での（無限希釈での）モル伝導率を表している。式 (6.82) を濃度 0 に外挿することで，強電解質の極限モル伝導率 Λ^{∞} を求めることができる。また，k はイオンの種類や温度などによって決まる定数で，濃度が 0 でないときのイオン間の相互作用の影響を反映している。一方，弱電解質である酢酸 CH_3COOH のモル伝導率 Λ は低濃度では高いが，濃度が増加すると急激に減少する。これは，おもに濃度が変化することによって，電離度 α が変化するためである。すなわち，濃度が高くなると酢酸の電離度 α は小さくなるため，イオンの割合が減ってくるためである。また，酢酸のような弱電解質ではコールラウシュの平方根則は成り立たないので，式 (6.82) に基づいて極限モル伝導率を求めることはできない。しかし，後述の「コールラウシュのイオン独立移動の法則」を用いることで，CH_3COOH の極限モル伝導率を求めることができる。

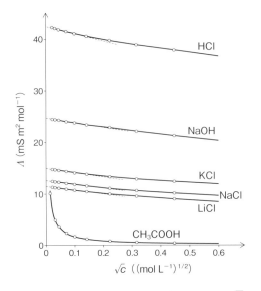

図 6.20　電解質のモル伝導率 Λ とモル濃度の平方根 $\sqrt{c}$ の関係

(3) コールラウシュのイオン独立移動の法則

無限希釈下では，溶液中の電解質は完全に電離し，さらにイオンは他のイオンの影響を受けずに独立して移動しているとみなせる。したがって，NaCl のような 1-1 価の電解質の極限モル伝導率 Λ^{∞} は

$$\Lambda^{\infty} = \lambda_{+}^{\infty} + \lambda_{-}^{\infty} \tag{6.83}$$

のように，陽イオンの極限モル伝導率 λ_{+}^{∞} と陰イオンの極限モル伝導率 λ_{-}^{∞} の和で表される。これを**コールラウシュのイオン独立移動の法則**という。$\lambda_{+}^{\infty}, \lambda_{-}^{\infty}$ は，後ほど扱う輸率の測定から求めることができる。表 6.1 にいくつかの 1 価のイオンの極限モル伝導率を示す。

例題 6.6 表 6.1 の値を使用して，酢酸の極限モル伝導率 $\Lambda^{\infty}(\mathrm{CH_3COOH})$ を求めよ。

[**解答**]　$\Lambda^{\infty}(\mathrm{CH_3COOH}) = \lambda_{+}^{\infty}(\mathrm{H^+}) + \lambda_{-}^{\infty}(\mathrm{CH_3COO^-})$
$$= 34.965 + 4.09 = 39.06 \; (\mathrm{mS\,m^2\,mol^{-1}})$$

(4) モル伝導率測定による弱電解質の電離定数の評価

電気伝導率測定の重要な応用例の 1 つに，モル伝導率の測定から弱電解質の電離定数 K を決定できることがある。例えば，濃度 c の 1 価の弱酸 HA の水溶液があり，溶液中で HA が電離平衡にあるとし，電離度を α とする。このとき

$$K = \frac{[\mathrm{H^+}]\,[\mathrm{A^-}]}{[\mathrm{HA}]} = \frac{c\alpha \cdot c\alpha}{c(1-\alpha)} = \frac{c\alpha^2}{1-\alpha} \tag{6.84}$$

となる。アレニウスは電離度 α が

$$\alpha = \frac{\Lambda}{\Lambda^{\infty}} \tag{6.85}$$

で与えられると定義した。ここで，Λ は濃度 c の弱酸 HA の水溶液のモル伝導率，Λ^{∞} は弱酸 HA の極限モル伝導率である。式(6.84)と式(6.85)より

$$K = \frac{c(\Lambda/\Lambda^{\infty})^2}{1-(\Lambda/\Lambda^{\infty})} = \frac{c\Lambda^2}{\Lambda^{\infty}(\Lambda^{\infty}-\Lambda)} \tag{6.86}$$

が得られる。式(6.86)は，濃度 c での電離定数 K を Λ と Λ^{∞} から，評価できることを示している。

表 6.1　1 価のイオンの極限モル伝導率（25℃）

陽イオン	λ_{+}^{∞} $(\mathrm{mS\,m^2\,mol^{-1}})$	陰イオン	λ_{-}^{∞} $(\mathrm{mS\,m^2\,mol^{-1}})$
$\mathrm{H^+(H_3O^+)}$	34.965	$\mathrm{OH^-}$	19.8
$\mathrm{Li^+}$	3.866	$\mathrm{Cl^-}$	7.631
$\mathrm{Na^+}$	5.008	$\mathrm{Br^-}$	7.81
$\mathrm{K^+}$	7.348	$\mathrm{CH_3COO^-}$	4.09

CRC Handbook of Chemistry and Physics, 90th Edition の値を使用

(5) イオンの輸率と移動度

電解質溶液では，溶液中の陽イオンが陰極へ，陰イオンが陽極に移動することにより，電流が流れる。ところで，陽イオンと陰イオンの移動する速度は異なるため，全電流に対する陽イオンと陰イオンの寄与は一般に等しくない。そこで，全電流に対する陽イオンと陰イオンの寄与の割合を**輸率**として表す。例えば，1-1 価の電解質 XY の水溶液において，陽イオン X^+ および陰イオン Y^- が運んだ電流を I_+, I_-，輸率を t_+, t_- とすると

$$t_+ = \frac{I_+}{I_+ + I_-} \tag{6.87}$$

$$t_- = \frac{I_-}{I_+ + I_-} \tag{6.88}$$

となる。$t_+ + t_- = 1$ が成り立つ。ところで，式(6.80)より，電流 I は電気伝導率 κ に比例するので，X^+ および Y^- の電気伝導率を κ_+, κ_- とすると

$$t_+ = \frac{\kappa_+}{\kappa_+ + \kappa_-} \tag{6.89}$$

$$t_- = \frac{\kappa_-}{\kappa_+ + \kappa_-} \tag{6.90}$$

と表すことができる。ここで，$\kappa_+ + \kappa_-$ は電解質 XY の電気伝導率に相当する。また，濃度 c の電解質 XY の水溶液における X^+ および Y^- のモル伝導率を λ_+, λ_- とすると

$$t_+ = \frac{c\lambda_+}{c\lambda_+ + c\lambda_-} = \frac{\lambda_+}{\lambda_+ + \lambda_-} = \frac{\lambda_+}{\Lambda} \tag{6.91}$$

$$t_- = \frac{c\lambda_-}{c\lambda_+ + c\lambda_-} = \frac{\lambda_-}{\lambda_+ + \lambda_-} = \frac{\lambda_-}{\Lambda} \tag{6.92}$$

となる。ここで，$\Lambda = \lambda_+ + \lambda_-$ は電解質 XY のモル伝導率である。したがって，電解質 XY のモル伝導率に対する各イオンのモル伝導率の比が，各イオンの輸率となる。X^+ および Y^- の無限希釈時の輸率(**極限輸率**) t_+^∞, t_-^∞ も，電解質 XY の極限モル伝導率 Λ^∞ と各イオンの極限モル伝導率($\lambda_+^\infty, \lambda_-^\infty$)を用いて

$$t_+^\infty = \frac{\lambda_+^\infty}{\Lambda^\infty} \tag{6.93}$$

$$t_-^\infty = \frac{\lambda_-^\infty}{\Lambda^\infty} \tag{6.94}$$

と同様に与えられる。各イオンの輸率 t_+, t_- はヒットルフ法などにより実験的に求めることができる。また，イオンの輸率も濃度依存性を示す。そこで，種々の濃度で輸率を測定してその結果をグラフにし，濃度 0 に外挿することで極限輸率 t_+^∞, t_-^∞ が求められる。極限輸率が求まると，式(6.93)，式(6.94)により各イオンの極限モル伝導率を決定できる。

次に，電解質溶液中のイオンの移動する速さを考えよう。電解質溶液に電位差 V が与えられると，最初，溶液中のイオンは反対符号の電極に向かって加速される。しかし，移動しているイオンは溶媒の粘性による逆向きの摩擦力も受けるようになるので，イオンの移動速度は一定の値に落ち着くことになる。このイオン i の移動速度を ν_i とすると，ν_i は電場 $E(\mathrm{V\,m^{-1}})$ (単位長さあたりの電位差)に比例することが知られている。すなわち

$$\nu_i = u_i E \tag{6.95}$$

である。ここで，比例定数 u_i ($\mathrm{m^2\,s^{-1}\,V^{-1}}$) は，イオンの種類によって値が異なり，**移動度**とよばれる。1価のイオンの場合，その移動度 u_i，モル伝導率 λ_i，ファラデー定数 F との間に

$$\lambda_i = Fu_i \tag{6.96}$$

が成り立つ。1価のイオン同士の比較の場合，移動度が大きいイオンほど，そのモル伝導率が大きいことになる。表6.1と式(6.96)に基づいて計算で得られる，いくつかの1価のイオンの移動度を表6.2に示す。

　理論的には，イオン半径が小さいほど移動度は大きくなる。しかし，$\mathrm{Li^+}$，$\mathrm{Na^+}$，$\mathrm{K^+}$ の移動度を比較すると，移動度は大きい順に $\mathrm{K^+} > \mathrm{Na^+} > \mathrm{Li^+}$ となり，最もイオン半径が大きい $\mathrm{K^+}$ の移動度が最も大きく，最もイオン半径が小さい $\mathrm{Li^+}$ の移動度が最も小さくなる。この現象を説明するには，イオンの水和を考慮する必要がある。すなわち，イオンが移動するとき，水和している水分子も一緒に移動するので，水和している水分子も含めた半径（**水和イオン半径**）を考える。$\mathrm{Li^+}$，$\mathrm{Na^+}$，$\mathrm{K^+}$ を比較した場合，半径が小さいイオンほど表面の電荷密度が大きくなるので，より多くの水分子を引き付け，全体としてより大きな集合体となる。その結果，水和イオン半径は小さい順に $\mathrm{K^+} < \mathrm{Na^+} < \mathrm{Li^+}$ となるので，移動度は大きい順に $\mathrm{K^+} > \mathrm{Na^+} > \mathrm{Li^+}$ となる。また，式(6.96)より，モル伝導率は移動度に比例するので，モル伝導率も大きい順に $\mathrm{K^+} > \mathrm{Na^+} > \mathrm{Li^+}$ となることがわかる。ところで，$\mathrm{H^+(H_3O^+)}$ と $\mathrm{OH^-}$ の移動度は，他のイオンに比べて非常に大きいことがわかる。これは，**プロトンジャンプ機構**で説明される。すなわち，図6.21のように，溶液中で $\mathrm{H^+}$ ($\mathrm{H_3O^+}$) と $\mathrm{OH^-}$ は，隣の水分子との水素結合の形成，隣の水分子とのプロトンの授受により，電荷の移動を生じさせる。この電荷の移動は $\mathrm{H^+(H_3O^+)}$ と $\mathrm{OH^-}$ の直接移動を必要としないため，非常に高速である。したがって，$\mathrm{H^+(H_3O^+)}$ と $\mathrm{OH^-}$ の非常に大きな移動度は，$\mathrm{H^+(H_3O^+)}$ と $\mathrm{OH^-}$ の見かけの移動速度を表している。$\mathrm{H^+(H_3O^+)}$ と $\mathrm{OH^-}$ の見かけの移動速度が大きいため，$\mathrm{H^+(H_3O^+)}$ と $\mathrm{OH^-}$ のモル伝導率も他のイオンに比べて非常に大きいことになる。

表 6.2　1価のイオンの移動度

陽イオン	移動度 ($10^{-8}\,\mathrm{m^2\,s^{-1}\,V^{-1}}$)	陰イオン	移動度 ($10^{-8}\,\mathrm{m^2\,s^{-1}\,V^{-1}}$)
$\mathrm{H^+(H_3O^+)}$	36.239	$\mathrm{OH^-}$	20.5
$\mathrm{Li^+}$	4.007	$\mathrm{Cl^-}$	7.909
$\mathrm{Na^+}$	5.190	$\mathrm{Br^-}$	8.09
$\mathrm{K^+}$	7.348	$\mathrm{CH_3COO^-}$	4.24

表6.1の値（CRC Handbook of Chemistry and Physics, 90th Edition 由来）を使用して，式(6.96)に基づいて計算

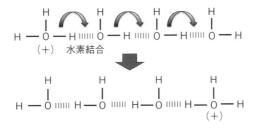

図 6.21　$\mathrm{H^+(H_3O^+)}$ のプロトンジャンプ機構

演習問題 6

6.1 次の文章の ☐ に入る数値と記号の正しい組合せはどれか。1つ選べ。

理想溶液がその気相と平衡にある場合，各成分の蒸気圧は溶液中のモル分率に比例する。成分 X と Y からなる液体を理想溶液とみなすとき，成分 X のモル分率 0.4 の溶液と平衡にある蒸気の成分 X のモル分率は ① となる。ただし，純粋な成分 X と純粋な成分 Y の蒸気圧をそれぞれ 500 hPa，1000 hPa とする。また，成分 X，Y が理想溶液とみなせず，X と Y の分子間相互作用が同種分子間の相互作用よりも強い場合の圧力は ② のようなグラフになる。

(a)

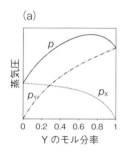

(b)

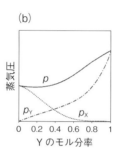

(c)

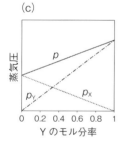

p：全蒸気圧，
p_X：成分 X の蒸気圧，
p_Y：成分 Y の蒸気圧

(1) ① 0.25, ② (a)　　(2) ① 0.25, ② (b)
(3) ① 0.25, ② (c)　　(4) ① 0.33, ② (a)
(5) ① 0.33, ② (b)　　(6) ① 0.33, ② (c)

(国試 100-93 改)

6.2 電解質溶液の伝導率に関する記述のうち，正しいのはどれか。2つ選べ。

(1) KCl のモル伝導率は，濃度に対して直線的に減少する。

(2) KCl の極限モル伝導率は，構成イオンの極限モル伝導率の差で表される。

(3) KCl のモル伝導率が LiCl のモル伝導率より大きいのは，Li^+ が K^+ より強く水和しているため，Li^+ の移動が抑えられているからである。

(4) H^+ の極限モル伝導率は，金属イオンの極限モル伝導率より小さい。

(5) 弱電解質では，濃度の増加につれて解離度が減少するため，高濃度域でモル伝導率の値は著しく小さくなる。　　(国試 94-20 改)

7 電気化学

本章では，化学や生化学の分野で重要な酸化還元反応を，熱力学に基づいて理解することを目的としている。はじめに，化学電池の仕組みについて学んだ後，電池の起電力，ギブズエネルギー，化学平衡の理論との関係について考察する。また，電気化学の生化学分野における重要な応用について紹介する。

7.1 化学電池

7.1.1 化学電池の構成

自発的な化学反応から生じる電位差を利用した**化学電池**(chemical cell)を，**ガルバニ電池**(galvanic cell)といい，ボルタ電池，ダニエル電池，マンガン電池，鉛蓄電池などがある。**ダニエル電池**(Daniell cell)は，硫酸亜鉛 $ZnSO_4$ 水溶液と硫酸銅(II)$CuSO_4$ 水溶液を素焼板などの多孔質板で仕切った隔室に入れ，$ZnSO_4$ 水溶液に亜鉛板を，$CuSO_4$ 水溶液に銅板を浸した構造をしている(図 7.1 (a))。亜鉛板と銅板を導線で結ぶと，それぞれの隔室で式(7.1)と式(7.2)に示す酸化反応と還元反応が起こり，電流が流れる。全体の反応は式(7.3)で示される。

$$Zn \rightarrow Zn^{2+} + 2e^- \qquad \text{(酸化反応)} \qquad (7.1)$$
$$Cu^{2+} + 2e^- \rightarrow Cu \qquad \text{(還元反応)} \qquad (7.2)$$
$$Zn + Cu^{2+} \rightarrow Zn^{2+} + Cu \qquad \text{(全電池反応)} \qquad (7.3)$$

金属板などの導電体と電解質溶液からなる隔室を**半電池**(half cell)，**単極**(single electrode)，または広い意味で**電極**(electrode)とよぶ。それぞれの隔室で起こる反応を**半電池反応**(half-cell reaction)という。ダニエル電池を構成する亜鉛側の半電池では，Cu よりもイオン化傾向が小さい Zn が Zn^{2+} に酸化され，Zn の溶解が起こる。一方，銅側の半電池では溶液中の Cu^{2+} の還元が起こり，電極表面に Cu が析出する。電池反応全体として，Zn の酸化と Cu^{2+} の還元により，電子が亜鉛電極から銅電極に流れる。酸化反応が起こる電極を**アノード**(anode)といい，電子が流れ出てくる電極なので**負極**(negative electrode)ともいう。一方，還元反応が起こる電極を**カソード**(cathode)といい，電子が流れ込む電極なので**正極**(positive electrode)ともいう。電池の構造を表す方法に**電池式**があり，相と相の境界を縦線 | で表し，素焼き板などの多孔質壁を破線 ┊ で表す。通常，酸化反応が起こるアノード側の電極を左側に，還元反応が起こるカソード側の電極を右側に記述する。

多孔質壁で電解質溶液を隔てたダニエル電池(図 7.1 (a))の場合

$$Zn \,|\, Zn^{2+}(aq) \,┊\, Cu^{2+}(aq) \,|\, Cu$$

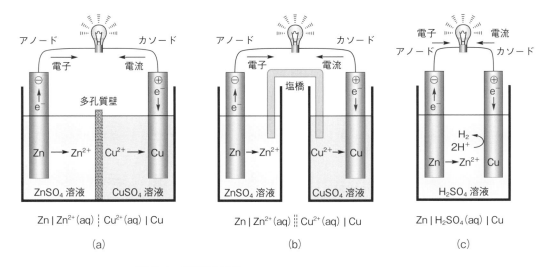

図 7.1 代表的な電池
(a) ダニエル電池, (b) ダニエル電池, (c) ボルタ電池

となる。図7.1 (b)のように, 両方の隔室を**塩橋**(salt bridge, 高濃度の電解質を含んだ寒天などのゲルを満たした連結管で, 電解質には KCl のように陽イオンと陰イオンの電流量への寄与率(輸率)が同等な塩を用いる)で接続した電池では, 塩橋を二重破線 ⁝⁝ で表し

$$\mathrm{Zn\,|\,Zn^{2+}(aq)\,\|\,Cu^{2+}(aq)\,|\,Cu}$$

とする。電解質液を共有するボルタ電池(図7.1 (c))は

$$\mathrm{Zn\,|\,H_2SO_4(aq)\,|\,Cu}$$

で表す。

7.1.2 電極の種類

化学電池の電極には以下のような種類がある。

(1) 金属電極(図7.2 (a))

金属とその金属由来のイオンを含む溶液から構成される電極で, ダニエル電池における亜鉛電極などがある。$\mathrm{Zn\,|\,Zn^{2+}(aq)}$ のように表す。

(2) 気体電極(図7.2 (b))

Pt などの不活性金属を, 気体とその気体由来のイオンを含む溶液に浸したもので構成される。圧力が 1 atm の気体の水素と, 平均活量が 1 の水素イオンを含む溶液に Pt 板を浸けた電極を**標準水素電極**(standard hydrogen electrode: SHE, normal hydrogen electrode: NHE)とよび, $\mathrm{Pt\,|\,H_2(g,\,1\,atm)\,|\,H^+(aq,\,\mathit{a}=1)}$ のように表す。標準水素電極の電位を 0 V と定めることで, 他の電極の電位を測定する基準とされている。

(3) 酸化還元電極(図7.2 (c))

同一の元素の酸化数の異なるイオンを含む溶液に, Pt 板などの不活性金属を浸したもので構成される。代表的な例は, Pt 板を $\mathrm{Fe^{3+}}$ と $\mathrm{Fe^{2+}}$ の溶液に浸けた電極があり, $\mathrm{Pt\,|\,Fe^{3+},\,Fe^{2+}}$ のように表す。

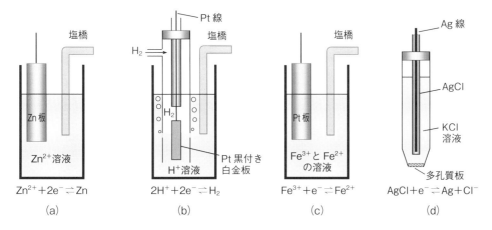

図 7.2 代表的な電極

(a) 金属電極，(b) 気体電極，(c) 酸化還元電極，(d) 金属―不溶性塩電極

(4) 金属‐不溶性塩電極（図 7.2 (d)）

金属の表面をその金属の不溶性塩で被覆したものと，その不溶性塩由来のイオンを含む溶液から構成される。代表的な例は，**銀‐塩化銀電極**（silver-silver chloride electrode）で，これは塩化銀で被覆した銀電極を KCl などの溶液に浸したもので，$Ag(s) \mid AgCl(s) \mid Cl^-(aq)$ のように表す。この他にも，カロメル（Hg_2Cl_2）を用いたカロメル電極（calomel electrode）があり，$Hg(l) \mid Hg_2Cl_2(s) \mid Cl^-(aq)$ のように表す。溶液が KCl で飽和したカロメル電極は**飽和カロメル電極**（saturated calomel electrode: SCE）とよばれる。これらの電極は電位が安定しているので，標準水素電極の代わりに電位を測定する参照電極として用いられる。

7.1.3 電池の起電力と標準電極電位

電池の起電力は，用いる半電池の組合せにより異なる。アノード側の半電池の電位を $\phi_{アノード}$ とし，カソード側の半電池の電位を $\phi_{カソード}$ とすると，式(7.4)により求めるカソードとアノードの**電位差**（potential difference, electric potential difference）の最大値を**起電力**（electromotive force: EMF, emf）E という。電池式では酸化反応が起こるアノードを左に，還元反応が起こるカソードを右に示す決まりなので，式(7.5)のようにも表せる。

$$E = \phi_{カソード} - \phi_{アノード} \tag{7.4}$$

$$E = \phi_{R(右側の電極の電位)} - \phi_{L(左側の電極の電位)} \tag{7.5}$$

例えば，ダニエル電池の起電力は，アノード側の半電池 $Zn \mid ZnSO_4(aq, a=1)$ の電位を ϕ_{Zn}，カソード側の半電池 $Cu \mid CuSO_4(aq, a=1)$ の電位を ϕ_{Cu} とすると，$E = \phi_{Cu} - \phi_{Zn}$ で求められ，約 $+1.1\,V$ となる。このように様々な半電池の電位 ϕ がわかれば，任意の半電池からなる電池の起電力を求めることができる。しかし，私たちが測定できるのは 2 つの電極間の電位差であり，半電池の電位 ϕ を直接測定することはできない。

そこで，ある基準となる電極の電位を 0 と定めて様々な電極との電位差を測定すれば，それらの電極の相対的な電位が明らかとなる。この基準となる電極を用いれば，任意の電極の電位は $E = \phi_{カソード} - 0 = \phi_{カソード}$ として求めることができる。このために特に選ば

れた電極が，標準水素電極(SHE)である。SHE をアノードとし，様々な電極(M|M^{n+}(aq, $a=1$))をカソードとした電池

$$Pt\,|\,H_2(g, 1\,atm)\,|\,H^+(aq, a=1)\,\vdots\,M^{n+}(aq, a=1)\,|\,M$$

の起電力を，**標準電極電位**(standard electrode potential, normal electrode potential)または**標準電位**(standard potential)といい，$E°$ で表す。ダニエル電池を構成する銅電極の標準電極電位は

$$Pt\,|\,H_2(g, 1\,atm)\,|\,H^+(aq, a=1)\,\vdots\,Cu^{2+}(aq, a=1)\,|\,Cu$$

で示される電池の起電力となり，25℃ で $+0.340\,V$ である。このようにして求めた標準電極電位を表7.1に示す。

表 7.1　水溶液中の標準電極電位 $E°$ (25℃)

半電池	電極反応	$E°(V)$
$Li^+\,|\,Li$	$Li^+ + e^- \rightleftharpoons Li$	-3.045
$K^+\,|\,K$	$K^+ + e^- \rightleftharpoons K$	-2.925
$Ba^{2+}\,|\,Ba$	$Ba^{2+} + 2e^- \rightleftharpoons Ba$	-2.92
$Ca^{2+}\,|\,Ca$	$Ca^{2+} + 2e^- \rightleftharpoons Ca$	-2.84
$Na^+\,|\,Na$	$Na^+ + e^- \rightleftharpoons Na$	-2.714
$Mg^{2+}\,|\,Mg$	$Mg^{2+} + 2e^- \rightleftharpoons Mg$	-2.356
$Al^{3+}\,|\,Al$	$Al^{3+} + 3e^- \rightleftharpoons Al$	-1.676
$Mn^{2+}\,|\,Mn$	$Mn^{2+} + 2e^- \rightleftharpoons Mn$	-1.18
$Zn^{2+}\,|\,Zn$	$Zn^{2+} + 2e^- \rightleftharpoons Zn$	-0.7626
$Fe^{2+}\,|\,Fe$	$Fe^{2+} + 2e^- \rightleftharpoons Fe$	-0.44
$Cd^{2+}\,|\,Cd$	$Cd^{2+} + 2e^- \rightleftharpoons Cd$	-0.4025
$Ni^{2+}\,|\,Ni$	$Ni^{2+} + 2e^- \rightleftharpoons Ni$	-0.257
$Sn^{2+}\,|\,Sn$	$Sn^{2+} + 2e^- \rightleftharpoons Sn$	-0.1375
$Pb^{2+}\,|\,Pb$	$Pb^{2+} + 2e^- \rightleftharpoons Pb$	-0.1263
$H^+\,|\,H_2\,|\,Pt$	$2H^+ + 2e^- \rightleftharpoons H_2$	0
$Sn^{4+}, Sn^{2+}\,|\,Pt$	$Sn^{4+} + 2e^- \rightleftharpoons Sn^{2+}$	$+0.15$
$Cu^{2+}, Cu^+\,|\,Pt$	$Cu^{2+} + e^- \rightleftharpoons Cu^+$	$+0.159$
$Cl^-\,|\,AgCl\,|\,Ag$	$AgCl + e^- \rightleftharpoons Ag + Cl^-$	$+0.2223$
$Cl^-\,|\,HgCl_2\,|\,Hg$	$Hg_2Cl_2 + 2e^- \rightleftharpoons 2Hg + 2Cl^-$	$+0.26816$
$Cu^{2+}\,|\,Cu$	$Cu^{2+} + 2e^- \rightleftharpoons Cu$	$+0.340$
$I^-\,|\,I_2\,|\,Pt$	$I_2(s) + 2e^- \rightleftharpoons 2I^-$	$+0.5355$
$Fe^{3+}\,|\,Fe^{2+}\,|\,Pt$	$Fe^{3+} + e^- \rightleftharpoons Fe^{2+}$	$+0.771$
$Ag^+\,|\,Ag$	$Ag^+ + e^- \rightleftharpoons Ag$	$+0.7991$
$Br^-\,|\,Br_2\,|\,Pt$	$Br_2(aq) + 2e^- \rightleftharpoons 2Br^-$	$+1.0874$
$Mn^{2+}, H^+\,|\,MnO_2\,|\,Pt$	$MnO_2 + 4H^+ + 2e^- \rightleftharpoons Mn^{2+} + 2H_2O$	$+1.23$
$Tl^{3+}\,|\,Tl^+\,|\,Pt$	$Tl^{3+} + 2e^- \rightleftharpoons Tl^+$	$+1.25$
$Cr_2O_7{}^{2-}, Cr^{3+}, H^+\,|\,Pt$	$Cr_2O_7{}^{2-} + 14H^+ + 6e^- \rightleftharpoons 2Cr^{3+} + 7H_2O$	$+1.36$
$Cl^-\,|\,Cl_2\,|\,Pt$	$Cl_2(aq) + 2e^- \rightleftharpoons 2Cl^-$	$+1.396$
$Ce^{4+}\,|\,Ce^{3+}\,|\,Pt$	$Ce^{4+} + e^- \rightleftharpoons Ce^{3+}$	$+1.72$
$O_3, O_2, H^+\,|\,Pt$	$O_3 + 2H^+ + 2e^- \rightleftharpoons O_2 + H_2O$	$+2.075$
$F^-\,|\,F_2\,|\,Pt$	$F_2(g) + 2e^- \rightleftharpoons 2F^-$	$+2.87$

大　←　還元力　→　小

小　←　酸化力　→　大

(電気化学会編「電気化学便覧 第5版」(2000)より)

この表から水素電極の 0 V を境に，正および負の標準電極電位をもつ半電池があることがわかる。負の標準電極電位をもつ半電池は水素よりも還元力が強い物質からなり，SHE と組み合わせるとアノードとして働く。例えば，−0.7626 V の負の標準電極電位をもつ半電池 $Zn|Zn^{2+}(aq, a=1)$ を SHE と組み合わせた電池は

$$Zn|Zn^{2+}(aq, a=1) \, \vdots \, H^+(aq, a=1)|H_2(g, 1\,atm)|Pt$$

となり，亜鉛電極は酸化反応が起こるアノードとして働き，SHE は還元反応が起こるカソードとして働く。

標準電極電位を用いれば，任意の半電池からなる化学電池

$$M_{アノード}|M^n{}^+{}_{アノード}(a=1) \, \vdots \, M^m{}^+{}_{カソード}(a=1)|M_{カソード}$$

の**標準起電力** $E°$（standard electromotive force）を

$$E° = E°_{カソード} - E°_{アノード} \tag{7.6}$$

に従い求めることができる。ここで，Ag^+/Ag と Cu^{2+}/Cu からなる電池の標準起電力を求めてみよう。これらの半電池 Ag^+/Ag と Cu^{2+}/Cu の標準電極電位は，それぞれ +0.7991 V，+0.340 V である（表 7.1）。これらの半電池を組み合わせると，標準電極電位の値が低い（イオン化傾向がより大きい）Cu^{2+}/Cu がアノードとして働き，酸化反応を受ける。すなわち，この電池の電池式は

$$Cu|Cu^{2+}(aq, a=1) \, \vdots \, Ag^+(aq, a=1)|Ag$$

で表され，その標準起電力は，有効数字を考慮して計算すると

$$E° = E°_{(Ag/Ag^+)} - E°_{(Cu/Cu^{2+})} = (+0.7991) - (+0.340) = +0.459 \text{ V}$$

となる。

コラム：化学電池と電気分解における電極の名称

化学電池と電気分解では電極の名称が異なるので注意が必要である。化学電池では，酸化反応により電子が流れ出てくる電極を負極，還元反応により電子が流れ込む電極を正極とよぶ。電気分解では，直流電源のプラス極に接続された電極で酸化反応が起こり，この電極を陽極とよぶ。また，マイナス極に接続された電極では還元反応が起こり，この電極を陰極という。化学電池でも電気分解でも酸化反応が起こる電極をアノード，還元反応が起こる電極をカソードとよぶことに変わりはない（図 7.3）。

名称	アノード	カソード
電子の動き	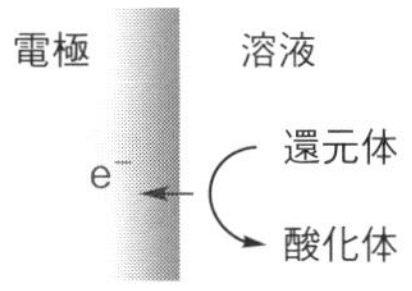 電極　溶液　e^- ← 還元体 → 酸化体	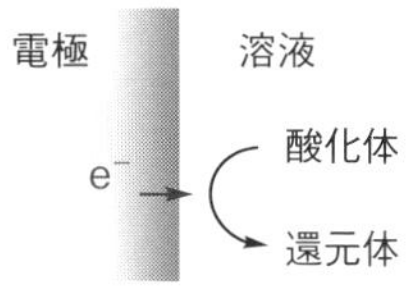 電極　溶液　e^- → 酸化体 → 還元体
反応	酸化反応	還元反応
化学電池	負極	正極
電気分解	陽極	陰極

図 7.3 電極における電子の動きと電極の名称

7.2 化学電池の熱力学

　　化学電池の反応を可逆的な変化と考えれば，電気化学的仕事をギブズエネルギー変化と結びつけることができる。さらに，ギブズエネルギー変化と化学平衡の関係からネルンストの式を導くことができる。

7.2.1 電気化学的仕事とギブズエネルギー変化

　　電場におかれた電荷には静電気力が働く。電場の中で $1\,C$ の電荷を静電気力に逆らって $1\,V$ の電位差を移動させたとき，その仕事の大きさは $1\,J$ となる。ここから，電場中で電気量 $q\,(C)$ の電荷が電位差 $V\,(V)$ の間を移動するとき，電場がした仕事 $w'\,(J)$ は

$$w' = q\,V \tag{7.7}$$

と表せる。ここで，q をファラデー定数で表すため，A と B からなる電池 $A\,|\,A^{n+}\,\vdots\,B^{n+}\,|\,B$ の反応を考えてみる。

$$A \rightarrow A^{n+} + n\,e^{-} \qquad (アノード) \tag{7.8}$$

$$B^{n+} + n\,e^{-} \rightarrow B \qquad (カソード) \tag{7.9}$$

$$A + B^{n+} \rightarrow A^{n+} + B \qquad (全電池反応) \tag{7.10}$$

この反応では $n\,(mol)$ の電子が関与するので，その電気量 $q\,(C)$ は電気素量 $e\,(C)$ とアボガドロ数 $N_A\,(mol^{-1})$ で表すことができ，$e\,N_A$ は**ファラデー定数**（Faradey constant）$F\,(C\,mol^{-1})$ なので，q は

$$q = n\,e\,N_A = n\,F \tag{7.11}$$

となる。ファラデー定数は $1\,mol$ あたりの電荷で，$1\,F$ は約 $96485\,C\,mol^{-1}$ である。また，電池反応における電位差 V は電池の起電力 E なので，式(7.7)は

$$w' = n\,F\,E \tag{7.12}$$

と表せる。熱力学において，定温定圧下の可逆過程において系が行うことができる膨張以外の仕事の最大値は，ギブズエネルギー変化 ΔG に等しいことを学んだ(4章)。化学電池の働きは，定温定圧下で可逆過程に近い条件で行われるので，電池がした仕事 w' は ΔG と等しいとみなすことができる。また，電池反応は電池が外部に行う仕事で，このとき系のエネルギーは減少するのでマイナスをつけると，ギブズエネルギー変化と電池の起電力の関係は

$$\Delta G = -n\,F\,E \tag{7.13}$$

となる。標準起電力に対しては

$$\Delta G^{\circ} = -n\,F\,E^{\circ} \tag{7.14}$$

となる。この式から，電池の起電力が正の値のときギブズエネルギー変化の値は負であり，式(7.10)に示した電池反応は左から右に自発的に進行することがわかる。一方，電池の起電力が負の値のときは，ギブズエネルギー変化の値は正であり，式(7.10)に示した電池反応は右から左に自発的に進行する。

7.2.2　ネルンストの式

電池反応 $A + B^{n+} \rightleftharpoons A^{n+} + B$ を化学平衡と考えると，この反応の反応ギブズエネルギー $\Delta_r G$ は標準反応ギブズエネルギー $\Delta_r G^\circ$ と反応比 Q を用いて

$$\Delta_r G = \Delta_r G^\circ + RT \ln Q \tag{7.15}$$

と表せる。ここで，式 (7.13) と式 (7.14) の ΔG と ΔG° をそれぞれ，反応ギブズエネルギー，標準反応ギブズエネルギーと考え，代入して整理すると，電池の起電力の組成依存性を表す**ネルンストの式**（Nernst equation）を与える。

$$-nFE = -nFE^\circ + RT \ln Q$$

$$E = E^\circ - \frac{RT}{nF} \ln Q \tag{7.16}$$

電池反応が平衡に達したとき，$\Delta_r G = E = 0$ であり，このとき，反応比 Q は平衡定数 K と等しくなるので，K は

$$0 = E^\circ - \frac{RT}{nF} \ln K \rightarrow \ln K = \frac{nFE^\circ}{RT} \rightarrow K = e^{\frac{nFE^\circ}{RT}} \tag{7.17}$$

となる。この式を利用し，標準起電力の値から平衡定数を求めることができる。すなわち，$E^\circ > 0$ ならば，K は 1 より大きく，平衡時の組成は生成物側に片寄っている。逆に，$E^\circ < 0$ ならば，K は 1 より小さく，平衡時の組成は反応物側に片寄っている。ネルンストの式に，$R = 8.314\,\mathrm{J\,K^{-1}\,mol^{-1}}$，$F = 96485\,\mathrm{C\,mol^{-1}}$ を代入し，$T = 298\,\mathrm{K}$ とすると

$$E = E^\circ - \frac{0.0591}{n} \log_{10} Q \tag{7.18}$$

が得られる。上式は酸化還元滴定など分析化学分野でよく用いられる。

例題　亜鉛板と $0.01\,\mathrm{mol\,L^{-1}}$ の $ZnSO_4$ 水溶液，および銅板と $1 \times 10^{-9}\,\mathrm{mol\,L^{-1}}$ の $CuSO_4$ 水溶液からなる化学電池の 25℃ における起電力を，ネルンストの式を用いて求めよ。ただし，溶液中の Zn^{2+} と Cu^{2+} の平均活量係数は 1 とする。

　　[**解答**]　全電池反応は① となり，標準起電力を有効数字を考慮して計算すると

$$Zn + Cu^{2+} \rightarrow Zn^{2+} + Cu \qquad ①$$

$$E^\circ = \phi_{カソード} - \phi_{アノード} = (+0.340) - (-0.7626) = +1.103\,\mathrm{V} \qquad ②$$

となる。式①に対するネルンストの式は活量を用いて

$$E = +1.103 - \frac{RT}{2F} \ln \frac{a_{Zn^{2+}}\, a_{Cu}}{a_{Zn}\, a_{Cu^{2+}}} \qquad ③$$

と表される。問題文より Zn^{2+} と Cu^{2+} の平均活量係数は 1 なので，それぞれの濃度を代入し，固体の Zn と Cu の活量は定義により 1 なので E は

$$E = +1.103 - \frac{RT}{2F} \ln \frac{[Zn^{2+}]}{[Cu^{2+}]} = +1.103 - \frac{8.314 \times 298}{2 \times 96485} \ln \frac{1 \times 10^{-2}}{1 \times 10^{-9}}$$

$$= +1.103 - \frac{8.314 \times 298}{2 \times 96485} \ln 10^7 = +0.896\,\mathrm{V}$$

となる。

7.3 濃淡電池

アノードとカソードで電極の材質と電解質の成分が同じでも，それぞれの隔室の電解質の濃度が異なると電池として働く。このような電池を**濃淡電池**(concentration cell)という。例えば，Zn 板と $ZnSO_4$ 溶液を用いた濃淡電池は

$$Zn \,|\, Zn^{2+}(a_{Zn^{2+}(L)}) \,\vdots\, Zn^{2+}(a_{Zn^{2+}(R)}) \,|\, Zn$$

と表される。ここで，左側の隔室の $ZnSO_4$ 溶液の濃度が，右側の隔室の $ZnSO_4$ 溶液の濃度より小さいときを考えてみる(図 7.4)。このとき，左の隔室の Zn 板は酸化され Zn^{2+} イオンが溶出するので，左側の半電池はアノードとして働く。一方，右の隔室の Zn^{2+} は還元されるので，右側の半電池はカソードとして働く。

この濃淡電池の全電池反応と標準起電力は

$$Zn^{2+}{}_{(R)} + Zn_{(L)} \rightarrow Zn_{(R)} + Zn^{2+}{}_{(L)}$$

$$E^{\circ} = \phi_{カソード} - \phi_{アノード} = (-0.7626) - (-0.7626) = 0 \text{ V}$$

となる。Zn^{2+} の平均活量係数を 1 とし，固体の活量は定義により 1 なので，ネルンストの式は

$$E = 0 - \frac{RT}{2F} \ln \frac{a_{Zn}\, a_{Zn^{2+}(L)}}{a_{Zn^{2+}(R)}\, a_{Zn}} = -\frac{RT}{2F} \ln \frac{[Zn^{2+}{}_{(L)}]}{[Zn^{2+}{}_{(R)}]}$$

となる。ここから，濃淡電池の電位を求める式は

$$E = -\frac{RT}{nF} \ln \frac{[M^{n+}{}_{(L)}]}{[M^{n+}{}_{(R)}]} \tag{7.19}$$

となる。ただし，$[M^{n+}{}_{(L)}]$ は酸化反応が起こる半電池側，$[M^{n+}{}_{(R)}]$ は還元反応が起こる半電池側で，$[M^{n+}{}_{(L)}] < [M^{n+}{}_{(R)}]$ である。

例えば，左と右の隔室中の Zn^{2+} の濃度が $[Zn^{2+}{}_{(L)}] = 1 \times 10^{-5}$ mol L^{-1}，$[Zn^{2+}{}_{(R)}] = 1 \times 10^{-2}$ mol L^{-1} のとき，この濃淡電池の 25℃ での起電力は

$$E = -\frac{8.314 \times 298}{2 \times 96485} \ln \frac{1 \times 10^{-5}}{1 \times 10^{-2}} = -\frac{8.314 \times 298}{2 \times 96485} \ln 10^{-3} = +88.6 \text{ mV}$$

となる。

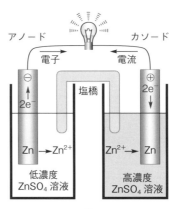

$$Zn \,|\, Zn^{2+}(a_{Zn^{2+}(L)}) \,\vdots\, Zn^{2+}(a_{Zn^{2+}(R)}) \,|\, Zn$$

図 7.4　濃淡電池

7.4 膜電位と能動輸送

　濃淡電池では，イオンの濃度差が電位差を生み出すことを学んだが，生体膜で囲まれた細胞の内外でも，イオンの濃度の違いから生じる電位の差が生まれている。また，細胞膜は細胞の内外を隔てるだけではなく，物質輸送の役割も担っている。この物質の輸送には，細胞膜内外の濃度差に加え，膜を隔てた電位差も影響を与える。これらの現象に対する熱力学的な考察は，神経細胞の働きや能動輸送の仕組みを理解するために重要である。

7.4.1 電気化学ポテンシャルと能動輸送

　細胞膜を介した物質の移動について考えてみよう。一般に，物質は濃度が大きい側から小さい側へ移動する。これは化学ポテンシャルが大きい側から小さい側への移動にあたる。物質 A が膜の内側と外側にあるとき，細胞内外のそれぞれの化学ポテンシャル $\mu_{A, in}$ と $\mu_{A, out}$ は，A の活量係数を 1 とすればそれぞれの濃度 $[A]_{in}$, $[A]_{out}$ を用いて

$$\mu_{A, in} = \mu_A^\circ + RT \ln [A]_{in} \tag{7.20}$$

$$\mu_{A, out} = \mu_A^\circ + RT \ln [A]_{out} \tag{7.21}$$

と表せる。ここで，標準化学ポテンシャル μ_A° は細胞内外で同じとした。物質 A の細胞の外から中への移動（$A_{out} \rightarrow A_{in}$）を化学平衡（4 章）として取り扱えば，その反応ギブズエネルギー $\Delta_r G$ は $\mu_{A, in}$ から $\mu_{A, out}$ を引いて

$$\Delta_r G = \mu_{A, in} - \mu_{A, out} = (\mu_A^\circ + RT \ln [A]_{in}) - (\mu_A^\circ + RT \ln [A]_{out})$$

$$\Delta_r G = RT \ln \frac{[A]_{in}}{[A]_{out}} \tag{7.22}$$

として求めることができる。ここで，$[A]_{out} > [A]_{in}$ ならば $\Delta_r G$ は負の値となり，A の細胞の外側から内側への移動は自発的に進行する。

　一方，移動する物質がイオンの場合，異なる扱いが必要である。細胞では，膜に存在するナトリウムポンプ（Na ポンプ）の働きにより細胞の内外でイオンの濃度に差が生じており，この影響で細胞内の電位は細胞外の電位に比べて低くなっている。細胞の膜を隔てた内外における電位差を**膜電位**（membrane potential）という。細胞膜を横切るイオンの移動は膜電位の影響を受けるので，このような系の化学平衡を取り扱うには，化学ポテンシャル μ_A と静電的相互作用による**クーロンポテンシャル**（coulomb potential）の和からなる**電気化学ポテンシャル**（electrochemical potential）μ を用いる必要がある。イオン A の電気化学ポテンシャル $\bar{\mu}_A$ は

$$\bar{\mu}_A = \mu_A + zF\phi \tag{7.23}$$

と表せる。ここで，$zF\phi$ は，電荷 z をもつ 1 mol のイオンが，電位 ϕ にあるときのクーロンポテンシャルで，F はファラデー定数である。イオン A の平均活量係数を 1 とし，A の濃度を用いて μ_A を表すと，$\bar{\mu}_A$ は

$$\bar{\mu}_A = \mu_A^\circ + RT \ln [A] + zF\phi \tag{7.24}$$

となる。ただし，μ_A° は A の標準化学ポテンシャルである。

　膜を隔てて存在する物質の電気化学ポテンシャル $\bar{\mu}$ が異なるとき，$\bar{\mu}$ が大きい側から小さい側への自発的な移動が起こる。これを**受動輸送**（passive transport）という。$\bar{\mu}$ が等し

ければ移動は平衡状態にある。一方，電気化学ポテンシャルに逆らって物質を輸送するには，ATP の加水分解反応などと共役する必要がある。このような輸送を**能動輸送**(active transport)という。

　生体膜に存在する Na^+, K^+-ATP アーゼ(Na ポンプ)は ATP で駆動される能動輸送の仕組みであり，細胞外への Na^+ の排出と，細胞内への K^+ の流入を行っている。この働きにより細胞内の Na^+ 濃度は低く，K^+ 濃度は高く保たれている。一般に，細胞膜は K^+ は透過するが，塩化物イオンを透過しにくい性質がある。濃度勾配に従いわずかに細胞外に移動した K^+ は，細胞外に正の電荷を，細胞内に負の電荷をもつ層を形成する。K^+ の平衡を考えてみると，細胞内の $[K^+]$ は大きく μ_{K^+} は大きいが，電位が低いためクーロンポテンシャルは小さい。一方，細胞外の $[K^+]$ は小さく μ_{K^+} は小さいが，電位が高いためクーロンポテンシャルは大きい。細胞内外では μ_{K^+} とクーロンポテンシャルの増減がつり合い，電気化学ポテンシャルが等しい平衡状態と考えることができる(図7.5)。

　式(7.24)を用いて，イオン A が細胞外から細胞内へ移動するときの $\Delta_r G$ を求めてみよう。細胞膜の内側と外側での電位をそれぞれ ϕ_{in}，ϕ_{out} とし，細胞内外のイオン A の標準化学ポテンシャル μ_A° を同じとすれば，$\Delta_r G$ は $\overline{\mu}_{A,in}$ から $\overline{\mu}_{A,out}$ を引いて

$$\Delta_r G = \overline{\mu}_{A,in} - \overline{\mu}_{A,out}$$
$$= \left(\mu_A^\circ + RT \ln [A]_{in} + zF\phi_{in}\right) - \left(\mu_A^\circ + RT \ln [A]_{out} + zF\phi_{out}\right)$$
$$\Delta_r G = RT \ln \frac{[A]_{in}}{[A]_{out}} + zF\,\Delta\phi \tag{7.25}$$

と表せる。ただし，電位差 $\Delta\phi$ は $\Delta\phi = \phi_{in} - \phi_{out}$ である。ATP の加水分解と共役した能動輸送の場合は，その反応ギブズエネルギー $\Delta_r G_{(ATP)}$ を用いて

$$\Delta_r G = RT \ln \frac{[A]_{in}}{[A]_{out}} + zF\,\Delta\phi + \Delta_r G_{(ATP)} \tag{7.26}$$

と表せる。

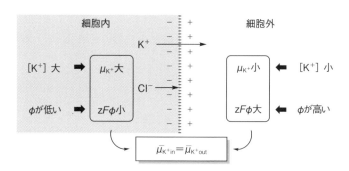

図 7.5　細胞膜における K^+ の電気化学ポテンシャル

7.4.2 膜 電 位

(1) 平衡膜電位

式(7.25)を用いて，膜電位を求める式を誘導してみよう。平衡状態で膜内外の $\bar{\mu}$ が等しいとき，$\Delta_r G$ は 0 なので

$$0 = RT \ln \frac{[\mathrm{A}]_{\mathrm{in}}}{[\mathrm{A}]_{\mathrm{out}}} + z F \Delta\phi \quad \rightarrow \quad z F \Delta\phi = - RT \ln \frac{[\mathrm{A}]_{\mathrm{in}}}{[\mathrm{A}]_{\mathrm{out}}}$$

の関係が得られる。上式から電位差について求めると

$$\Delta\phi = (\phi_{\mathrm{in}} - \phi_{\mathrm{out}}) = - \frac{RT}{z F} \ln \frac{[\mathrm{A}]_{\mathrm{in}}}{[\mathrm{A}]_{\mathrm{out}}} \tag{7.27}$$

となる。式(7.27)は濃淡電池で求めた式(7.19)と類似していることがわかる。式(7.27)を使って，細胞内外の K^+ 濃度の比から K^+ の移動が平衡状態となる膜電位を求めてみよう。神経細胞における K^+ 濃度を用いて(表7.2)，体温を $37\,℃$ ($310\,\mathrm{K}$) とすると

$$\Delta\phi = (\phi_{\mathrm{in}} - \phi_{\mathrm{out}}) = - \frac{8.314 \times 310}{1 \times 96485} \ln \frac{150}{5} = - 90.85\,\mathrm{mV}$$

となる。$\Delta\phi$ は細胞の外から内側への電位差を求めているので，細胞内は細胞外よりも約 $90\,\mathrm{mV}$ 電位が低いという結果が得られる。この電位差は膜を横切る K^+ の移動が平衡状態になるときの値に相当する。

(2) ゴールドマンの式

単一種のイオンの電気化学ポテンシャルの平衡による膜電位は式(7.27)により求めることができたが，数種のイオンが関与する場合は別の取扱いが必要である。また，実際の細胞膜は連続的にイオンが透過しており，平衡状態とは異なる。このような膜の電位を計算するには，**ゴールドマンの式**(Goldman equation)，**ゴールドマン-ホジキン-カッツの式**(Goldman-Hodgkin-Katz equation)を用いる。式(7.28)は細胞内外の各イオンの透過係数と濃度の項からなり，ネルンストの式を発展させたものである。

$$\Delta\phi = \frac{RT}{F} \ln \left(\frac{\sum_i P_i [\mathrm{M}_i{}^+]_{\mathrm{out}} + \sum_j P_j [\mathrm{X}_j{}^-]_{\mathrm{in}}}{\sum_i P_i [\mathrm{M}_i{}^+]_{\mathrm{in}} + \sum_j P_j [\mathrm{X}_j{}^-]_{\mathrm{out}}} \right) \tag{7.28}$$

ここで，P は各イオンの膜透過係数，$[\mathrm{M}^+]_{\mathrm{in}}$，$[\mathrm{M}^+]_{\mathrm{out}}$ はカチオンの細胞内および細胞外の濃度，$[\mathrm{X}^-]_{\mathrm{in}}$，$[\mathrm{X}^-]_{\mathrm{out}}$ はアニオンの細胞内および細胞外の濃度を表す。典型的な神経細胞内外におけるイオンの組成を表7.2に示す。これを用いて静止膜電位を計算してみよう。

式(7.28)より Na^+，K^+，Cl^- が関与する膜の電位を求める式は

表 7.2 典型的な神経細胞内外におけるイオン組成

イオン	細胞内 ($\mathrm{mmol\,L}^{-1}$)	細胞外 ($\mathrm{mmol\,L}^{-1}$)
Na^+	15	150
K^+	150	5
Cl^-	10	110

$$\Delta\phi = \frac{RT}{F} \ln \frac{P_{Na^+}[Na^+]_{out} + P_{K^+}[K^+]_{out} + P_{Cl^-}[Cl^-]_{in}}{P_{Na^+}[Na^+]_{in} + P_{K^+}[K^+]_{in} + P_{Cl^-}[Cl^-]_{out}} \tag{7.29}$$

となる。静止状態の細胞膜における Na^+，K^+，Cl^- のイオン透過係数 P_{Na^+}，P_{K^+}，P_{Cl^-} の比を $0.04:1:0.45$ とし，表7.2のイオンの濃度を用いて，37℃（310 K）における電位を求めると

$$\Delta\phi = \frac{8.314 \times 310}{96485} \times \ln \frac{0.04 \times 150 + 1 \times 5 + 0.45 \times 10}{0.04 \times 15 + 1 \times 150 + 0.45 \times 110}$$

$$= 26.71 \times 10^{-3} \times \ln \frac{15.5}{200.1} = -68.33 \, mV$$

となる。これは細胞内が細胞外に比べて約 68 mV 電位が低いことを意味し，実際の細胞の値（$-60 \sim -80$ mV）と同程度の値が得られる。また，式(7.29)において，P_{Na^+} と P_{Cl^-} を 0 と近似すれば

$$\Delta\phi = \frac{RT}{F} \ln \frac{P_{K^+}[K^+]_{out}}{P_{K^+}[K^+]_{in}} = -\frac{RT}{F} \ln \frac{[K^+]_{in}}{[K^+]_{out}} \tag{7.30}$$

となり，単一種の1価のイオンの平衡に対して膜電位を求めた式(7.27)と同じ形になる。

　ここまで，Na^+, K^+−ATP アーゼが作り出す膜電位発生の仕組みを，ネルンストの式，電気化学ポテンシャル，イオンの膜透過性に基づいて学んできた。膜電位は細胞膜を隔てた内外の K^+ の濃度差で発生するのに対し，神経細胞の働きで重要な活動電位の発生には Na^+ が関与している。静止状態にある神経細胞が刺激を受けると，細胞膜の Na^+ に対する透過性が素早く増大することで膜電位が負から正に変化し，急速にもとの値に戻る。この一過性の膜電位の変化を活動電位といい，これは神経細胞間，組織間における素早い情報伝達に重要な役割を果たしている。

コラム：燃料電池

　ガルバニ電池は電池のもつ化学物質のエネルギーを電流として取り出すものだが，燃料電池は外部から反応物質が供給されて働く。水素と酸素を利用し，ニッケルを電極に，水酸化カリウム水溶液を電解質とする燃料電池の反応は

$$H_2(g) + 2OH^-(aq) \rightarrow 2H_2O(l) + 2e^- \quad \text{（アノード）}, \qquad E° = -0.828 \, V$$
$$O_2(g) + 2H_2O(l) + 4e^- \rightarrow 4OH^-(aq) \quad \text{（カソード）}, \qquad E° = +0.401 \, V$$
$$2H_2(g) + O_2(g) \rightarrow 2H_2O(l) \quad \text{（全電池反応）}, \qquad E° = +1.229 \, V$$

となる。水素はクリーンな次世代エネルギー源として注目されており，長寿命で効率的な燃料電池開発のため，電解質（リン酸塩，炭酸塩）や電極材料の改良，水素貯蔵法の研究などが活発に行われている。

　燃料電池の燃料には，水素以外にも天然ガス，メタノールなどが利用されているが，グルコースなどの生体成分を燃料とする電池をつくれば，生体内に埋め込んだ医療機器（ペースメーカーなど）の電力として利用できる。これらの電極には固定化した酵素などが用いられ，バイオ燃料電池とよばれる。また，グルコースを酸化する酵素を固定化した酵素電極は糖尿病患者の血糖自己測定器に用いられている。

演習問題 7

7.1 図は塩橋を用いたダニエル電池を示す。この電池の酸化還元平衡は次式で表せる。

$$Zn + Cu^{2+} \rightleftharpoons Zn^{2+} + Cu \qquad ①$$

また，Zn 電極，Cu 電極の標準電極電位(25℃)$E°$ は，それぞれ $-0.763\,V$，$+0.337\,V$ である。次の記述について，正誤を答えなさい。

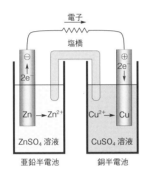

(1) 図の左側の電極では還元反応が，右側の電極では酸化反応が起こり，全電池反応は式① となる。

(2) 電池の起電力は，左側の電極を基準とし，還元電位ともよばれる。

(3) 起電力は左側の半電池を基準とするので，ダニエル電池の標準起電力 $E°$ は $1.10\,V$ である。

(4) 標準電極電位は銀-塩化銀電極に対する電位である。 (国試 89-20 改)

7.2 NAD^+，CH_3CHO の還元反応および標準電極電位を以下に示す。

$$NAD^+ + H^+ + 2e^- \to NADH,$$
$$-0.320\,V\,(pH\,7,\ 25℃)$$
$$CH_3CHO + 2H^+ + 2e^- \to CH_3CH_2OH,$$
$$-0.197\,V\,(pH\,7,\ 25℃)$$

$NAD^+/NADH$ および CH_3CHO/CH_3CH_2OH からなる化学電池が放電するときの標準ギブズエネルギー変化($kJ\,mol^{-1}$)の値を求めよ。ただし，ファラデー定数 $F = 9.65 \times 10^4\,C\,mol^{-1}$ とする。

(国試 100-95 改)

7.3 金属 M とそのイオン M^{n+} からなる半電池の標準電極電位 $E°$ に関する次の記述について，正誤を答えなさい。

(1) $E°$ は，金 Au の半電池を基準とした相対値

として測定される。

(2) $E°$ は，イオン M^{n+} の活量が 1 のときの値である。

(3) $E°$ は，負の値をとらない。

(4) $E°$ は，温度に依存せず一定である。

(5) $E°$ が正の大きな値であるほど

$$M^{n+} + n\,e^- \rightleftharpoons M$$

の反応は右に進みやすい。 (国試 102-92 改)

7.4 電解質として用いる硫酸亜鉛の濃度のみが異なる 2 つの亜鉛半電池を塩橋でつないだ化学電池の模式図を以下に示す。標準圧力下，298 K において，半電池 R の硫酸亜鉛の初濃度を $0.1\,mol\,L^{-1}$，半電池 L の硫酸亜鉛の初濃度を $c_1\,mol\,L^{-1}$ とする。

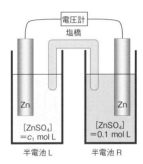

亜鉛半電池の反応は次式で表される($E°$ は標準電位を表す)。

$$Zn^{2+} + 2e^- \rightleftharpoons Zn, \qquad E° = -0.76\,V$$

また，硫酸亜鉛は水中では完全に電離し，その活量は濃度に等しいとする。この場合の亜鉛半電池の電極電位 E(単位：V)は温度 298 K では次式で表される。

$$E = E° + \frac{0.059}{2} \log_{10}[Zn^{2+}]$$

この化学電池に関する次の記述について，正誤を答えなさい。

(1) この電池はダニエル電池である。

(2) $c_1 = 0.01$ のとき，半電池 L がアノード(負極)となる。

(3) この電池の標準起電力は 0 V である。

(4) 半電池 L と半電池 R の硫酸亜鉛濃度が等しくなった状態の起電力は $-0.76\,V$ である。

(5) $c_1 = 0.01$ のとき，この電池の起電力は約 $+0.059$ V である。 （国試 105-100 改）

7.5 次の酸化還元平衡式に関する記述について，正誤を答えなさい。

$$Fe^{2+} + Ce^{4+} \rightleftharpoons Fe^{3+} + Ce^{3+}$$

なお，この反応の酸化還元電位 E は

$$E = E° + 0.059 \log_{10} \frac{[酸化体]}{[還元体]}$$

で示され，$Fe^{3+} + e^- \rightleftharpoons Fe^{2+}$ および $Ce^{4+} + e^- \rightleftharpoons Ce^{3+}$ の標準酸化還元電位 $E°$ は，それぞれ 0.78 V，1.72 V である。

(1) $E°$ は，［酸化体］：［還元体］＝ 1：1 のときの電位である。

(2) Fe^{2+} と Ce^{4+} の混合溶液では，反応は右に進む。

(3) Fe^{2+} を Ce^{4+} で滴定すると，当量点における電位は 1.25 V である。

(4) Fe^{2+} と Ce^{4+} の混合溶液では，Ce^{4+} が還元剤として働き，Fe^{2+} が酸化剤として働く。

（国試 95-18 改）

7.6 インスリン非依存性糖尿病治療薬であるグリベンクラミドの作用機序は膜電位を変化させることである。膵臓ランゲルハンス島 β 細胞における平衡膜電位 ϕ_m(mV) は，次式で近似される。

$$\phi_m = 61 \times \log_{10} \frac{P_{K^+}[K^+]_{out} + P_{Na^+}[Na^+]_{out}}{P_{K^+}[K^+]_{in} + P_{Na^+}[Na^+]_{in}}$$

P_{K^+} は K^+ の膜透過係数，P_{Na^+} は Na^+ の膜透過係数を示す。細胞内外におけるイオン組成は以下の表に示した通りである。

	$[K^+]_{in}$ (細胞内 K^+ 濃度)	$[Na^+]_{in}$ (細胞内 Na^+ 濃度)	$[K^+]_{out}$ (細胞外 K^+ 濃度)	$[Na^+]_{out}$ (細胞外 Na^+ 濃度)
イオン濃度 (mmol L^{-1})	150	10	5	150

グリベンクラミド非存在下の静止状態では，P_{K^+} は P_{Na^+} の 25 倍の値を示し，静止膜電位は -69 mV である。グリベンクラミド存在下で，P_{K^+} が P_{Na^+} の 4 倍にまで阻害されたときの静止膜電位を，有効数字 2 桁で求めよ。ただし，細胞内外のイオン組成は変化しないと仮定する。必要ならば $\log_{10} 1.8 = 0.26$，$\log_{10} 2.8 = 0.45$，$\log_{10} 3.8 = 0.58$ を用いよ。

（国試 98-199 改）

8 化学反応速度論

物質が変化する化学反応には，瞬間的に起こるものや，ゆっくりと進行するものなど，様々な反応がある。化学反応が進行する速さを反応速度といい，化学反応速度論は反応速度を扱う学問である。本章では，反応速度を表す反応速度式などを扱い，化学反応速度論を理解するための基礎を学ぶ。化学反応速度論は，反応機構，薬物の安定性，薬物の体内動態などの理解に不可欠なため，薬学にとって重要である。

8.1　反応速度

化学反応の進行に伴い減少する物質を**反応物**，増加する物質を**生成物**といい，**反応速度**は単位時間あたりの反応物の濃度の減少量，あるいは生成物の濃度の増加量で表される。例えば，反応物 A から生成物 P が生成する単純な反応(8.1)において，反応速度を考えてみる。

$$A \rightarrow P \tag{8.1}$$

反応物 A の濃度を [A]，生成物 P の濃度を [P] とすると，反応速度 v は

$$v = -\frac{d[A]}{dt} = \frac{d[P]}{dt} \tag{8.2}$$

と表すことができる。[A] は反応に伴い減少するため，式(8.2)においては，反応速度が正の量となるように $d[A]/dt$ には負の符号(マイナス)をつけている。

図8.1は反応物と生成物の濃度の経時変化を表すグラフである。反応開始時($t=0$)には反応物 A のみが存在し，反応物 A の初濃度は $[A]_0$ である。ある時刻 t における反応速度は，その時刻の曲線の接線の傾きに相当する。反応開始直後($t=0$)の速度を**初速度**という。

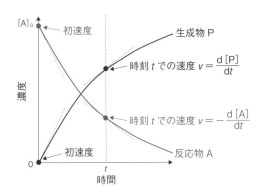

図 8.1　反応物と生成物の濃度の経時変化

　一定温度における反応速度は，反応物の濃度のべき乗に比例することが多く，式(8.3)のように表される。

$$v = -\frac{\mathrm{d}\,[\mathrm{A}]}{\mathrm{d}t} = k\,[\mathrm{A}]^n \tag{8.3}$$

このように，反応速度と反応に関与する物質の濃度の関係を表した式を**反応速度式**という。k はその反応に固有のもので，**反応速度定数**とよばれる。反応速度定数は濃度には無関係であるが，温度に依存する。n は**反応次数**とよばれ，実験により求められる。反応次数は整数であるとは限らない。

　複数の物質が関与するような，より一般的な反応は

$$a\mathrm{A} + b\mathrm{B} \rightarrow c\mathrm{C} + d\mathrm{D} \tag{8.4}$$

のように表すことができる。ただし，A, B は反応物，C, D は生成物である。a, b, c, d は化学量論係数である。このとき，反応速度 v は

$$v = -\frac{1}{a}\frac{\mathrm{d}\,[\mathrm{A}]}{\mathrm{d}t} = -\frac{1}{b}\frac{\mathrm{d}\,[\mathrm{B}]}{\mathrm{d}t} = \frac{1}{c}\frac{\mathrm{d}\,[\mathrm{C}]}{\mathrm{d}t} = \frac{1}{d}\frac{\mathrm{d}\,[\mathrm{D}]}{\mathrm{d}t} \tag{8.5}$$

と表される。また，反応速度式は

$$v = k\,[\mathrm{A}]^m\,[\mathrm{B}]^n \tag{8.6}$$

と表される。反応次数は，反応物 A に関しては m 次，反応物 B に関しては n 次，反応全体としては $m+n$ 次である。ここで，m, n は実験により求められる。反応次数は整数とは限らず，また反応式中の化学量論係数 a, b と必ずしも一致しない。

8.2　反応次数と反応速度式

　基本的な反応として，反応次数が整数である 0 次，1 次，2 次反応の反応速度式について取り上げる。

8.2.1　0 次 反 応

　式(8.3)で示した反応速度式において $n=0$ となる反応は **0 次反応**である。反応速度 v は次のような反応速度式で表すことができる。

$$v = -\frac{\mathrm{d}\,[\mathrm{A}]}{\mathrm{d}t} = k\,[\mathrm{A}]^0 = k \tag{8.7}$$

式(8.7)のような速度式を**微分型速度式**という。式(8.7)から，0 次反応では反応速度 v は反応物の濃度 [A] に依存しないことがわかる。式(8.7)を変形し両辺を積分すると

$$\int \mathrm{d}\,[\mathrm{A}] = -k \int \mathrm{d}t$$
$$[\mathrm{A}] = -kt + C \tag{8.8}$$

ここで，C は積分定数である。初期条件 ($t=0$ のとき $[\mathrm{A}]=[\mathrm{A}]_0$) を用いると積分定数は $C = [\mathrm{A}]_0$ と求まり，次式が得られる。

$$[\mathrm{A}] = -kt + [\mathrm{A}]_0 \tag{8.9}$$

式(8.9)のような速度式を**積分型速度式**という。積分型速度式を用いると，任意の時刻における反応物の濃度を決定できる。k は 0 次反応の速度定数で，次元は [濃度][時間]$^{-1}$

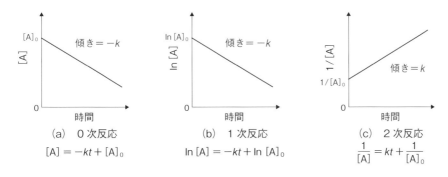

図 8.2　積分型速度式に基づく 0 次, 1 次, 2 次反応のグラフ

(a)　0 次反応における反応物濃度の経時変化
(b)　1 次反応における反応物濃度の対数値の経時変化
(c)　2 次反応における反応物濃度の逆数の経時変化

である。式(8.9)より 0 次反応では, 縦軸に濃度, 横軸に時間をとってプロットすると, 図 8.2 (a)のように傾きが $-k$ で縦軸の切片が $[A]_0$ の直線が得られる。

　反応物の濃度が初濃度の半分($[A] = [A]_0/2$)になるのに要する時間を**半減期** $t_{1/2}$ という。0 次反応の半減期 $t_{1/2}$ は, 式(8.9)に $t = t_{1/2}$ および $[A] = [A]_0/2$ を代入することにより, 次式のように求まる。

$$t_{1/2} = \frac{[A]_0}{2k} \tag{8.10}$$

式(8.10)は, 0 次反応では半減期は初濃度に比例することを示している。0 次反応においては, 反応開始から半減期の 2 倍の時間が経つと($t = 2t_{1/2}$), 反応物の濃度は 0 になる(図 8.3 (a))。

8.2.2　1 次 反 応

　式(8.3)で示した反応速度式において $n = 1$ となる反応は **1 次反応**である。反応速度 v は次のような微分型速度式で表すことができる。

$$v = -\frac{d[A]}{dt} = k[A] \tag{8.11}$$

式(8.11)から, 1 次反応では反応速度 v は反応物の濃度 $[A]$ に比例して変化することがわかる。式(8.11)を変数分離し両辺を積分すると

$$\int \frac{d[A]}{[A]} = -k \int dt$$
$$\ln[A] = -kt + C \tag{8.12}$$

ここで, C は積分定数である。初期条件($t = 0$ のとき $[A] = [A]_0$)を用いると積分定数は $C = \ln[A]_0$ と求まり, 次の積分型速度式が得られる。

$$\ln[A] = -kt + \ln[A]_0 \tag{8.13}$$

式(8.13)は, 常用対数では

$$\log[A] = -\frac{k}{2.303}t + \log[A]_0 \tag{8.14}$$

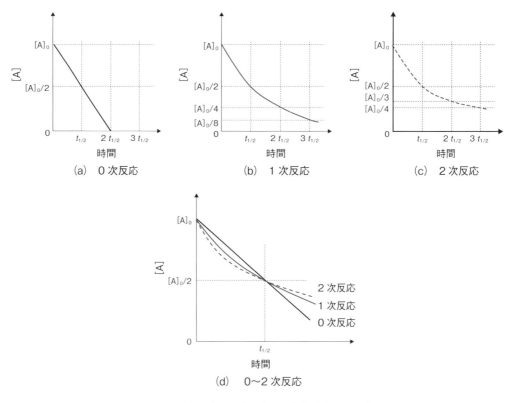

図 8.3　0 次，1 次，2 次反応の反応物濃度の経時変化

の形に，指数では

$$[A] = [A]_0 e^{-kt} \tag{8.15}$$

の形に表される。k は 1 次反応の速度定数で，次元は [時間]$^{-1}$ である。式(8.13)より1 次反応では，縦軸に濃度の自然対数，横軸に時間をとってプロットすると，図8.2 (b)のように傾きが $-k$ で縦軸の切片が $\ln [A]_0$ の直線が得られる。

　1 次反応の半減期 $t_{1/2}$ は，式(8.13)に $t = t_{1/2}$ および $[A] = [A]_0/2$ を代入することにより，次式のように求まる。

$$t_{1/2} = \frac{\ln 2}{k} = \frac{0.693}{k} \tag{8.16}$$

式(8.16)は，1 次反応では半減期は初濃度に関係なく一定であることを示している。1 次反応においては，反応開始から半減期の時間が経過するごとに（$t = t_{1/2}$, $2t_{1/2}$, $3t_{1/2}$, …），反応物の濃度は $[A]_0/2$, $[A]_0/4$, $[A]_0/8$, … と変化していく（図8.3 (b)）。

8.2.3　2 次反応

　式(8.3)で示した反応速度式において $n = 2$ となる反応は**2 次反応**である。反応速度 v は次のような微分型速度式で表すことができる。

$$v = -\frac{\mathrm{d}[A]}{\mathrm{d}t} = k [A]^2 \tag{8.17}$$

式(8.17)から，2次反応では反応速度 v は反応物の濃度 [A] の2乗に比例して変化することがわかる。式(8.17)を変数分離し両辺を積分すると

$$\int \frac{d[A]}{[A]^2} = -k \int dt$$

$$\frac{1}{[A]} = kt + C \tag{8.18}$$

ここで，C は積分定数である。初期条件($t=0$ のとき $[A]=[A]_0$)を用いると積分定数は $C=1/[A]_0$ と求まり，次の積分型速度式が得られる。

$$\frac{1}{[A]} = kt + \frac{1}{[A]_0} \tag{8.19}$$

k は2次反応の速度定数で，次元は [濃度]$^{-1}$[時間]$^{-1}$ である。式(8.19)より2次反応では，縦軸に濃度の逆数，横軸に時間をとってプロットすると，図8.2 (c) のように傾きが k で縦軸の切片が $1/[A]_0$ の直線が得られる。

2次反応の半減期 $t_{1/2}$ は，式(8.19)に $t=t_{1/2}$ および $[A]=[A]_0/2$ を代入することにより，次式のように求まる。

$$t_{1/2} = \frac{1}{[A]_0 k} \tag{8.20}$$

式(8.20)は，2次反応では半減期は初濃度に反比例することを示している。2次反応においては，反応開始から半減期の時間が経過するごとに($t=t_{1/2}, 2t_{1/2}, 3t_{1/2}, \cdots$)，反応物の濃度は $[A]_0/2, [A]_0/3, [A]_0/4, \cdots$ と変化していく(図8.3 (c))。

補足であるが，2次反応では，式(8.21)のように2つの反応物 A と B が反応に関与するタイプもある。

$$A + B \rightarrow P \tag{8.21}$$

反応速度 v は，式(8.22)のような微分型速度式で表される。

$$v = -\frac{d[A]}{dt} = -\frac{d[B]}{dt} = k[A][B] \tag{8.22}$$

反応次数は，反応物 A に関して1次，反応物 B に関して1次，反応全体として2次である。積分型速度式は式(8.23)で表される。

$$\frac{1}{[B]_0 - [A]_0} \ln \frac{[B][A]_0}{[A][B]_0} = kt \tag{8.23}$$

8.2.4 0次，1次，2次反応のまとめ

ここで，これまで述べてきた0次，1次，2次反応について，反応次数による違いや特徴を，図や表を見ながらまとめてみよう。

表8.1は，反応速度式，半減期，反応速度定数の次元をまとめたものである。図8.2は，積分型速度式に基づくグラフをまとめたものである。いずれも横軸に時間をとったグラフであり，直線となっている。しかし，反応次数によって直線の傾き(0次反応では $-k$，1反応では $-k$，2次反応では k)や，縦軸(0次反応では [A]，1次反応では $\ln[A]$，2次反応では $1/[A]$)が異なっている。

表 8.1 0次, 1次, 2次反応の反応速度式のまとめ

	0 次反応	1 次反応	2 次反応
微分型速度式	$-\dfrac{d[A]}{dt}=k$	$-\dfrac{d[A]}{dt}=k[A]$	$-\dfrac{d[A]}{dt}=k[A]^2$
積分型速度式	$[A]=-kt+[A]_0$	$\ln[A]=-kt+\ln[A]_0$ $\log[A]=-\dfrac{k}{2.303}t+\log[A]_0$ $[A]=[A]_0 e^{-kt}$	$\dfrac{1}{[A]}=kt+\dfrac{1}{[A]_0}$
半減期	$t_{1/2}=\dfrac{[A]_0}{2k}$ 初濃度に比例	$t_{1/2}=\dfrac{\ln 2}{k}=\dfrac{0.693}{k}$ 初濃度に無関係	$t_{1/2}=\dfrac{1}{[A]_0 k}$ 初濃度に反比例
k の次元	[濃度][時間]$^{-1}$	[時間]$^{-1}$	[濃度]$^{-1}$[時間]$^{-1}$

[A]：反応物 A の濃度, [A]$_0$：反応物 A の初濃度, k：反応速度定数, $t_{1/2}$：半減期

表 8.2 0 次, 1 次, 2 次反応の半減期の時間が経過するごとの反応物の濃度変化

	$t=0$	$t=t_{1/2}$	$t=2t_{1/2}$	$t=3t_{1/2}$	$t=4t_{1/2}$
0 次反応	$[A]_0$	$\dfrac{[A]_0}{2}$	0	0	0
1 次反応	$[A]_0$	$\dfrac{[A]_0}{2}$	$\dfrac{[A]_0}{2^2}=\dfrac{[A]_0}{4}$	$\dfrac{[A]_0}{2^3}=\dfrac{[A]_0}{8}$	$\dfrac{[A]_0}{2^4}=\dfrac{[A]_0}{16}$
2 次反応	$[A]_0$	$\dfrac{[A]_0}{2}$	$\dfrac{[A]_0}{3}$	$\dfrac{[A]_0}{4}$	$\dfrac{[A]_0}{5}$

[A]$_0$：反応物 A の初濃度, $t_{1/2}$：半減期

　表8.2は, 反応開始から半減期の時間が経過するごとの$(t=t_{1/2},\ 2t_{1/2},\ 3t_{1/2},\ \cdots)$反応物の濃度変化をまとめたもので, 図8.3はそれをグラフにしてまとめたものである。図8.3において, (a)〜(c)は0次〜2次反応の反応物濃度の経時変化をそれぞれ示しており, (d)はそれらを1つにまとめたものである。図8.3 (d)が示すように, 初濃度および半減期が等しい0次〜2次反応における反応物濃度は, 反応開始から半減期までは0次反応＞1次反応＞2次反応の順に大きいが, 半減期を過ぎると2次反応＞1次反応＞0次反応の順となり, 大小関係が逆転する。

例題 8.1　ある化合物の25℃における分解が, 半減期3日の1次反応に従うとする。この化合物80 mg を6日間, 25℃で保存したときの残存量(mg)を求めよ。　　(国試97-2改)

　[解答]　1次反応では, 半減期の時間が経過するごとに$(t=t_{1/2},\ 2t_{1/2},\ 3t_{1/2},\ \cdots)$, 反応物の濃度は $[A]_0/2$, $[A]_0/2^2$, $[A]_0/2^3$, $\cdots$ と変化していく。6日間は半減期を2回経過したことになる$(t=2t_{1/2})$。

$$残存量 = [A]_0 \times \dfrac{1}{2^2} = 80\,\text{mg} \times \dfrac{1}{4} = 20\,\text{mg}$$

例題 8.2 ある液剤を25℃で保存すると，1次速度式に従って分解し，100時間後に薬物含量が96.0%に低下していた。この液剤の分解反応の速度定数(h^{-1})を求めよ。ただし，$\log 2 = 0.301$，$\log 3 = 0.477$とする。 (国試100-180改)

[解答] 1次反応の積分型速度式に，$[A] = 0.960 \times [A]_0$ および $t = 100\,h$ を代入する。

$$\log [A] = -\frac{k}{2.303}t + \log [A]_0$$

$$\log 0.960 [A]_0 = -\frac{k}{2.303} \times 100 + \log [A]_0$$

$$\log 0.960 [A]_0 - \log [A]_0 = -\frac{k}{2.303} \times 100$$

$$\log \frac{0.960 [A]_0}{[A]_0} = -\frac{k}{2.303} \times 100$$

$$\log \frac{96.0}{100} = -\frac{k}{2.303} \times 100$$

$$\log 2^5 + \log 3 - \log 10^2 = -\frac{k}{2.303} \times 100$$

$$k = 4.15 \times 10^{-4}\,h^{-1}$$

例題 8.3 次の文章の(1)～(3)に入る数値を求めよ。

化合物 A，B，C の分解は，それぞれ 0 次反応，1 次反応，2 次反応に従って起こるものとする。3 つの化合物の初濃度がそれぞれ $10\,mg\,mL^{-1}$ のとき，いずれの場合も半減期は 4 h であった。この初濃度を $20\,mg\,mL^{-1}$ に変えたとき，A，B，C の半減期は，それぞれ(1)h，(2)h，(3)h である。 (国試95-23改)

[解答] (1) 8 (2) 4 (3) 2

初濃度を $10\,mg\,mL^{-1}$ から $20\,mg\,mL^{-1}$ に 2 倍に変えた場合の化合物 A，B，C の半減期を求める。

(1) 0 次反応では半減期は $t_{1/2} = [A]_0/2k$ で表される。k が一定の場合，初濃度を 2 倍に変えると半減期も 2 倍となる。よって，半減期 $= 4\,h \times 2 = 8\,h$ となる。

(2) 1 次反応では半減期は $t_{1/2} = 0.693/k$ で表される。k が一定の場合，半減期は初濃度によらず一定となる。よって，半減期 $= 4\,h$ となる。

(3) 2 次反応では半減期は $t_{1/2} = 1/[A]_0 k$ で表される。k が一定の場合，初濃度を 2 倍に変えると半減期は 1/2 倍となる。よって，半減期 $= 4\,h \times 1/2 = 2\,h$ となる。

8.2.5 擬 0 次反応

見かけ上，0 次反応とみなすことができる反応を**擬 0 次反応**という。例としては，懸濁液における薬物分解があげられる。溶媒に薬物を溶解度以上に加えると，溶解できない薬物が固体として残存し，溶解した薬物と溶解できずに残存する薬物が共存した懸濁液となる。溶解した薬物は分解により消費されるが，薬物の溶解速度が分解速度に比べて十分に速い場合，分解による消費分が固体薬物の溶解により補充される。したがって，懸濁液中に固体薬物が共存している限り，溶解している薬物の濃度は飽和濃度で一定に保たれる。分解が 1 次反応に従う場合，系全体の薬物 A の濃度を $[A]$，飽和濃度を $[A]_S$ とすると，反

応速度 v は

$$v = -\frac{\mathrm{d}[A]}{\mathrm{d}t} = k[A]_\mathrm{S} = k_\mathrm{obs} \tag{8.24}$$

と表され，見かけ上0次反応に従うことになる（擬0次反応）。ここで，k_obs は擬0次反応の速度定数である。懸濁液中に固体薬物が残存している間は，分解反応は見かけ上0次反応で進行し，固体薬物が完全に溶解した後は1次反応に従って進行する。

例題 8.4　ある薬物 A の水に対する溶解度は $5\,\mathrm{w/v\%}$ であり，1次反応速度式に従って分解し，その分解速度定数は $0.02\,\mathrm{h}^{-1}$ である。この薬物 $1.5\,\mathrm{g}$ を水 $10\,\mathrm{mL}$ に懸濁させたとき，残存率が90%になる時間(h)を求めよ。ただし，溶解速度は分解速度に比べて十分に速いものとする。　　　　　　　　　　　　　　　　　　　　　　　　　　　　（国試 99-93 改）

　　[解答]　系全体の薬物 A の初濃度は $[A]_0 = 1.5\,\mathrm{g}/10\,\mathrm{mL} = 15\,\mathrm{w/v\%}$ である。残存率90%における系全体の薬物 A の濃度は $[A] = 15 \times 0.90 = 13.5\,\mathrm{w/v\%}$ である。薬物 A の水に対する溶解度が $5\,\mathrm{w/v\%}$ であることから，残存率が90%になったときには懸濁液中には溶解できない薬物 A がまだ残存しており，分解反応は擬0次反応で進行している。

$$[A] = -k_\mathrm{obs}\, t + [A]_0$$
$$[A] = -k[A]_\mathrm{S}\, t + [A]_0$$
$$13.5 = -0.02 \times 5 \times t + 15$$
$$t = 15\,\mathrm{h}$$

8.2.6　擬1次反応

　　複数の反応物が関与する反応において，ある反応物以外のすべての反応物が大過剰に存在するような場合，大過剰に存在する反応物の濃度は一定とみなすことができる。例えば，2次反応 $A + B \to P$ において，反応物 A に比べて反応物 B が大過剰に存在する場合，反応物 B の濃度 $[B]$ は反応中にほとんど変化しないので初濃度 $[B]_0$ で近似することができる。反応速度は

$$v = -\frac{\mathrm{d}[A]}{\mathrm{d}t} = k[A][B] = k[A][B]_0 = k_\mathrm{obs}[A] \tag{8.25}$$

と表すことができる。ここで，$k_\mathrm{obs} = k[B]_0$ である。この反応はあたかも反応物 A の濃度のみに依存し，見かけ上1次反応に従うことになる。このように，見かけ上1次反応速度式に従う反応を**擬1次反応**という。k_obs は擬1次反応の速度定数である。実際，薬物の加水分解反応など水分子が関与している反応では，溶媒である水は薬物に比べて大過剰に存在するため，反応によって水の濃度はほとんど変わらないとみなすことができ，2次反応が擬1次反応に従って進行することが多い。

8.3　反応次数の決定法

　　反応次数は，**積分法**，**微分法**，**半減期法**，**分離法**などの方法により，実験的に求めることができる。

8.3.1 積 分 法

図 8.2 が示すように，積分型速度式およびそのグラフは，反応次数によって異なっている。**積分法**では，実験で得られた時間と濃度のデータが，どの積分型速度式に適合するかで，反応次数を決定する。

8.3.2 微 分 法

反応速度 v が反応物 A の濃度 $[A]$ の n 乗に比例する場合，反応速度は次式で表すことができる。

$$v = k[A]^n \tag{8.26}$$

両辺の自然対数をとると

$$\ln v = n \ln[A] + \ln k \tag{8.27}$$

となる。式 (8.27) は，様々な濃度 $[A]$ における v の値を求め，縦軸に $\ln v$，横軸に $\ln[A]$ をとってプロットすると，傾きが n の直線が得られることを示している。その直線の傾きから反応次数 n を決定することができる。これを**微分法**という。特に，反応物 A の初濃度 $[A]_0$ を変化させて反応開始直後の初速度 v_0 を求め，反応次数を求める方法を**初速度法**という。縦軸に $\ln v_0$，横軸に $\ln[A]_0$ をとってプロットした直線の傾きから反応次数 n を決定することができる（図 8.4）。

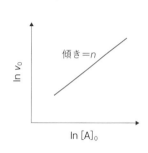

図 8.4 初速度法における初速度と初濃度の関係

8.3.3 半 減 期 法

表 8.1 に示した 0 次，1 次，2 次反応の半減期の式について，それぞれ両辺の自然対数をとると

0 次反応： $\quad \ln t_{1/2} = \ln[A]_0 - \ln 2k \tag{8.28}$

1 次反応： $\quad \ln t_{1/2} = \ln \dfrac{0.693}{k} \tag{8.29}$

2 次反応： $\quad \ln t_{1/2} = -\ln[A]_0 - \ln k \tag{8.30}$

が得られる。反応物 A の初濃度 $[A]_0$ を変化させて半減期を求め，縦軸に $\ln t_{1/2}$，横軸に $\ln[A]_0$ をとってプロットすると，直線が得られる。式 (8.28)，式 (8.29)，式 (8.30) が示すように，直線の傾きは，0 次反応では 1 に，1 次反応では 0 に，2 次反応では -1 となり，直線の傾きから反応次数を決定することができる（図 8.5）。

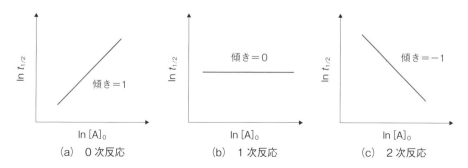

図 8.5 半減期法における 0 次，1 次，2 次反応の半減期と初濃度の関係

8.3.4 分 離 法

反応に複数の反応物が関与している場合，**分離法**を用いて反応次数を求めることができる。2種類の反応物 A と B が反応に含まれる場合を考える。B を大過剰に存在させることにより，反応中の B の濃度を初濃度 $[B]_0$ で一定とみなせるようにすれば，見かけ上反応物は A のみとなる。例えば，本来の反応速度式が $v = k[A][B]$ であるとする。B を大過剰に存在させれば反応速度は $v = k[A][B] = k[A][B]_0 = k_{obs}[A]$ と表される。見かけ上 A の擬1次反応となり，A に関する反応次数が求まることになる。B に関しても同様に，A を大過剰に存在させることにより反応次数が求まる。反応物 A と B について反応次数が求まれば，反応全体の次数が求まることになる。

8.4 複 合 反 応

一般的に，化学反応は A→B のような単純反応が段階的に複数組み合わさって進行する。このような複数の段階からなる反応を**複合反応**といい，各段階の反応を**素反応**という。代表的な複合反応として，**可逆反応**，**平行反応**，**逐次反応**がある。ここでは，1次反応の素反応の組合せからなる基本的な複合反応について取り上げる。

8.4.1 可 逆 反 応

反応物から生成物に変化する**正反応**と，その逆方向に進む**逆反応**が同時に起こっている反応を**可逆反応**という。ここで，反応物 A と生成物 B からなる可逆反応を考える。正反応(A→B)の速度定数を k_1，逆反応(B→A)の速度定数を k_{-1} とすると，可逆反応は

$$A \underset{k_{-1}}{\overset{k_1}{\rightleftharpoons}} B \tag{8.31}$$

で表される。正反応における A の消失速度 v_1，逆反応における A の生成速度 v_{-1} は

$$v_1 = k_1[A] \tag{8.32}$$
$$v_{-1} = k_{-1}[B] \tag{8.33}$$

と表される。反応開始時($t = 0$)には A のみが存在し，その初濃度を $[A]_0$ とすると，任意の時刻 t における $[A]$ と $[B]$ の関係は

$$[A]_0 = [A] + [B] \tag{8.34}$$

となる。A の正味の消失速度 v は，v_1 と v_{-1} の差であるから($v = v_1 - v_{-1}$)

$$v = -\frac{d[A]}{dt} = k_1[A] - k_{-1}[B] = k_1[A] - k_{-1}([A]_0 - [A])$$
$$= (k_1 + k_{-1})[A] - k_{-1}[A]_0 \tag{8.35}$$

となる。可逆反応では，やがて正反応と逆反応の反応速度が等しくなり，A も B も濃度が変化していないように見える状態になる($-d[A]/dt = 0$)。この状態を**平衡状態**という。平衡状態に達したときの A，B それぞれの濃度を $[A]_{eq}$，$[B]_{eq}$ とすると

$$-\frac{d[A]}{dt} = k_1[A]_{eq} - k_{-1}[B]_{eq} = (k_1 + k_{-1})[A]_{eq} - k_{-1}[A]_0 = 0 \tag{8.36}$$

式(8.36)より

$$k_{-1}[A]_0 = (k_1 + k_{-1})[A]_{eq} \tag{8.37}$$

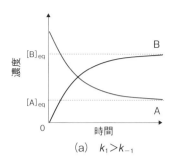
(a) $k_1 > k_{-1}$

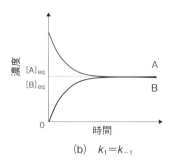
(b) $k_1 = k_{-1}$

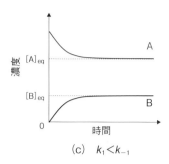
(c) $k_1 < k_{-1}$

図 8.6 可逆反応における反応物と生成物の濃度の経時変化

(a) $k_1 > k_{-1}$ ($K > 1$) の場合，$[A]_{eq} < [B]_{eq}$

(b) $k_1 = k_{-1}$ ($K = 1$) の場合，$[A]_{eq} = [B]_{eq}$

(c) $k_1 < k_{-1}$ ($K < 1$) の場合，$[A]_{eq} > [B]_{eq}$

が得られる。式(8.37)を式(8.35)に代入すると

$$-\frac{d[A]}{dt} = (k_1 + k_{-1})[A] - (k_1 + k_{-1})[A]_{eq}$$
$$= (k_1 + k_{-1})([A] - [A]_{eq}) \tag{8.38}$$

となる。式(8.38)を変数分離し，初期条件($t = 0$ のとき $[A] = [A]_0$)を用いて積分すると，可逆反応に関する積分型速度式

$$\ln([A] - [A]_{eq}) = -(k_1 + k_{-1})t + \ln([A]_0 - [A]_{eq}) \tag{8.39}$$

が得られる。

また，式(8.37)を変形すると，$[A]_{eq}$ は

$$[A]_{eq} = \frac{k_{-1}}{(k_1 + k_{-1})}[A]_0 \tag{8.40}$$

で表される。$[B]_{eq}$ については

$$[B]_{eq} = [A]_0 - [A]_{eq} = \frac{k_1}{(k_1 + k_{-1})}[A]_0 \tag{8.41}$$

で表される。式(8.40)と式(8.41)より，次の関係式が得られる。

$$\frac{[B]_{eq}}{[A]_{eq}} = \frac{k_1}{k_{-1}} = K \tag{8.42}$$

ここで，K は**平衡定数**である。式(8.42)からわかるように，$k_1 > k_{-1}$ ($K > 1$)の場合は $[A]_{eq} < [B]_{eq}$ に，$k_1 = k_{-1}$ ($K = 1$)の場合は $[A]_{eq} = [B]_{eq}$ に，$k_1 < k_{-1}$ ($K < 1$)の場合は $[A]_{eq} > [B]_{eq}$ になる(図8.6)。

8.4.2 平行反応

1つの反応物から独立した複数の反応が同時に並行して進行し，異なる複数の生成物を生じる反応を**平行反応**(あるいは**併発反応**)という。ある反応物 A から，平行反応で生成物 B と生成物 C が生成する反応は

$$A \underset{k_C}{\overset{k_B}{\diagup}} \begin{matrix} B \\ C \end{matrix} \tag{8.43}$$

で表すことができる。ここで，k_B は A→B の反応の速度定数，k_C は A→C の反応の速度定数である。B の生成する速度 v_B，C の生成する速度 v_C は，それぞれ

$$v_B = \frac{d[B]}{dt} = k_B[A] \tag{8.44}$$

$$v_C = \frac{d[C]}{dt} = k_C[A] \tag{8.45}$$

と表される。A の消失する速度 v_A は，v_B と v_C の和であるから（$v_A = v_B + v_C$）

$$v_A = -\frac{d[A]}{dt} = k_B[A] + k_C[A] = (k_B + k_C)[A] \tag{8.46}$$

と表される。反応開始時（$t = 0$）には A のみが存在し，その初濃度を $[A]_0$ とする。式 (8.46) を変数分離し，初期条件（$t = 0$ のとき $[A] = [A]_0$）を用いて積分すると，次の積分型速度式が得られる。

$$[A] = [A]_0 e^{-(k_B + k_C)t} \tag{8.47}$$

式 (8.47) を，式 (8.44)，式 (8.45) に代入し，それぞれを積分すると

$$[B] = \frac{k_B}{k_B + k_C}[A]_0\left(1 - e^{-(k_B + k_C)t}\right) \tag{8.48}$$

$$[C] = \frac{k_C}{k_B + k_C}[A]_0\left(1 - e^{-(k_B + k_C)t}\right) \tag{8.49}$$

が得られる。

式 (8.48)，式 (8.49) から，生成物 B，C の濃度の比を求めると

$$\frac{[B]}{[C]} = \frac{k_B}{k_C} \tag{8.50}$$

が得られる。式 (8.50) が示すように，[B] と [C] の比は，反応の経過時間によらずに，k_B と k_C の比となることがわかる。平行反応における A，B，C の濃度変化は図 8.7 のようになる。

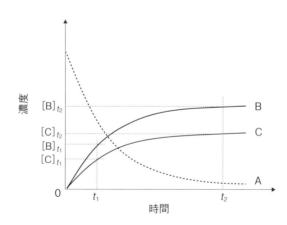

図 8.7　平行反応における反応物と生成物の濃度の経時変化

反応の経過時間によらず，$\frac{[B]}{[C]} = \frac{k_B}{k_C}$ が成立する。時刻 t_1，t_2 における生成物 B，C

の濃度を $[B]_{t_1}$，$[B]_{t_2}$，$[C]_{t_1}$，$[C]_{t_2}$ とすると，$\frac{[B]_{t_1}}{[C]_{t_1}} = \frac{[B]_{t_2}}{[C]_{t_2}} = \frac{k_B}{k_C}$ が成立する。

8.4.3 逐次反応

反応物 A から B が生成し(A→B)，続いて B から C が生成する(B→C)といった連続した反応を**逐次反応**(あるいは**連続反応**)という。反応物 A，中間体 B，生成物 C からなる2段階の逐次反応は

$$A \quad \xrightarrow{k_1} \quad B \quad \xrightarrow{k_2} \quad C \tag{8.51}$$

で表すことができる。ここで，k_1 は A→B の反応の速度定数，k_2 は B→C の反応の速度定数である。

この反応における A の消失速度 v_A，B の正味の生成速度 v_B(A→B の反応における B の生成速度と，B→C の反応における B の消失速度の差)，C の生成速度 v_C はそれぞれ

$$v_A = -\frac{d[A]}{dt} = k_1[A] \tag{8.52}$$

$$v_B = \frac{d[B]}{dt} = k_1[A] - k_2[B] \tag{8.53}$$

$$v_C = \frac{d[C]}{dt} = k_2[B] \tag{8.54}$$

と表される。反応開始時($t=0$)には A のみが存在し，その初濃度を $[A]_0$ とする。式(8.52)を変数分離し，初期条件($t=0$ のとき $[A]=[A]_0$)を用いて積分すると

$$[A] = [A]_0 e^{-k_1 t} \tag{8.55}$$

となり，反応物 A に関する積分型速度式が得られる。次に，式(8.55)を式(8.53)に代入し初期条件($t=0$ のとき $[B]=0$)を用いて積分すると

$$[B] = \frac{k_1}{k_2 - k_1}[A]_0\left(e^{-k_1 t} - e^{-k_2 t}\right) \tag{8.56}$$

となり，中間体 B に関する積分型速度式が得られる。最後に，任意の時刻 t における $[A]$，$[B]$，$[C]$ の関係は

$$[A]_0 = [A] + [B] + [C] \tag{8.57}$$

となることから，式(8.57)に式(8.55)，式(8.56)を代入して整理すると

$$[C] = [A]_0\left(1 + \frac{1}{k_2 - k_1}\left(k_1 e^{-k_2 t} - k_2 e^{-k_1 t}\right)\right) \tag{8.58}$$

となり，生成物 C に関する積分型速度式が得られる。

図8.8の2つのグラフは，反応物 A，中間体 B，生成物 C の濃度の経時変化を，速度定数を変えて示したものである。どちらにおいても，反応物 A の濃度は指数関数的に減少していき，生成物 C の濃度は 0 から $[A]_0$ に向かって増加していくことがわかる。また，中間体 B の濃度については，初め 0 から増加し，極大値に達した後，0 に向かって減少していくことがわかる。中間体 B が極大濃度に達する時間 t_{max} を求めるには，式(8.56)を微分して $d[B]/dt = 0$ となるときを求めればよい。すなわち

$$\frac{d[B]}{dt} = [A]_0\frac{k_1}{k_2 - k_1}\left(-k_1 e^{-k_1 t} + k_2 e^{-k_2 t}\right) = 0 \tag{8.59}$$

を満たす t が t_{max} である。式(8.59)を解くと

$$k_1 e^{-k_1 t_{max}} = k_2 e^{-k_2 t_{max}} \tag{8.60}$$

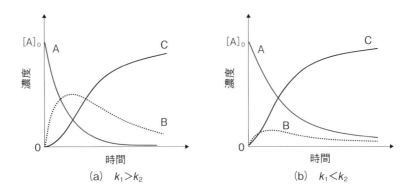

図 8.8　逐次反応における反応物と生成物の濃度の経時変化

$$\frac{k_1}{k_2} = \frac{e^{-k_2 t_{\max}}}{e^{-k_1 t_{\max}}} = e^{(k_1-k_2)t_{\max}} \tag{8.61}$$

$$t_{\max} = \frac{1}{k_1-k_2} \ln \frac{k_1}{k_2} \tag{8.62}$$

となる。式(8.62)からわかるように，$t_{\max}$ は k_1 と k_2 のみで決まる。さらに，式(8.62)を式(8.56)に代入すると，中間体Bの極大濃度 $[\mathrm{B}]_{\max}$ を求めることができる。

$$[\mathrm{B}]_{\max} = [\mathrm{A}]_0 \left(\frac{k_1}{k_2}\right)^{\frac{k_2}{k_2-k_1}} \tag{8.63}$$

　中間体Bの濃度変化は，式(8.62)，式(8.63)および図8.8が示すように，k_1 と k_2 の大小関係に依存している。例えば，k_1 が k_2 に比べて大きい場合($k_1 > k_2$)，第2反応は第1反応に比べて遅いため，Aから生成したBは蓄積し濃度の上昇がみられる。そして極大値に達した後，濃度は減少する。一方，k_2 が k_1 に比べて大きい場合($k_1 < k_2$)，第2反応が速いため，生成したBは速やかにCに変化するため，Bはあまり蓄積せず極大値は小さくなる。

　逐次反応では，反応全体の反応速度（反応物Aが生成物Cに変化する速度）は，速度の最も遅い反応段階によって支配される。この最も遅い反応段階を**律速段階**という。例えば，$k_1 \ll k_2$ の場合，第1反応が律速段階である。$k_1 \ll k_2$ の条件では，$k_2 - k_1 \approx k_2$ および $e^{-k_1 t} \gg e^{-k_2 t}$ と近似できるので，式(8.58)は

$$[\mathrm{C}] = [\mathrm{A}]_0(1 - e^{-k_1 t}) \tag{8.64}$$

と表すことができる。つまり，見かけ上反応物Aが速度定数 k_1 で生成物Cに変化していく反応ととらえることができる。

例題 8.5 複合反応に関する次の記述について，正誤を答えよ。

(1) 2つの不可逆な1次反応からなる逐次反応 A→B→C の進行途中において，B の濃度が A の濃度よりも大となることがある。

(2) 可逆的な1次反応 P⇌Q が平衡に達すると，必ず P の濃度と Q の濃度は等しくなる。

(3) X から Z への多段階反応 X→……→Z の反応速度は，そこに含まれている素反応のうち，最も遅く進行する反応で決まる。 (国試 85-22 改)

[解答] (1) 正 (2) 誤 (3) 正

(2) 平衡に達すると，正反応(P→Q)と逆反応(Q→P)の反応速度が等しくなる。P の濃度と Q の濃度が等しくなるとは限らない。

例題 8.6 次の文章の(1)，(2)に入る数値を求めよ。

反応開始時には化合物 A のみが存在しており，可逆反応によって化合物 B を生じる。この正逆両反応とも1次反応で進行している。

$$A \underset{k_{-1}}{\overset{k_1}{\rightleftharpoons}} B$$

この A と B の濃度の時間変化を図に示している。この反応の速度定数 k_1 は(1)min^{-1} であり，k_{-1} は(2)min^{-1} である。ただし，$\ln 2 = 0.693$ とする。 (国試 93-21 改)

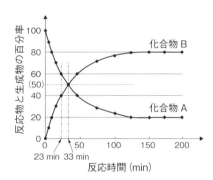

[解答] (1) 0.024 (2) 0.006

反応開始時は A のみが存在し A の割合は 100% である。平衡状態に達したときの A の割合はグラフより 20% である。したがって，半減期は，A の割合が 100% から 60% に減るのに要した時間で 23 min である。

$$\frac{k_1}{k_{-1}} = \frac{[\mathrm{B}]_{\mathrm{eq}}}{[\mathrm{A}]_{\mathrm{eq}}} = \frac{80}{20} = 4$$

$$t_{1/2} = \frac{0.693}{(k_1 + k_{-1})} = 23$$

これらの2つの式から，$k_1 : k_{-1} = 4 : 1$，$k_1 + k_{-1} = 0.030$ の関係が得られる。

$$k_1 = 0.030 \times \frac{4}{5} = 0.024\ \mathrm{min}^{-1}$$

$$k_{-1} = 0.030 \times \frac{1}{5} = 0.006\ \mathrm{min}^{-1}$$

コラム：定常状態近似

　式(8.51)で表される逐次反応において$k_1 \ll k_2$の場合，反応全体の反応速度は式(8.64)で近似されることを述べた。本コラムでは，この場合について，**定常状態近似**を用いて考えてみる。$k_1 \ll k_2$という条件では，中間体Bは生成されると同時に消費され，中間体Bの濃度変化は非常に小さいものととらえられるため，$\mathrm{d}[\mathrm{B}]/\mathrm{d}t = 0$と近似することができる（定常状態近似）。したがって，式(8.53)から

$$\frac{\mathrm{d}[\mathrm{B}]}{\mathrm{d}t} = k_1[\mathrm{A}] - k_2[\mathrm{B}] = 0 \tag{8.65}$$

$$[\mathrm{B}] = \frac{k_1}{k_2}[\mathrm{A}] \tag{8.66}$$

を得る。式(8.66)を，式(8.54)に代入すると

$$\frac{\mathrm{d}[\mathrm{C}]}{\mathrm{d}t} = k_2[\mathrm{B}] = k_2\frac{k_1}{k_2}[\mathrm{A}] = k_1[\mathrm{A}] \tag{8.67}$$

が得られる。つまり，全体の反応は見かけ上反応物 A が速度定数k_1で生成物 C に変化していく反応ととらえることができ，定常状態近似を適用した場合においても，前述と同様の結果が得られる。

8.5　反応速度と温度との関係

　一般に，反応速度は温度によって大きく変化することが知られている。温度 T と反応速度定数 k の関係をグラフにすると，多くの反応では図8.9 (a)に示すように温度の上昇とともに反応速度定数は指数関数的に増加していく。この温度 T と反応速度定数 k の関係は式(8.68)によって表され，**アレニウスの式**とよばれている。アレニウスの式に従う反応をアレニウス型という。

$$k = Ae^{-\frac{E_\mathrm{a}}{RT}} \tag{8.68}$$

ここで，パラメータ A は**頻度因子**（単位は反応速度定数 k と同じ），E_a は反応の**活性化エネルギー**である。これら2つのパラメータを合わせて反応の**アレニウスパラメータ**という。すべての反応がアレニウスの式に従うというわけではなく，アレニウスの式に従わない非アレニウス型も存在する。例えば，酵素反応のように，初めは温度上昇とともに反応速度が大きくなるが，最適温度を超えると反応速度が小さくなるものもある（図8.9 (b)）。

　式(8.68)の両辺の対数をとると，アレニウスの式は

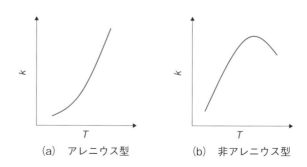

(a)　アレニウス型　　　　　(b)　非アレニウス型

図 8.9　反応速度定数と温度の関係

$$\ln k = \ln A - \frac{E_a}{RT} \qquad (8.69)$$

のように表すこともできる。式(8.69)を，縦軸に $\ln k$，横軸に $1/T$ を
とってプロットすると，図8.10に示すような直線が得られる。このプロットは**アレニウスプロット**とよばれ，直線の傾き $-E_a/R$ からは活性化エネルギー E_a が，縦軸の切片 $\ln A$ からは頻度因子 A が求まる。

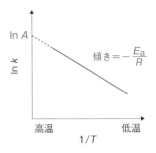

また，アレニウスの式は，任意の温度における反応速度定数を予測する場合にも有用である。温度 T_1，T_2 での反応速度定数がそれぞれ k_1，k_2 であるとすると，式(8.69)より

$$\ln k_1 = \ln A - \frac{E_a}{RT_1}, \qquad \ln k_2 = \ln A - \frac{E_a}{RT_2} \qquad (8.70)$$

図 8.10 アレニウスプロット

が成り立つ。式(8.70)について辺々引くと

$$\ln \frac{k_2}{k_1} = -\frac{E_a}{R}\left(\frac{1}{T_2} - \frac{1}{T_1}\right) \qquad (8.71)$$

が得られる。活性化エネルギー E_a とある温度 T_1 における反応速度定数 k_1 がわかっていれば，式(8.71)を用いることにより任意の温度 T_2 における反応速度定数 k_2 を予測することができる。

アレニウスプロットを用いて，2種類の薬物 A と B の分解反応を比較してみよう（図8.11）。図8.11 (a)は，2つの直線の傾きは異なっており，温度 T_0 で直線が交差している場合である。直線の傾きの大小から，薬物 B の分解反応の活性化エネルギーは薬物 A よりも大きいことがわかる。図から明らかなように，活性化エネルギーが大きいと反応速度の温度依存性が大きい。また，直線の交差から，温度 T_0 より高温側では薬物 B の反応速度定数の方が大きく，低温側では薬物 A の反応速度定数の方が大きいことがわかる。つまり，温度 T_0 より高温側では薬物 A の方が安定で，低温側では薬物 B の方が安定となり，温度によって薬物 A と B の安定性が逆転していることがわかる。図8.11 (b)は，薬物 A と B の活性化エネルギーが等しい場合である。アレニウスプロットは平行となるため，薬物 A と B の反応速度定数の大小関係は，温度によって逆転しない。

反応物から生成物に変化する化学反応の過程におけるポテンシャルエネルギーの変化を図8.12に示す。図中には活性化エネルギー E_a が示されている。図が示す通り，反応が進行するためには，反応物は活性化されてエネルギーの山を越えなければならない。活性化エネルギーはこのエネルギー障壁の大きさであり，反応物と**活性錯合体**のポテンシャルエ

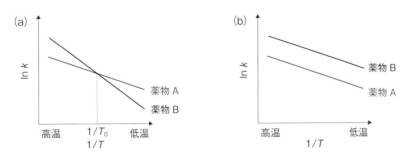

図 8.11 2種類の薬物のアレニウスプロット
分解反応の活性化エネルギーが，(a)異なるとき，(b)等しいとき

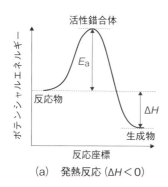

（a）発熱反応（$\Delta H < 0$）

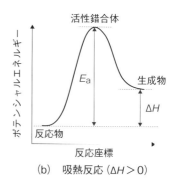

（b）吸熱反応（$\Delta H > 0$）

図 8.12　反応座標とポテンシャルエネルギーの関係

ネルギーの差に相当する。図において，生成物と反応物のポテンシャルエネルギーの差 ΔH は，**反応エンタルピー**（**反応熱**）である。生成物のポテンシャルエネルギーが反応物のポテンシャルエネルギーよりも低い場合（$\Delta H < 0$）は**発熱反応**（図 8.12 (a)），生成物のポテンシャルエネルギーが反応物のポテンシャルエネルギーよりも高い場合（$\Delta H > 0$）は**吸熱反応**（図 8.12 (b)）となる。

コラム：衝突理論と遷移状態理論

　アレニウスの式は，反応速度に関するデータの蓄積により見出された経験的なものである。一方，反応速度を理論的に扱うものとして，衝突理論と遷移状態理論がある。

　衝突理論は気体分子運動論に基づく理論であり，反応物分子間の衝突により反応が開始すると考える。ただし，衝突したすべての分子間で反応が起こるわけではなく，ある最小値以上のエネルギーをもち，反応に適した方向から衝突した場合に反応は進行するものと考える。衝突理論をもとにアレニウスの式を解釈すると，頻度因子 A は分子間の衝突の頻度や衝突の方向（立体因子）を表すものと理解できる。また，活性化エネルギー E_a は反応が起こるのに必要なエネルギーの最小値であると理解できる。

　遷移状態理論（活性錯合体理論ともいう）では，反応物分子同士が接近するとそのポテンシャルエネルギーが上昇し，極大の**遷移状態**（活性錯合体）を経て生成物が生じると考える。活性錯合体は反応物と平衡状態にあるため反応物側に戻ることもあるが，遷移状態を通り過ぎれば生成物形成の方向に進んでいく。遷移状態理論は，速度定数を熱力学的に記述することが可能である。またこの理論は，気相反応だけでなく溶液中で起こる反応にも適用可能である。

8.6　触 媒 反 応

　反応速度は温度の影響を受けて変化することを前節で学んだ。ここでは，反応速度に影響を与えるものとして**触媒**について学ぶ。触媒は，反応速度を変化させるが，反応の前後でそれ自身は変化しない物質である。触媒の働きにより，活性化エネルギーがより低い反応経路が導かれ，反応速度は増大する（図 8.13）。また，触媒は平衡定数や反応エンタルピーには影響を与えない。触媒の中には反応速度を低下させるものもあり，**負触媒**とよばれる。触媒は，**均一触媒**と**不均一触媒**に分類される。均一触媒は反応物と同じ相にある触

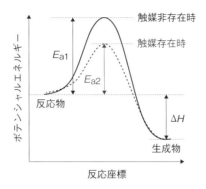

図 8.13　触媒による活性化エネルギーの変化

E_{a1}：触媒非存在時の活性化エネルギー

E_{a2}：触媒存在時の活性化エネルギー

媒のことであり，不均一触媒は反応物と異なる相にある触媒のことである。よく知られた例は，均一触媒反応としては**酸・塩基触媒反応**が，不均一触媒反応としてはアンモニアの工業的製法であるハーバー–ボッシュ法などがあげられる。

8.6.1　酸・塩基触媒反応

アミドやエステルの加水分解反応など，酸や塩基の存在により反応が加速されるものがある。これは，酸や塩基が触媒として働いているためであり，このような反応を**酸・塩基触媒反応**という。**酸触媒反応**は，触媒として H^+（H_3O^+）が働く**特殊酸触媒反応**と，H^+（H_3O^+）以外の酸が働く**一般酸触媒反応**とに分類される。**塩基触媒反応**は，触媒として OH^- が働く**特殊塩基触媒反応**と，OH^- 以外の塩基が働く**一般塩基触媒反応**とに分類される。

触媒として H^+ と OH^- が働く場合の酸・塩基触媒反応について考える。反応物を A とすると反応速度式は一般的に

$$v = k_0 [A] + k_{H^+} [H^+][A] + k_{OH^-} [OH^-][A] \tag{8.72}$$

で表すことができる。ここで，k_0 は触媒の影響を受けない場合の速度定数である。k_{H^+} は反応への酸触媒の寄与を表す酸触媒定数，k_{OH^-} は反応への塩基触媒の寄与を表す塩基触媒定数である。式(8.72)で表される反応速度式は反応物 A に関する見かけの 1 次反応ととらえることができ，反応速度定数を k とすると，k は

$$k = k_0 + k_{H^+} [H^+] + k_{OH^-} [OH^-] \tag{8.73}$$

で表すことができる。

酸触媒が働く場合の反応速度式は

$$v = k_{H^+} [H^+][A] \tag{8.74}$$

と表され，速度定数 k は

$$k = k_{H^+} [H^+] \tag{8.75}$$

となる。両辺の対数をとると

$$\log k = \log k_{H^+} + \log [H^+] = \log k_{H^+} - pH \tag{8.76}$$

が得られる。式(8.76)は速度定数 k の pH 依存性を示す式であり，縦軸に $\log k$，横軸に pH をとってプロットすると，傾きが -1 の直線が得られる。

塩基触媒が働く場合の反応速度式は

$$v = k_{OH^-} [OH^-] [A] \tag{8.77}$$

と表され，速度定数 k は

$$k = k_{OH^-} [OH^-] \tag{8.78}$$

となる。両辺の対数をとると

$$\log k = \log k_{OH^-} + \log [OH^-] = \log k_{OH^-} + \log \frac{K_w}{[H^+]}$$
$$= \log k_{OH^-} + \log K_w + pH \tag{8.79}$$

が得られる。ここで，K_w は**水のイオン積**であり，$K_w = [H^+][OH^-]$ である。式(8.79)は速度定数 k の pH 依存性を示す式であり，縦軸に $\log k$，横軸に pH をとってプロットすると，傾きが $+1$ の直線が得られる。

触媒の影響を受けない場合の反応速度式は

$$v = k_0 [A] \tag{8.80}$$

と表される。速度定数 k は

$$k = k_0 \tag{8.81}$$

となり，速度定数は pH に依存しない。

図 8.14 は，酸・塩基触媒反応における反応速度定数 k と pH の関係を示すグラフである。図 8.14 (a)は酸触媒，塩基触媒がともに働く例である。酸性領域では直線の傾きが -1 であることから酸触媒が，塩基性領域では直線の傾きが $+1$ であることから塩基触媒がそれぞれ働いていることがわかる。中性付近には触媒の影響を受けない領域(直線の傾きが 0)がみられる。図 8.14 (b)も酸触媒，塩基触媒がともに働く例であるが，触媒の影響を受けない領域はみられない。これは，速度定数 k を表す式(8.73)において，右辺の第 1 項(k_0)が第 2 項，第 3 項に比べて非常に小さく，速度定数が $k = k_{H^+} [H^+] + k_{OH^-} [OH^-]$ と表される例である。図 8.14 (c)は酸触媒のみが働いている例，図 8.14 (d)は塩基触媒のみが働いている例である。これらの図からわかるように，速度定数の pH 依存性のパターンは様々であり，k_0，k_{H^+}，k_{OH^-} の大小関係とも関連している。

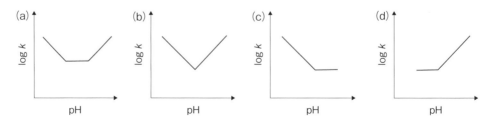

図 8.14 酸・塩基触媒反応における反応速度定数と pH の関係

例題 8.7 薬物 A は水素イオンと水酸化物イオンのみの触媒作用を受けて加水分解され，そのときの 1 次加水分解速度定数 k は次式で表される。

$$k = k_H [H^+] + k_{OH} [OH^-]$$

ここで，k_H は水素イオンによる触媒反応の速度定数，k_{OH} は水酸化物イオンによる触媒反応の速度定数である。この薬物の pH 1.0 と pH 11.0 における k はそれぞれ 0.0010 h^{-1} と 0.10 h^{-1} であった。この薬物の加水分解速度が最小となる pH を求めよ。ただし，水のイオン積 $K_w = 1.0 \times 10^{-14}$ (mol L^{-1})^2 とし，pH 以外の条件は変化しないものとする。

（国試 95-167 改）

［解答］ pH = 1.0 では，$k = k_H [H^+]$ となる。したがって

$$0.0010 = k_H \times 10^{-1}$$
$$k_H = 0.010$$

pH = 11.0 では，$k = k_{OH} [OH^-]$ となる。したがって

$$[OH^-] = \frac{K_w}{[H^+]} = \frac{1.0 \times 10^{-14}}{1.0 \times 10^{-11}} = 1.0 \times 10^{-3}$$
$$0.10 = k_{OH} \times 1.0 \times 10^{-3}$$
$$k_{OH} = 100$$

薬物の加水分解速度が最小となるのは，k が最小となるときである。つまり，図 8.14 (b) において 2 つの直線が交差する点である。そのときの pH は

$$k_H [H^+] = k_{OH} [OH^-] = \frac{k_{OH} K_w}{[H^+]}$$
$$[H^+]^2 = \frac{k_{OH} K_w}{k_H}$$
$$[H^+] = 10^{-5} \text{ mol L}^{-1}$$
$$pH = 5$$

8.6.2 酵素反応

　酵素とは，タンパク質あるいはタンパク質と低分子の化合物（**補酵素**）との複合体で，触媒作用をもつものである。生体では様々な反応が酵素によって触媒されており，生体の機能発現や恒常性維持に欠かせないものであるとともに，疾患の原因や医薬品のターゲットとしても重要である。酵素には酵素でない触媒と異なり，優れた特徴がある。酵素は作用する相手の物質（基質）に対して，高い特異性（**基質特異性**）をもつ。つまり，基質の構造がわずかに変化しただけでも反応が起こらなくなる。また，酵素が触媒する反応は特定の反応に限られ，生成物は特定の物質となる（**反応特異性**）。さらに，生体でみられる温和な温度や pH の条件下で，高い触媒効率をもつ。ここではこのような特徴をもつ酵素の反応速度論について述べる。

　酵素 E と基質 S が反応して，生成物 P ができる**酵素反応**を考えよう。この反応は，E と S が結合して酵素-基質複合体 ES ができる第 1 段階と，次に複合体から P が生成し，E が再生される第 2 段階からなると考えられる。最初の ES 複合体の形成反応は可逆で，結合反応と解離反応の反応速度定数をそれぞれ k_1，k_{-1} とし，2 段階目の反応の逆反応は無視

でき,反応速度定数 k_2 で進むとする。

$$E + S \underset{k_{-1}}{\overset{k_1}{\rightleftharpoons}} ES \xrightarrow{k_2} E + P \tag{8.82}$$

　次に,酵素反応がどのように進むか,E,S,ES,P の濃度の時間変化を考えてみよう。S は E と結合して ES となり,さらに P になるので,S の濃度 [S] は反応が進むにつれて初期濃度 $[S]_0$ から単調に減少していく。一方,S が減少するにつれて生成物 P ができてくるので,その濃度 [P] は最初 0 であるが,だんだん増加していくことはすぐに予想できる。E は反応が始まると S と結合して ES となるので,初期濃度 $[E]_0$ から一旦減少する。しかし,反応が進んで [S] は小さくなるが,E 自体はなくならずに再生されるので,やがて酵素濃度 [E] は増加に転じ,$[E]_0$ に近づいていく。ES の濃度 [ES] は最初 0 であるが,E と S の結合反応により [ES] は増大する。通常,酵素反応では酵素の濃度に比べて基質の濃度が十分大きいので,ES から P ができて E が再生しても,それはすぐに S と結合する。したがって,S が十分存在する間は [ES] はほぼ一定(定常状態)となり,S がなくなってくると [ES] も減少していく(図 8.15)。

　各分子種の濃度の時間変化の概略がわかったところで,酵素反応の反応速度,すなわち生成物 P の濃度変化 $d[P]/dt$ を見てみよう。

$$\frac{d[P]}{dt} = k_2 [ES] \tag{8.83}$$

と書けるので,[ES] が求まれば,反応速度がわかる。

　[ES] は,その生成反応(速度定数 k_1)で増大し,その解離反応 k_{-1} と P の生成反応 k_2 で減少するので,[ES] の時間変化は

$$\frac{d[ES]}{dt} = k_1 [E][S] - (k_{-1} + k_2)[ES] \tag{8.84}$$

で表される。この微分方程式はこのままでは解けないが,図 8.15 のように,[ES] が一定の状態,すなわち**定常状態**にある時間帯での反応速度 v を考えてみよう。この仮定を**定常状態近似**といい,142 頁のコラムの中間体 B がここでは ES に対応する。このときの反応速度 v を**初速度**[*1] といい,以下では,反応速度とはこの初速度のことを意味することにする。

　定常状態では,[ES] が変化しないので

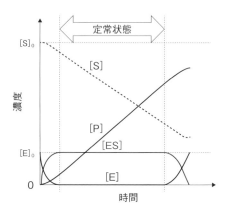

図 8.15　酵素反応における各分子種の濃度変化

$$\frac{\mathrm{d}[\mathrm{ES}]}{\mathrm{d}t} = k_1[\mathrm{E}][\mathrm{S}] - (k_{-1} + k_2)[\mathrm{ES}] = 0 \tag{8.85}$$

が成り立つ。また，酵素の全濃度を $[\mathrm{E}]_\mathrm{T}$ とおくと

$$[\mathrm{E}]_\mathrm{T} = [\mathrm{E}] + [\mathrm{ES}] \tag{8.86}$$

である。式(8.85)と式(8.86)から $[\mathrm{E}]$ を消去して，$[\mathrm{ES}]$ について解くと

$$[\mathrm{ES}] = \frac{[\mathrm{E}]_\mathrm{T}}{\dfrac{(k_{-1} + k_2)}{k_1}\dfrac{1}{[\mathrm{S}]} + 1} \tag{8.87}$$

となる。ここで

$$K_\mathrm{m} = \frac{(k_{-1} + k_2)}{k_1} \tag{8.88}$$

とおくと，式(8.83)，式(8.87)，式(8.88)から，反応速度 v を表す式として

$$v = k_2[\mathrm{ES}] = \frac{k_2[\mathrm{E}]_\mathrm{T}}{\dfrac{K_\mathrm{m}}{[\mathrm{S}]} + 1} \tag{8.89}$$

を得る。

　$[\mathrm{E}]_\mathrm{T}$ は酵素濃度の取り得る最大値なので，$v = k_2[\mathrm{ES}]$ の最大値 V_max は $k_2[\mathrm{E}]_\mathrm{T}$ となる（すべての酵素が ES 複合体となる）。そこで，式(8.89)の $k_2[\mathrm{E}]_\mathrm{T}$ を V_max と書くと

$$v = \frac{V_\mathrm{max}[\mathrm{S}]}{K_\mathrm{m} + [\mathrm{S}]} \tag{8.90}$$

が得られ，これを**ミカエリス-メンテンの式**（Michaelis-Menten equation）といい，K_m を**ミカエリス定数**（Michaelis constant）とよぶ。K_m は濃度の次元をもち，$[\mathrm{S}]$ が K_m に等しいとおくと，$v = V_\mathrm{max}/2$ となるので，K_m は酵素反応速度が最大値の半分になるときの基質の濃度ということができる（図8.16）。また，$k_1 \gg k_2$ とすると（普通は成り立つと考えてよい），式(8.88)において，$K_\mathrm{m} = (k_{-1}/k_1) + (k_2/k_1) \cong (k_{-1}/k_1)$ となり，(k_{-1}/k_1) は E と S から ES ができる反応の解離平衡定数 K_d に等しくなることから，K_m は E と S の親和性を表す指標になる（K_m が小さいほど親和性が高い）。

　図8.16 からわかるように，基質濃度 $[\mathrm{S}]$ が大きくなると反応速度は頭打ちとなる。$[\mathrm{S}]$ が小さいとき，すなわち $[\mathrm{S}] \ll K_\mathrm{m}$ のとき，式(8.90)の分母は K_m に対して $[\mathrm{S}]$ は無視できて $v = V_\mathrm{max}[\mathrm{S}]/K_\mathrm{m}$ となるので，v は $[\mathrm{S}]$ に比例して直線的に増加する。逆に，$[\mathrm{S}]$ が大きく $[\mathrm{S}] \gg K_\mathrm{m}$ のとき，式(8.90)の分母は $[\mathrm{S}]$ に対して K_m は無視できて $v = V_\mathrm{max}$ となり，

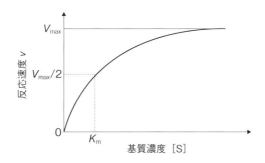

図 8.16　酵素反応の反応速度の基質濃度依存性

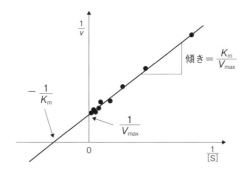

図 8.17　ラインウィーバー-バークプロット

[S] が増大するにつれて v は V_{max} に漸近する。

　このように，K_m や V_{max} は酵素反応を特徴づけする非常に重要なパラメータである。ある酵素反応の K_m と V_{max} を実験から求めるのに使われるのが，**ラインウィーバー-バークプロット**(Lineweaver-Burk plot)である。式(8.90)の両辺の逆数をとると

$$\frac{1}{v} = \frac{K_m + [S]}{V_{max}[S]} = \frac{K_m}{V_{max}}\frac{1}{[S]} + \frac{1}{V_{max}} \tag{8.91}$$

が得られる。これは，横軸に 1/[S]，縦軸に 1/v をとってプロットすると，傾きが K_m/V_{max}，[S] = ∞ として縦軸の切片が 1/V_{max} の直線が得られることを意味する。さらに直線を伸ばすと，横軸の切片は $-1/K_m$ を与える(図 8.17)。したがって，実験から得られた v と [S] の関係についてラインウィーバー-バークプロットをとることで，その酵素反応の K_m と V_{max} を求めることができる。

　前述したように，酵素は医薬品のターゲットとしても重要であり，実際に酵素の活性を阻害する物質(阻害剤)が医薬品となっている。そこで，阻害剤によって反応速度がどのような影響を受けるかを考えてみよう。阻害剤 I は E または ES に結合して作用するので，図 8.18 のような反応が考えられる。

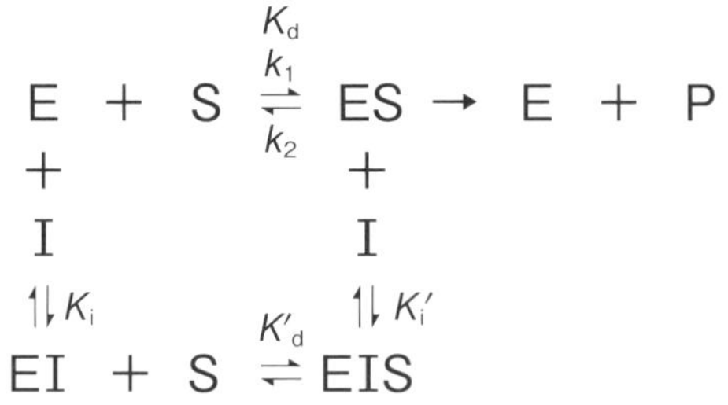

$$
\begin{array}{ccccccc}
 & & & K_d & & & \\
 & & & k_1 & & & \\
E & + & S & \underset{k_2}{\rightleftharpoons} & ES & \rightarrow & E + P \\
+ & & & & + & & \\
I & & & & I & & \\
\updownarrow K_i & & & K'_d & \updownarrow K'_i & & \\
EI & + & S & \rightleftharpoons & EIS & &
\end{array}
$$

図 8.18　阻害剤存在下の酵素反応
阻害剤 I は E または ES と結合して作用する。

　各可逆反応の解離平衡定数を

$$K_d = \frac{[E][S]}{[ES]} \tag{8.92}$$

$$K_i = \frac{[E][I]}{[EI]} \tag{8.93}$$

$$K_d' = \frac{[EI][S]}{[ESI]} \tag{8.94}$$

$$K_i' = \frac{[ES][I]}{[ESI]} \tag{8.95}$$

とおく。

また，全酵素濃度 $[E]_T$ は

$$[E]_T = [E] + [ES] + [EI] + [ESI] \tag{8.96}$$

となる。この右辺の各項を $[ES]$ を用いて表すと $[E] = K_d[ES]/[S]$, $[EI] = K_d'[ESI]/[S] = K_d'[ES][I]/K_i'[S] = K_d[ES][I]/K_i[S]$, $[ESI] = [ES][I]/K_i'$ だから，これらを式(8.96)に代入して

$$[E]_T = \frac{K_d[ES]}{[S]} + [ES] + \frac{K_d[ES][I]}{K_i[S]} + \frac{[ES][I]}{K_i'} \tag{8.97}$$

右辺を $[ES]$ でくくり，$[ES]$ について解くと

$$[ES] = \frac{[E]_T}{K_d/[S] + 1 + K_d[I]/K_i[S] + [I]/K_i'}$$
$$= \frac{K_i[E]_T[S]}{K_dK_i + K_i[S] + K_d[I] + K_i[I][S]/K_i'}$$

となるので，反応速度は

$$v = k_2[ES] = \frac{k_2K_i[E]_T[S]}{K_dK_i + K_i[S] + K_d[I] + K_i[I][S]/K_i'} \tag{8.98}$$

となる。両辺の逆数をとり，式(8.90)の場合と同様に，$k_2[E]_T$ を V_{max} と書くと

$$\frac{1}{v} = \frac{1}{V_{max}}\left(1 + \frac{[I]}{K_i'}\right) + \frac{K_d}{V_{max}}\left(1 + \frac{[I]}{K_i}\right)\frac{1}{[S]} \tag{8.99}$$

となる。

酵素の阻害のおもな様式として，競合(拮抗)阻害，非競合(拮抗)阻害，不競合(拮抗)阻害がある。

競合阻害(competitive inhibition)とは，酵素の基質結合部位に阻害剤が結合するために，基質と阻害剤が基質結合部位を互いに奪い合うことによって起こる阻害である。別の言い方をすると，S と I が E の同じ結合部位に結合するので，E は同時に S と I の両方と結合することはない。このことは，$K_d' = K_i' = \infty$ を意味し，式(8.99)で $K_i' = \infty$ とすると

$$\frac{1}{v} = \frac{1}{V_{max}} + \frac{K_d}{V_{max}}\left(1 + \frac{[I]}{K_i}\right)\frac{1}{[S]} \tag{8.100}$$

となる。前述のように $k_1 \gg k_2$ を仮定して $K_d = K_m$ とおいて，v と $[S]$ の関係とラインウィーバー–バークプロットを描くと図8.19 (a)のようになる。式(8.100)と式(8.91)を比較すると，競合阻害剤によって，K_m が $(1 + [I]/K_i)$ 倍に大きくなり，横軸切片がシフトする。一方，$[S]$ が十分大きければ式(8.100)の第2項は0に近づくので，V_{max} は変化せず，縦軸切片は変化しない。

非競合阻害(noncompetitive inhibition)とは，阻害剤が結合する部位が基質のそれと異なり，S と I は E の異なる部位に結合して，E, S, I の3分子種からなる複合体が形成されることによって起こる阻害である。簡単のために S の E への結合が I の結合に影響しない，すなわち $K_i' = K_i$ のときを考えると，式(8.99)は

$$\frac{1}{v} = \frac{1}{V_{\max}}\left(1 + \frac{[\mathrm{I}]}{K_{\mathrm{i}}}\right) + \frac{K_{\mathrm{d}}}{V_{\max}}\left(1 + \frac{[\mathrm{I}]}{K_{\mathrm{i}}}\right)\frac{1}{[\mathrm{S}]} \tag{8.101}$$

となり，同様にプロットすると図8.19 (b)のようになる。非競合阻害剤によって縦軸切片は上方にシフトし，$V_{\max}$ が減少するが，横軸切片は変化せず，K_{m} は変化しないことがわかる。

　不競合阻害(uncompetitive inhibition)とは，I が ES にのみ結合して起こる阻害で，EI 複合体は生成されない([EI]＝0)。したがって，式(8.99)で $K_{\mathrm{i}} = \infty$ とおくと

$$\frac{1}{v} = \frac{1}{V_{\max}}\left(1 + \frac{[\mathrm{I}]}{K_{\mathrm{i}}'}\right) + \frac{K_{\mathrm{d}}}{V_{\max}}\frac{1}{[\mathrm{S}]} \tag{8.102}$$

となり，同様にプロットすると図8.19 (c)のようになる。不競合阻害剤によって直線は阻害剤がない場合と比べて，平行移動し両軸の切片がシフトする。

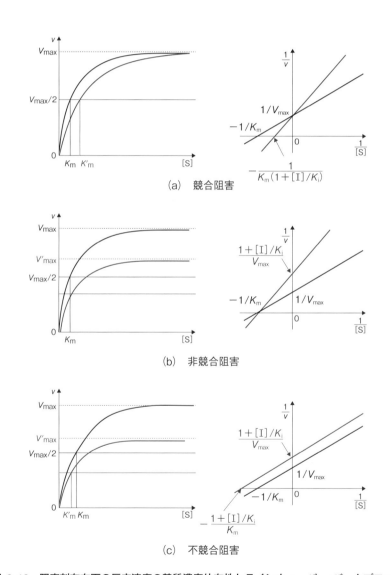

(a)　競合阻害

(b)　非競合阻害

(c)　不競合阻害

図 8.19　阻害剤存在下の反応速度の基質濃度依存性とラインウィーバー–バークプロット

例題 8.8 反応に関する次の記述について,正誤を答えよ。ただし,v は反応初速度,[S] は基質濃度,K_m はミカエリス定数とする。

(1) v は常に [S] に比例する。

(2) ラインウィーバー–バークプロットとは,横軸に v,縦軸に $v/$[S] をプロットしたものである。

(3) K_m が大きいほど,酵素と基質の親和性が高い。

(4) K_m は v がその最大値の $1/2$ になるときの基質の濃度を与える。

(5) v がその最大値の $1/4$ になるときの基質の濃度は $K_m/2$ となる。

(6) 非競合阻害剤が存在しても K_m は影響を受けない。

[解答] (1) 誤 (2) 誤 (3) 誤 (4) 正 (5) 誤 (6) 正

(2) ラインウィーバー–バークプロットは,横軸に $1/v$,縦軸に $1/$[S] をプロットしたものである。横軸に v,縦軸に $v/$[S] をプロットしたものはイーディー–ホフステー(Eadie-Hofstee)プロットとよばれるもので,傾きが $-1/K_m$,横軸切片が V_{max} を与える(確認してみよ)。

(5) 式(8.90)の v に $V_{max}/4$ を代入すると,[S] $= K_m/3$ となる。

■ 注釈

＊1 図 8.15 でみられる [ES] が定常状態に達するまでの最初の上昇期をさすのではなく,その時期を除いた定常状態にある時間帯での速度をさす。

コラム：ミカエリス博士とメンテン博士

　ミカエリス–メンテンの式はあまりにも有名で,薬学生はもちろん生物や化学を学んだ学生は誰もが知っているが,お二人がどんな方だったかはあまり知られていない。ミカエリス(Michaelis, L., 1875-1949)博士はドイツ人であるが,来日して現在の名古屋大学医学部の前身である愛知医科大学の教授として数年間日本の生化学の発展にも貢献された。また,メンテン(Menten, M. L., 1879-1960)博士はカナダ人女性で,カナダ初の女性医学博士といわれている。ドイツに渡ってメンテン博士と一緒に研究し,その成果は 1913 年に二人の共著でドイツの雑誌 Biochemische Zeitschrift に "Die Kinetik der Invertinwirkung" というタイトルで発表された。原文はドイツ語で 40 ページ近い大著論文だが,英語の翻訳を無料でアメリカ化学会のホームページ(http://pubs.acs.org.)からダウンロードでき,私たちも読むことができる。

演習問題 8

8.1 25℃の水溶液中における薬物 A および薬物 B の濃度を経時的に測定したところ，図のような結果を得た．次に，両薬物について同一濃度(C_0)の水溶液を調製し，25℃で保存したとき，薬物濃度が $C_0/2$ になるまでに要する時間が等しくなった．C_0(mg mL^{-1})を求めよ．　　　（国試 102-174 改）

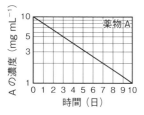
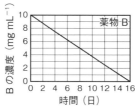

8.2 ある分子 X(初濃度 100 mmol L^{-1})が分解して 2 分子の Y(初濃度 0 mmol L^{-1})が生成する反応 X→2Y において，図は X の濃度の時間変化を表す．この反応に関する次の記述について，正誤を答えよ．

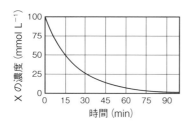

(1)　横軸の時間 10 分での Y の濃度は，同じ時間の X の濃度の 2 倍である．

(2)　この分解反応は，1 次反応である．

(3)　この分解反応の速度定数の符号は負である．

(4)　同じ時間での X と Y の濃度変化曲線の接線の傾きの絶対値は等しい．

(5)　X の濃度が初濃度の 1/2 になるまでにかかる時間は，Y の濃度が 100 mmol L^{-1} から 150 mmol L^{-1} になるまでにかかる時間と等しい．

（国試 105-95 改）

8.3 次の文章の(1)，(2)に入る数値を求めよ．

C_{H_2} (mol L^{-1})	C_{Br_2} (mol L^{-1})	v (mol L^{-1} s^{-1})
1.4×10^{-2}	1.6×10^{-2}	1.1×10^{-6}
1.4×10^{-2}	3.2×10^{-2}	1.6×10^{-6}
1.4×10^{-2}	6.4×10^{-2}	2.2×10^{-6}
2.8×10^{-2}	3.2×10^{-2}	3.2×10^{-6}
5.6×10^{-2}	1.6×10^{-2}	4.4×10^{-6}

表は反応 $H_2 + Br_2 \rightarrow 2HBr$ において，反応物の濃度(C_{H_2}, C_{Br_2})を変えて反応の初期速度 v を測定した結果である．この反応の反応次数は H_2 に関して(1)，Br_2 に関して(2)である．　　（国試 96-23 改）

8.4 図は，可逆(平衡)反応(I)，平行(並発)反応(II)，連続(逐次)反応(III)における反応物，中間体，生成物の濃度と時間の関係を表している．素反応はいずれも反応速度定数 $k_1 \sim k_6$ の 1 次反応である．反応 I〜III に関する次の記述について，正誤を答えよ．

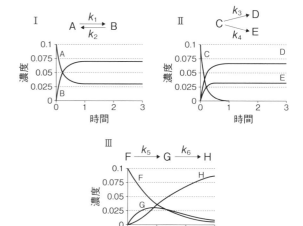

(1)　反応 I の平衡定数の値は，1 よりも小さい．

(2)　反応 II の C の半減期は，$\dfrac{\ln 2}{k_3 + k_4}$ で表される．

(3)　反応 II の生成物の濃度比 $\dfrac{[D]}{[E]}$ は，時間によらず $\dfrac{k_3}{k_4}$ となる．

(4)　反応 III の k_5 が一定のとき，k_6 が大きくなるほど，G の最大濃度に達する時間は遅くなる．

（国試 103-93 改）

8.5 ある患者がてんかん治療のためフェニトインを服用している．定常状態時の血清中フェニトイン濃度を測定したところ 12 μg mL^{-1} で，定常状態におけるフェニトインの体内からの消失速度はミカエリス-メンテンの式で表され，消失速度は投与速度と等しい．この患者における最大消失速度 V_{max} (mg day^{-1})に最も近い値はどれか．ただし，ミカエリス定数は 8 mg L^{-1}，1 日あたりの投与量は 250 mg day^{-1}，バイオアベイラビリティは 100% とする．

(1)　150　　(2)　240　　(3)　420

(4)　1500　　(5)　2400　　(6)　4200

（国試 97-273 改）

8.6　ある酵素 X は基質 S に作用し，2 種類の阻害剤 Y と Z によって阻害される。一定濃度の阻害剤 Y または Z の存在下および非存在下で，酵素 X の基質 S に対する反応初速度 v を測定し，ラインウィーバー–バークプロットの図を得た。以下の記述のうち正しい考察はどれか。2 つ選べ。

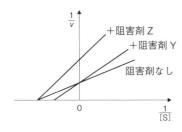

(1)　阻害剤 Y は，基質 S と結合して酵素 X の反応初速度 v を変化させる。

(2)　基質 S の濃度 [S] を十分に増加させたときの最大速度 V_{max} は，阻害剤 Y の有無にかかわらず等しくなる。

(3)　阻害剤 Z は，基質 S が結合する酵素 X の部位（基質結合部位）に結合する。

(4)　基質 S の濃度 [S] を十分に増加させたときの最大速度 V_{max} は，阻害剤 Z が存在しても変化しない。

(5)　阻害剤 Z が存在しても，酵素 X の基質 S に対する見かけの親和性は変化しない。

（国試 101-113 改）

9 化学結合

原子と原子が結合して様々な分子ができるのであるが，この原子同士を結びつける力は
どのような力であろうか。原子は正電荷をもつ原子核と負電荷をもつ電子からなる。原子
同士が結合するには，両者が接近することになるので，原子核のまわりの電子が重要な役
割を果たすであろうことは容易に推測される。化学結合は，共有結合(配位結合を含む)，
イオン結合，金属結合に分類されるが，それは原子のまわりの電子がどのような挙動をと
るかに依存し，それは原子の電気陰性度と関係がある。おおざっぱに言うと，電気陰性度
が小さい原子同士の場合，電子は原子核に束縛されずに自由に動くことができる。これが
金属結合である。電気陰性度が大きい原子同士の場合は，それぞれの原子核は電子を自分
の方に引き付けようとするが，この場合，電気陰性度に差がなければ電子を共有すること
になる。これが共有結合である。電気陰性度が大きい原子と小さい原子の場合は，電気陰
性度の大きい方に電子が局在化するため，2つの原子は正と負の電荷をもつようになり，
両者の間に静電的な引力が働く。これがイオン結合である。本章では，共有結合を中心に
説明する。

9.1 共有結合

9.1.1 波動関数

原子と原子が結合する際には，原子核が接近することになるが，図9.1 (a)に示すよう
に，もし原子核のまわりに電子がなければ，正電荷をもった原子核があるだけで，原子核
はクーロン斥力で互いに離れようとするので，両者が結合することはない。しかし，図
9.1 (b)のように，2つの原子核の間(結合領域(図の網掛けの領域))に電子があれば，2つ

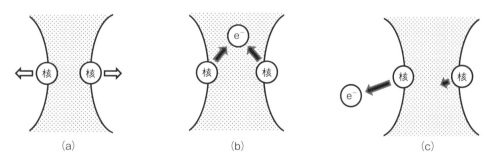

    (a)   (b)   (c)

図 9.1 電子の位置と原子核に働くクーロン力
網掛けの領域(結合領域)に電子がある場合は，原子の結合が成り立つように
クーロン力が働く。

の原子核は間にある負電荷をもつ電子とのクーロン引力によって, 原子核同士も互いに近づくことができる。一方, 図9.1 (c)のように, 電子が原子核の間ではなく, その外側(反結合領域(網掛けのない領域))にある場合はクーロン引力が原子核を離れるように働く。したがって, 原子同士の結合には, 結合領域に電子があることが必要である。そして, そのような電子の位置取りをした方が系全体のエネルギーが低ければ, 結合した状態が安定となり, 原子同士の結合が成り立つことになる。

では, 電子の位置やその位置取りでの系のエネルギーはどのように表されるであろうか。

電子のような非常に小さな粒子は, 粒子としての振舞いだけでなく, 波としての振舞いもすることがわかっており, 量子力学はこのような小さな粒子の挙動を波動関数とよばれる波を表す関数で記述できることを教えてくれる。すなわち, 電子の位置(すなわち軌道)とそのエネルギーに関する情報は波動関数から得られる。

分子における電子の挙動を説明する方法として**原子価結合法**と**分子軌道法**という2つの考え方がある。前者は電子が特定の原子核のまわりに局在していると考え, 後者は分子全体に広がる電子の軌道が新たにできて, そこに電子が入ると考える。両者にはこのような違いがあるが, 一長一短あり, 事象によっては, どちらか一方の方がうまく説明できる(しやすい)場合がある。

いずれにせよ, 波動関数について理解しておく必要があるが, ここでは波動関数について, これからの説明に必要なことだけを4つ簡単に述べるにとどめる。

(1) 原子や分子のようなミクロな粒子の状態は波動関数[*1]とよばれる位置 r と時間 t の関数 ψ で表される。本章では, もっぱら ψ は電子の軌道(電子の居場所)を表すものと考えてよい。

(2) 波動関数 ψ は, 次の**シュレディンガー方程式**とよばれる微分方程式

$$H\psi = E\psi \quad (H はハミルトニアン, E は実数)$$

を満たす。**ハミルトニアン**とは, 関数 ψ に作用する微分を含む演算操作で, 系のエネルギーに関する情報をもつ(具体的な例は後述の式(9.2))。シュレディンガー方程式を解くとは, 関数 ψ にハミルトニアンという演算操作をすると, もとの関数 ψ を E 倍したものになる, そういう関数 ψ と実数 E を見つけることである。この方程式を満たす波動関数 ψ は, 電子の軌道を表し, その軌道のエネルギーが E であることを意味するので, E をエネルギー固有値という。

(3) 波動関数 ψ の意味は, その絶対値の2乗(すなわち $|\psi|^2 dr$)が, 電子が時刻 t において位置 $r \sim r + dr$ の微小空間に存在する確率を表す, というものである。もちろん $|\psi|^2 dr$ を全空間にわたって積分すれば, 時刻によらず1となる(全空間のどこかに必ず電子は存在するから)。

$$\int |\psi(r, t)|^2 dr = 1 \quad (この要請を規格化という)$$

(4) 波動関数 ψ の絶対値の2乗が電子の存在確率を表すので, ψ を3次元空間に図示すると, 原子核のまわりの電子の存在範囲(軌道の形)を表すことになる。原子間の結合を考えるうえで, この軌道の形とそのエネルギーが重要なカギとなる。

9.1.2 原子価結合法

原子同士が結合するとき, 結合に関与する電子は原子の一番外側にある電子(価電子)で

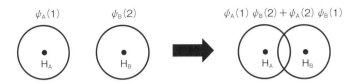

図 9.2 原子価結合法の考え方

ある。**原子価結合法**は，結合する個々の原子がその不対電子の価電子を 1 つずつ出し合い，対をつくって共有することで 1 つの結合をつくるというルイス(Lewis, G. N.)の考えをもとにしている。この電子を共有することでできる結合を共有結合という。そこで，結合する 2 つの原子が出し合う電子の波動関数(原子軌道)を考える。

　簡単のために，2 つの水素原子(H_A, H_B)が電子を 1 つずつ出し合って共有結合ができる(H_2分子ができる)場合を考える。電子を出し合うといっても電子はそれぞれの原子のまわりに局在し，その原子軌道は ϕ_A と ϕ_B で表されるとする。H_A と H_B それぞれの水素原子に属する電子(電子 1 と 2)の軌道を波動関数 $\phi_A(1)$，$\phi_B(2)$ で表す(図9.2)。水素原子同士が接近して結合ができる際に，2 つの電子の軌道が重なり，そこで電子を共有することで結合が成り立ち，これを**共有結合**という。それぞれの水素原子に属する 2 つの電子は互いに独立して動くので，この 2 つの水素原子からなる系の状態はそれぞれの原子軌道の積 $\phi_A(1)\phi_B(2)$ で表すことができる。ところが，2 つの原子が近づいて軌道が重なり電子を共有すると，両者の間にある電子はもはやどちらの水素原子由来のものか区別がつかなくなる。したがって，電子が入れ替わった $\phi_A(2)\phi_B(1)$ も系の状態を表す波動関数として等しく寄与すると考えられる。そこで，水素分子における電子の軌道を表す波動関数は，両者の和

$$\phi(H_2) = \phi_A(1)\phi_B(2) + \phi_A(2)\phi_B(1) \tag{9.1}$$

で表される。上式からもわかるように，電子が区別できなくても，個々の電子はどちらかの原子に属していると考えるのである。そして，2 つの水素原子が単独で存在するよりも，結合している方が 2 つの原子軌道の重なりによってエネルギーが低くなるため安定な結合ができる。

　このように，結合に関与する電子はどれか 1 つの原子軌道で表されると考えるので，原子核が接近して原子軌道が重なり合って電子を共有する場合の軌道の組合せとしては，s 軌道同士か，s 軌道と p 軌道か，p 軌道同士が考えられる(もちろん，d 軌道が関与する場合，組合せはもっと増える)。これらの組合せは図9.3となる[*2]。この中で，(a)，(b)，(c)は結合軸(原子核と原子核を結ぶ線)と軌道の向きが平行である(s 軌道は球形なので向きがない)。このような結合を **σ 結合**という。一方，(d)は p 軌道同士の軌道の重なりだが，2 つとも結合の軸に対して垂直である。このような結合を **π 結合**とよぶ。図から明らかであるが，σ 結合はどちらか一方の原子を結合軸のまわりに回転させても，軌道の重なる部分は変化しないのに対して，π 結合は回転すると重なりがなくなってしまい，結合が切れてしまうので回転できない。また，σ 結合と π 結合では，σ 結合の重なりの方が大きいので結合の強さも σ 結合の方が強い。

　このように，原子価結合法でうまく説明できそうだが，実はそうではない。例えば，メタン CH_4 は炭素に 4 つの水素原子が結合しており，4 つの結合は等価で分子全体では正四面体構造をとることがわかっている。この結合を原子価結合法で説明しようとすると，炭

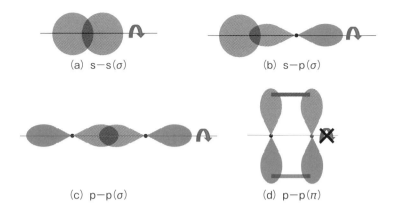

図 9.3 σ結合とπ結合

素の電子配置は $(1s)^2(2s)^2(2p)^2$ で，不対電子は 2p 軌道の 2 つだけだから，結合できる水素原子の数は 2 つであり，4 つの水素原子と結合するメタン分子はできないことになる。このことを説明するには混成軌道という新たな考え方を導入する必要がある。

9.1.3 混 成 軌 道

　原子価結合法の考え方は，結合する原子のもつ不対電子を出し合って共有することで結合が成り立つことである。したがって，不対電子の数より多くの結合はできないことになる。そこで，不対電子をもつ軌道を新たにつくることを考える。前述のメタンの場合，水素原子 4 つと結合するために，炭素に 2 つしかない不対電子に加えて，さらに 2 つ不対電子をつくることになる。2s と 2p で 4 つの電子があるので，s 軌道 1 つと p 軌道 3 つで，互いに等価な 4 つの軌道をつくり，そこに 4 つの電子を 1 つずつ入れると，4 つの水素原子と結合できるようになる（図 9.4）。

　このように，異なる軌道をもとに新たにできる軌道を**混成軌道**といい，混成に使った s 軌道と p 軌道の数（メタンの場合，s 軌道 1 つと p 軌道 3 つ）から **sp³ 混成軌道**とよぶ（きちんと書くと s^1p^3 混成軌道だが，s^1 の 1 は省略する）。エネルギーは 2s 軌道 1 つと 2p 軌道 3 つの平均値となるので，2p 軌道より少し小さくなる。また，s 軌道と p 軌道が混ざると非対称な形になり（図 9.5 (a)），それらが 4 つ正四面体の頂点の方向に互いに 109.5° の角度をなして配置される（図 9.5 (b)）。

　s 軌道と 3 つの p 軌道を表す波動関数を **s**, $\mathbf{p}_x$, $\mathbf{p}_y$, $\mathbf{p}_z$ として，4 つの sp³ 混成軌道を

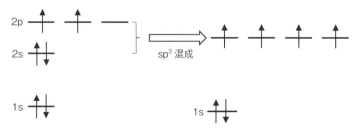

図 9.4 sp³ 混成軌道の形成

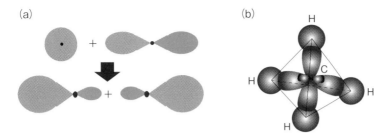

図 9.5 炭素の sp^3 混成軌道と水素の s 軌道による CH_4 の構造
(a) s 軌道 1 つと p 軌道 1 つから，大小 2 つのローブからなる混成軌道が 2 つできる。(b) 炭素の 4 つの sp^3 混成軌道と CH_4 分子の構造

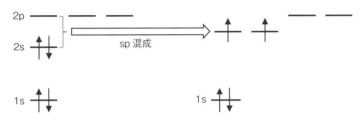

図 9.6 sp 混成軌道の形成

$$\phi_1 = \frac{1}{2}(\mathbf{s} + \mathbf{p}_x + \mathbf{p}_y + \mathbf{p}_z), \qquad \phi_2 = \frac{1}{2}(\mathbf{s} + \mathbf{p}_x - \mathbf{p}_y - \mathbf{p}_z),$$

$$\phi_3 = \frac{1}{2}(\mathbf{s} - \mathbf{p}_x - \mathbf{p}_y + \mathbf{p}_z), \qquad \phi_4 = \frac{1}{2}(\mathbf{s} - \mathbf{p}_x + \mathbf{p}_y - \mathbf{p}_z)$$

と表すことができる。係数はその 2 乗が各軌道の混成軌道への寄与の程度を表し，合計は $1\ (=4 \times (1/2)^2)$ になる。各 ϕ のどれも s 軌道の寄与は 1/4 で，p 軌道の寄与は x, y, z 合わせて 3/4 となるので，混成軌道のエネルギーは s 軌道と p 軌道のエネルギーをそれぞれ E_s，E_p とすると $E_{sp^3} = (1/4)(E_s + 3E_p)$ となる。すなわち，s 軌道と p 軌道の寄与の割合に応じた重みづけをした平均値となる。

　他の例を見てみよう。原子番号 4 のベリリウム Be の電子配置は $(1s)^2(2s)^2$ で，不対電子が 1 つもないが，実際には共有結合化合物が存在する。例えば，水素化ベリリウム BeH_2 は存在して，直線形の構造をしていることが知られている。水素 2 つと結合するので，混成軌道を 2 つつくる必要がある。そこで，s 軌道 1 つと p 軌道 1 つを使って **sp 混成軌道** をつくる（図 9.6）。この場合，p 軌道は 2 つ残ったままである。混成軌道は 2 つできるが，その形は結合のなす角が 180 度（すなわち直線）である（図 9.7）。

　s 軌道と 1 つの p 軌道を表す波動関数を $\mathbf{s}$，$\mathbf{p}_z$ として，2 つの sp 混成軌道を表すと

$$\phi_1 = \frac{1}{\sqrt{2}}(\mathbf{s} + \mathbf{p}_z), \qquad \phi_2 = \frac{1}{\sqrt{2}}(\mathbf{s} - \mathbf{p}_z)$$

となる。s 軌道と p 軌道の寄与はどちらも 1/2 で等しくなる。したがって，混成軌道のエネルギーは $E_{sp} = (1/2)(E_s + E_p)$ となる。

　エテン（C_2H_4：エチレン）の炭素原子には，1 つの炭素原子と 2

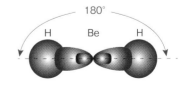

図 9.7 炭素の sp 混成軌道と水素の s 軌道による BeH_2 の構造

つの水素が結合している。したがって，3つの混成軌道が必要になる。そこで1つのs軌道と2つのp軌道で，3つの**sp²混成軌道**をつくる(図9.8)。3つのうち1つはC–C間のσ結合をつくり，残りの2つはC–H間のσ結合をつくる(図9.9 (a))。また，混成軌道に参加しなかった残りの2p$_z$軌道はC–C間のπ結合をつくる(図9.9 (b))。

s軌道と2つのp軌道を表す波動関数を **s**，**p**$_x$，**p**$_y$ として，3つのsp²混成軌道を表すと

$$\phi_1 = \frac{1}{\sqrt{3}}\mathbf{s} + \sqrt{\frac{2}{3}}\mathbf{p}_x,$$

$$\phi_2 = \frac{1}{\sqrt{3}}\mathbf{s} - \frac{1}{\sqrt{6}}\mathbf{p}_x + \frac{1}{\sqrt{2}}\mathbf{p}_y,$$

$$\phi_3 = \frac{1}{\sqrt{3}}\mathbf{s} - \frac{1}{\sqrt{6}}\mathbf{p}_x - \frac{1}{\sqrt{2}}\mathbf{p}_y$$

となる。s軌道とp軌道の寄与はそれぞれ，ϕ_1では1/3と2/3で1:2，ϕ_2とϕ_3ではどちらも1/3と1/6+1/2=2/3となるので，どれもs軌道とp軌道の寄与は1:2となる。したがって，混成軌道のエネルギーは$E_{sp^2} = (1/3)(E_s + 2E_p)$となる。

ここまで，s軌道とp軌道からなる混成軌道について論じたが，d軌道に電子をもつ元素では，s軌道，p軌道に加えてd軌道も混成軌道に寄与する。特に，遷移金属の錯体の電子配置でよく知られている。例えば，Co^{3+}にアンモニアが配位してできる$[Co(NH_3)_6]^{3+}$は，3d，4s，4pからできる空のd^2sp^3混成軌道に6つの窒素原子の非共有電子対を受け入れてでき，正八面体構造をとる。また，Ni^{2+}とシアンイオンからなる$[Ni(CN^-)_4]^{2-}$は，3d，4s，4pからなるdsp^2混成軌道に4つの非共有電子対を受け入れてでき，正四面体構造をとる。

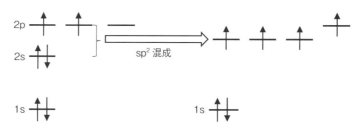

図 9.8　sp²混成軌道の形成

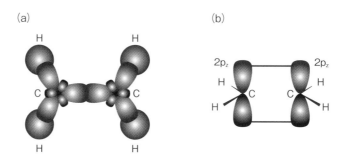

図 9.9　炭素のsp²混成軌道とC₂H₄の構造混成軌道

（a）3つのsp²混成軌道で炭素1つと水素2つとの間にσ結合が3つできる。

（b）混成軌道に参加しなかった炭素のp軌道同士でπ結合が1つできる。

例題 9.1 次の物質について，混成軌道と構造はどのようなものか答えなさい。

(1) エチン(C_2H_2；アセチレン)

(2) 三フッ化ホウ素 BF_3

[解答] (1) 炭素の 2s 軌道 1 つと 2p 軌道 1 つからなる sp 混成軌道が 2 つでき，これが C–C 間と C–H 間の σ 結合に使われ，残った炭素の p 軌道 2 つで C–C 間の π 結合が 2 つできる。C–C 間に 3 重結合のある直線形の構造をとる。

(2) ホウ素($(1s)^2(2s)^2(2p)^1$)の 2s 軌道 1 つと 2p 軌道 2 つからなる sp^2 混成軌道が 3 つでき，これが 3 つの B–F 間の σ 結合 3 つに使われる。互いに 120° の角度をなす B–F 結合をもつ平面構造をとる。

9.1.4 分子軌道法

分子軌道法では，電子が分子全体に広がっていると考える(図 9.10)。もちろん，分子全体に広がってできる電子の軌道(分子軌道)を表す波動関数もシュレディンガー方程式を満たす。はじめに，最も簡単な分子，2 つの水素原子核と 1 つの電子からなる水素分子イオン H_2^+ を例に考える。

まず，水素分子イオンのシュレディンガー方程式を立てる。そのために，水素分子イオンの系のエネルギー(運動エネルギーとポテンシャルエネルギー)を求める。運動エネルギーは，電子の運動エネルギーと原子核の運動エネルギーがあるが，原子核の質量は電子の約 1840 倍と電子に比べて非常に大きく，その運動は電子の運動に比べて十分遅いので，原子核は止まっているものと近似してもよい。この近似を**ボルン-オッペンハイマー近似**とよぶ。また，ポテンシャルエネルギーは，クーロン力によるものだけを考えればよく，それは原子核–原子核のクーロンポテンシャルと原子核–電子のクーロンポテンシャルである(図 9.11)。

ここで，2 つの水素原子核を H_A，H_B として，原子核間の距離を R，電子と 2 つの原子核との距離をそれぞれ r_A, r_B，比誘電率を ε_0，電子と原子核の電荷をそれぞれ $-e$, $+e$，プランク定数 h を 2π で割ったものを $\hbar$ とおくと，水素分子イオンのハミルトニアンは

$$H = -\frac{\hbar^2}{2m}\nabla^2 - \frac{e^2}{4\pi\varepsilon_0 r_A} - \frac{e^2}{4\pi\varepsilon_0 r_B} + \frac{e^2}{4\pi\varepsilon_0 R} \tag{9.2}$$

で表される。右辺第 1 項は電子の運動エネルギー，第 2 項と第 3 項はそれぞれ電子と原子核との間のクーロンポテンシャルエネルギー，第 4 項は原子核同士のクーロンポテンシャルエネルギーを表す。ハミルトニアンは H の右に書かれた関数 ψ に対する演算操作で，第 1 項の ∇^2 は微分演算($\partial/\partial x^2 + \partial/\partial y^2 + \partial/\partial z^2$)を表す記号で空間座標 x, y, z でそれぞれで ψ を 2 回偏微分した値を足し合わせることを意味し，第 2 項から第 4 項は単に ψ との積をとればよい。

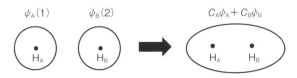

図 9.10 分子軌道法の考え方

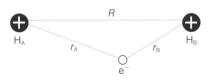

図 9.11 水素分子イオン

　　式(9.2)のハミルトニアンを使ってシュレディンガー方程式を書き下すと

$$H\psi = \left(-\frac{\hbar^2}{2m}\nabla^2 - \frac{e^2}{4\pi\varepsilon_0 r_A} - \frac{e^2}{4\pi\varepsilon_0 r_B} + \frac{e^2}{4\pi\varepsilon_0 R}\right)\psi$$

$$= \frac{\hbar^2}{2m}\left(\frac{\partial\psi}{\partial x^2} + \frac{\partial\psi}{\partial y^2} + \frac{\partial\psi}{\partial z^2}\right) - \frac{e^2}{4\pi\varepsilon_0 r_A}\psi - \frac{e^2}{4\pi\varepsilon_0 r_B}\psi + \frac{e^2}{4\pi\varepsilon_0 R}\psi$$

$$= E\psi \tag{9.3}$$

となる。この方程式を解けば，原子核が2つある場合の電子の軌道とそのエネルギーを求めることができる。水素原子（原子核1つ，電子1つ）のときにはシュレディンガー方程式を厳密に解くことができるが，原子核が2つ以上ある分子については一般には解けない。そこで，近似を用いた方法で解く。それは，まず許される仮定のもとに想定した波動関数（**試行関数**という）をまず決めて，それがシュレディンガー方程式を真に満たす解に近くなるように修正するという方法（これを**変分法**という）である。では，どのような近似（試行関数）が考えられるだろうか。

　　水素分子イオンにおける電子の振舞いを考えると，例えば，電子が原子核 A の近傍にあるときは，原子核 A と電子1つからなる水素原子の波動関数（原子軌道）ψ_A で表されると考えられる。同様に，原子核 B の近傍にあるときは，原子核 B と電子1つからなる水素原子の波動関数 ψ_B で表される。そして，実際には，電子はこれらの極端な状態の中間の状態にあると考えられるので

$$\psi' = C_A\psi_A + C_B\psi_B \tag{9.4}$$

の波動関数で表せる（近似できる）とする。

　　すなわち，1つ1つの波動関数に係数を掛けたものの和（線形結合という）で表すのである。このように，分子軌道を原子軌道の線形結合で表すことを，**LCAO**(linear combination of atomic orbital)**近似**という。

　　次に，試行関数である式(9.4)がシュレディンガー方程式の真の解に近くなるように，C_A や C_B を決めていく。

　　シュレディンガー方程式を真に満たす解を ϕ，その固有値を E とすると，もちろん

$$H\phi = E\phi$$

が成り立つ。これに左から ϕ を掛けて，全空間 τ で積分すると[*3]

$$\int \phi H\phi\, d\tau = \int \phi E\phi\, d\tau = E\int \phi\phi\, d\tau = E\int |\psi|^2\, d\tau$$

となる。これから固有値 E は

$$E = \frac{\displaystyle\int \phi H\phi\, d\tau}{\displaystyle\int \phi\phi\, d\tau} \tag{9.5}$$

となる。

　　もちろん，ϕ がシュレディンガー方程式を真に満たす ϕ ではなく，その近似である試行関数 $\psi' = C_A\psi_A + C_B\psi_B$ である場合，式(9.5)の ϕ として ψ' とおいて求めた E の値 (E') は真の固有値である E とは異なる値になる。しかし，$E' \geqq E$ となることが知られている（等号は $\psi' = \phi$ のとき）。そして，真の固有値 E からのずれ $E' - E$ が小さいほど，その ψ' は真の波動関数 ϕ に近づく。したがって，$E' - E$ が最も小さくなるように係数 C_A と C_B を決める作業を行えばよい。

$\psi' = C_A\psi_A + C_B\psi_B$ を式 (9.5) の ψ に代入して，E' を計算すると

$$E' = \frac{\int \phi H \phi \, d\tau}{\int \phi \phi \, d\tau} = \frac{\int (C_A\psi_A + C_B\psi_B)H(C_A\psi_A + C_B\psi_B)\, d\tau}{\int (C_A\psi_A + C_B\psi_B)(C_A\psi_A + C_B\psi_B)\, d\tau}$$

となる。分母，分子を展開すると

$$分母 = C_A C_A \int \psi_A\psi_A \, d\tau + C_B C_A \int \psi_B\psi_A \, d\tau + C_A C_B \int \psi_A\psi_B \, d\tau + C_B C_B \int \psi_B\psi_B \, d\tau,$$

$$分子 = C_A C_A \int \psi_A H\psi_A \, d\tau + C_B C_A \int \psi_B H\psi_A \, d\tau + C_A C_B \int \psi_A H\psi_B \, d\tau + C_B C_B \int \psi_B C\psi_B \, d\tau$$

となる。ここで

$$\int \psi_A H\psi_A \, d\tau = H_{AA}, \quad \int \psi_B H\psi_B \, d\tau = H_{BB}, \quad \int \psi_A H\psi_B \, d\tau = H_{AB}, \quad \int \psi_B H\psi_A \, d\tau = H_{BA}$$

とおくと，2つの水素原子 H_A と H_B は等価なので

$$H_{AA} = H_{BB}, \qquad H_{AB} = H_{BA}$$

である。それぞれを α, β とおく（$H_{AA} = H_{BB} = \alpha$，$H_{AB} = H_{BA} = \beta$）。
また

$$\int \psi_A\psi_B \, d\tau = \int \psi_B\psi_A \, d\tau = S$$

とおく。波動関数の2乗は全空間で積分すると

$$\int \psi_A\psi_A \, d\tau = \int \psi_B\psi_B \, d\tau = \int |\psi_A|^2 \, d\tau = \int |\psi_B|^2 \, d\tau = 1$$

となるので，以上の置き換えを行って整理すると

$$E' = \frac{(C_A C_A + C_B C_B)\alpha + (C_B C_A + C_A C_B)\beta}{(C_A C_A + C_B C_B) + (C_B C_A + C_A C_B)S} \tag{9.6}$$

となる。ここで，E' が極小となるように C_A，C_B を決める。そのために，C_A，C_B を変数とみて E' が極小値をとる条件，すなわち，$\partial E'/\partial C_A = \partial E'/\partial C_B = 0$ を課す。

式 (9.6) より

$$(C_A C_A + C_B C_B)E' + (C_B C_A + C_A C_B)SE' = (C_A C_A + C_B C_B)\alpha + (C_B C_A + C_A C_B)\beta$$

両辺を C_A で偏微分すると

$$C_A E' + (C_A C_A + C_B C_B)\frac{\partial E'}{\partial C_A} + C_B SE' + (C_B C_A + C_A C_B)S\frac{\partial E'}{\partial C_A}$$
$$= C_A\alpha + C_B\beta$$

ここで，$\partial E'/\partial C_A = 0$ だから $C_A E' + C_B SE' = C_A\alpha + C_B\beta$ となる。よって

$$C_A(\alpha - E') + C_B(\beta - SE') = 0 \tag{9.7}$$

が得られる。同様に，C_B で偏微分すると

$$C_A(\beta - SE') + C_B(\alpha - E') = 0 \tag{9.8}$$

を得る。したがって，式 (9.7)，式 (9.8) の連立方程式を解くと，E' が極小値をとる C_A，C_B が求まる。

この連立方程式が，$C_A = C_B = 0$ という意味のない自明の解以外の解をもつためには，連立方程式の係数行列の行列式が0であればよいことがわかっている[*4]。すなわち

$$\begin{vmatrix} \alpha - E' & \beta - SE' \\ \beta - SE' & \alpha - E' \end{vmatrix} = 0$$

である。上式を**永年方程式**という。2 行 2 列の行列の行列式なので

$$(\alpha - E')^2 - (\beta - E')^2 = 0$$

となり

$$(\alpha - E' + \beta - SE')(\alpha - E' - \beta + SE') = 0$$

より

$$E' = \frac{\alpha + \beta}{1 + S}, \quad \frac{\alpha - \beta}{1 - S}$$

となる。これで，最もよい近似の ψ' でのエネルギーが 2 つ求まったことになり，それぞれを E_+, E_- とおく。$E' = E_+ = (\alpha + \beta)/(1 + S)$ のとき，$C_A = C_B = C$ とおくと E_+ に対応する波動関数は

$$\psi_+' = C(\psi_A + \psi_B)$$

となる。また，ψ_+' もその 2 乗を全空間で積分すると 1 となるので（規格化条件）

$$\int \psi_+' \psi_+' \, d\tau = C^2 \int (\psi_A + \psi_B)(\psi_A + \psi_B) \, d\tau$$

$$= C^2 \int (\psi_A \psi_A + \psi_A \psi_B + \psi_B \psi_A + \psi_B \psi_B) \, d\tau$$

$$= C^2(2 + 2S) = 1$$

よって

$$C = \frac{1}{\sqrt{2(1 + S)}}$$

となる。したがって

$$\psi_+' = \frac{1}{\sqrt{2(1 + S)}} (\psi_A + \psi_B) \tag{9.9}$$

となる。

同様に，$E' = E_- = (\alpha - \beta)/(1 - S)$ のとき，$C_A = -C_B$ となり

$$\psi_-' = \frac{1}{\sqrt{2(1 - S)}} (\psi_A - \psi_B) \tag{9.10}$$

となる。

したがって，分子軌道としてエネルギーの大きさが異なる 2 つの軌道ができ，それは H_A と H_B の原子軌道の和と差に係数を掛けたものであることがわかる。

次に，エネルギーを表す式に出てくる S や α, β の物理的意味とその値が核間距離にどう依存するかを見てみよう。

S は $\int \psi_A \psi_B \, d\tau = \int \psi_B \psi_A \, d\tau$ で，**重なり積分**とよばれる。2 つの原子軌道 ψ_A と ψ_B の空間的な重なりを表すもので，2 つの原子核が十分離れていれば $S = 0$，核間距離が 0 になれば，$\psi_A = \psi_B$ となるので

$$\int \psi_A \psi_B \, d\tau = \int \psi_A \psi_A \, d\tau = \int |\psi_A \psi_A|^2 \, d\tau = 1$$

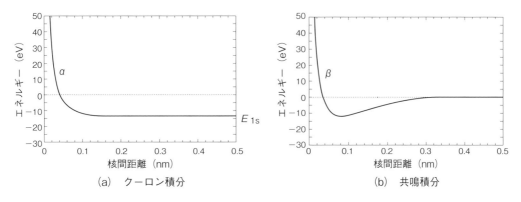

図 9.12　クーロン積分と共鳴積分の核間距離依存性

となる。したがって，それらの間の距離では 0 から 1 の間の値をとり，重なりが大きいほど大きな値となる。

　α と β はハミルトニアンが挟まれているので，エネルギーが関係してくる。

　α は $\int \psi_A H \psi_A \, d\tau = H_{AA}$ で，**クーロン積分**とよばれる。これには文字通り電子と原子核および原子核間のクーロン相互作用によるポテンシャルエネルギーが関与する。核間距離に対してプロットすると，核間距離が短いと原子核間の斥力が働くので正の値をとり，距離が長くなるにつれて，水素原子の 1s 軌道のエネルギー E_{1s} に漸近していく（図 9.12 (a)）。

　β は $\int \psi_A H \psi_B \, d\tau = H_{AB}$ で，**共鳴積分**とよばれる。これには 2 つの原子軌道の重なりと電子と原子核および原子核間のクーロン相互作用が関与し，結合の強さに関係する。核間距離に対してプロットすると，核間距離が短いと原子核間の斥力が働くので正の値をとり，核間距離が長くなるにつれて，いったん負の極小値をとった後に増加に転じて，0 に漸近していく（図 9.12 (b)）。

　本章の冒頭で述べたように，原子間の結合が成り立つには，原子核と原子核の間（結合領域）に電子が存在し，その場合の方がエネルギー的に安定である必要があるが，分子軌道法で得られた 2 つの軌道についてこの点を検討してみよう。

　E_+ と E_- の 2 つの軌道のエネルギーの値を核間距離に対してプロットすると，$E_+ > E_-$ で，E_+ は極小値をもち，E_- は単調減少である（図 9.13）。このことは，E_+ の場合は極小値を与える核間距離が存在するので安定な結合が生じるが，E_- の場合は核間距離が離れるほど安定で結合はできないことを意味する。

　安定な結合を生じる E_+ の軌道（式 (9.9)）を**結合性軌道**，結合を生じない E_- の軌道（式 (9.10)）を**反結合性軌道**とよぶ。結合性軌道（図 9.14 (a)）は 2 つの原子軌道の和なので，原子核の間に電子が存在する（電子の存在確率を表す $|\psi_+'|^2$ が 0 にならない）が，反結合性軌道（図 9.14 (b)）は原子軌道の符合が逆で足し合わされるので，原子核の間に電子が存在しない（$|\psi_\pm'|^2$ が 0 になる）場所，すなわち，節ができる。したがって，電子の位置の観点からも E_+ の軌道が結合に寄与する軌道であることがわかる。

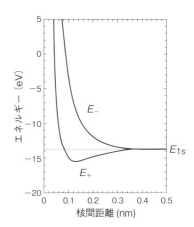

図 9.13　水素分子イオンの軌道のエネルギーの核間距離依存性

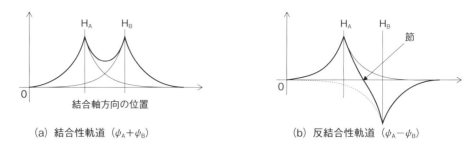

(a) 結合性軌道 $(\psi_A + \psi_B)$　　　　　　(b) 反結合性軌道 $(\psi_A - \psi_B)$

図 9.14　結合性軌道と反結合性軌道
太い実線の 2 乗が電子の存在確率を表す。

9.1.5　等核 2 原子分子

　水素分子イオンの例で，どのような分子軌道が形成されるかをみてきたが，分子軌道への電子の入り方は電子が複数個あっても，原子軌道の場合と同じく，エネルギーの低い方からフントの規則とパウリの排他律に従って入っていく。したがって，電子が 2 つ存在する水素分子の場合は，できた 2 つの軌道のうちエネルギーの低い結合性軌道に電子が 2 つスピンを逆にして入る（図 9.15 (a)）。

　では，ヘリウム $((1s)^2)$ の場合はどうであろうか。ヘリウム原子核が接近して安定なヘリウム分子 He_2 をつくるだろうか。

　He の場合も，結合性と反結合性の 2 つの分子軌道ができるが，電子が 4 つあるので，エネルギーの低い軌道と高い軌道に 2 つずつ電子が入り，エネルギー的に結合しても安定化しない。つまり，安定な He_2 分子はできない（図 9.15 (b)）。したがって，結合性軌道に電子が入れば結合に正に寄与し，反結合性軌道に電子が入れば結合に負に寄与することがわかる。そこで，**結合次数**という結合の有無や強さを表す指標を

$$結合次数 = \frac{1}{2}\{(結合性軌道にある電子数) - (反結合性軌道にある電子数)\}$$

と定義する。水素分子イオンの場合は $(1-0)/2 = 1/2$，水素分子の場合は $(2-0)/2 = 1$ と結合次数は正の値をとり結合ができるが，ヘリウムイオンの場合は $(2-2)/2 = 0$ となり，安定な結合ができないことを意味する。結合次数が大きいほど結合エネルギーが大きく（結合が強く），原子間の距離は短くなる。

　ところで，水素やヘリウムは 1s 軌道を考えればよいが，それ以上大きな原子では，2s，2p の軌道も考慮する必要がある。分子軌道は原子軌道の線形結合で表されると考えたが，原子が大きくなるにつれて原子軌道の数は増えて複雑になっていく。そこで次の方法で分子軌道を組み立てる。

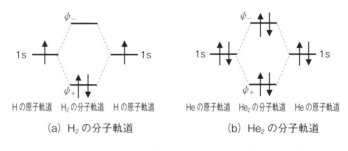

(a) H_2 の分子軌道　　　　　　　(b) He_2 の分子軌道

図 9.15　2 つの原子軌道からできる分子軌道と電子配置

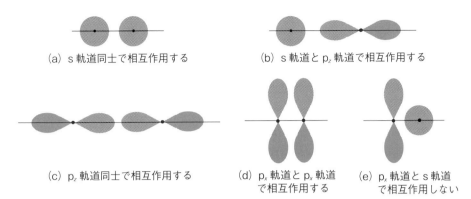

(a) s 軌道同士で相互作用する　　(b) s 軌道と p_z 軌道で相互作用する

(c) p_z 軌道同士で相互作用する　(d) p_x 軌道と p_x 軌道　(e) p_x 軌道と s 軌道
　　　　　　　　　　　　　　で相互作用する　　　で相互作用しない

図 9.16　原子軌道の対称性と相互作用の例

(1)　結合する 2 つの原子のそれぞれ 1 つ（合計 2 つ）の原子軌道が相互作用して，結合
　　 性軌道と反結合性軌道の 2 つの分子軌道ができる。
(2)　原子軌道のエネルギーが近い軌道同士で分子軌道をつくる。
(3)　原子軌道の対称性が同じ軌道同士で分子軌道をつくる。
(4)　原子軌道の重なりが大きいほど結合性軌道のエネルギーが下がり，反結合性軌道
　　 はエネルギーが上がる。
(5)　分子軌道は，$2\sigma_{\mathrm{u}}$ などのような形式で名称をつける。最初の数字は分子軌道がエネ
　　 ルギーの低い方から数えて何番目の結合性・非結合性軌道かを表し，次のギリシャ文
　　 字は σ 結合か π 結合かを表し，最後の g と u は分子軌道が対称中心に関して，それ
　　 ぞれ対称（偶関数）か反対称（奇関数）を表す[5]。さらに，反結合性軌道には右肩に ＊
　　 をつけることがある。

　(3) の対称性は，例えば図 9.16 に示すように，結合軸のまわりに 180° 回転させたときに
波動関数の符号が変わるかどうかで，その違いを知ることができる。s 軌道や p_z 軌道（結
合軸を z 軸方向とする）は，結合軸のまわりに 180° 回転させても符号は変化しない（すなわ
ち，s 軌道と p_z 軌道は同じ対称性をもつ）。一方，p_x 軌道と p_y 軌道は結合軸のまわりに
180° 回転させると符号が変わる（p_x 軌道と p_y 軌道は対称性が等しい）。したがって，s 軌
道と p_z 軌道は，p_x 軌道と p_y 軌道とは分子軌道を形成するのに寄与しない。

　主量子数が 1 と 2 の軌道をもつリチウム（$(1s)^2(2s)^1$）の場合，原子
軌道は 2 つあるが，軌道のエネルギーは 1s 同士，2s 同士がそれぞれ
等しく，対称性も同じなので，1s と 1s の軌道から 2 つ，2s と 2s から
2 つ，それぞれ結合性軌道と反結合性軌道ができる（図 9.17）。全部で
4 つの軌道ができるが，6 つの電子を下から入れていくと，結合性軌道
に 4 つ，反結合性軌道に 2 つ入るので，全体としてエネルギーは低く
なるので，安定な結合ができる（結合次数＝1）。

　p 軌道が関与する場合はどうであろうか。p 軌道は p_x，p_y，p_z の 3
つがあり，エネルギーが等しい p 軌道同士の重なりを考える。s 軌道
同士は球形なので軌道の対称性は同じであったが，p 軌道の場合はエ
ネルギーだけでなく対称性も考慮する必要がある。

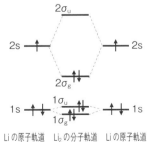

図 9.17　Li_2 の分子軌道

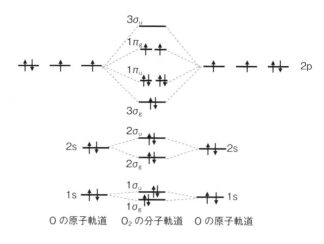

図 9.18　O_2 の分子軌道

　具体的に，酸素 $((1s)^2(2s)^2(2p)^4)$ の例で見てみよう (図 9.18)。エネルギーが等しい 1s 同士と 2s 同士で，合計 4 つの σ 軌道ができる。エネルギーが等しい 2p 軌道同士では，対称性によって 3 通りの組合せ $(2p_x\text{-}2p_x,\ 2p_y\text{-}2p_y,\ 2p_z\text{-}2p_z)$ があり，それぞれについて結合性軌道と非結合性軌道ができるので，合計 6 個の分子軌道ができる。

　酸素原子 2 つで，合計 16 個の電子を下から入れていくと

$$(1\sigma_g)^2(1\sigma_u)^2(2\sigma_g)^2(2\sigma_u)^2(3\sigma_g)^2(1\pi_u)^4(1\pi_g)^1(1\pi_g)^1$$

となる。$1\pi_g$ 軌道には，フントの規則により同じ向きのスピンが 2 つの別々の軌道に入るので，スピン同士で打ち消し合わずに，**常磁性**を示すことがわかる。

9.1.6　異核 2 原子分子

　異核 2 原子分子の場合も，基本的には等核 2 原子分子と同様に考えられる。ただ，等核 2 原子分子の場合は，分子軌道の形成に関与する原子軌道のエネルギーが同じであるが，異核 2 原子分子の場合は，同じ 1s とか 2s 軌道でも等しくならないので，エネルギーが近い軌道で分子軌道を形成することになる。もちろん，エネルギーが近くても，対称性が異なれば分子軌道を形成する組合せとはならない。なお，異核 2 原子分子の場合は反転対称性がないので g, u の表記は必要ない。

　最も簡単な例とし，水素化リチウム LiH について見てみよう。水素原子 (左側) とリチウム原子 (右側) の原子軌道と中央に分子軌道の電子配置を示す (図 9.19)。Li の 1s 軌道は水素の 1s 軌道よりもかなり低く，水素の 1s 軌道のエネルギーはリチウムの 2s 軌道のエネルギーと近いことがわかる。したがって，1s 軌道はリチウムの 1s 軌道ではなく，2s 軌道と分子軌道をつくる。どちらも s 軌道で対称性は等しい。よって，LiH の分子軌道の電子配置 (総電子数は 4 つ) で，$(1\sigma)^2(2\sigma)^2$ となる。

　次に，p 軌道が関与する異核 2 原子分子としてフッ化水素 HF を見てみよう。水素とフッ素 $((1s)^2(2s)^2(2p)^5)$ の原子軌道と電子配置は図 9.20 のようになっている。原子軌道のエネルギーが近いのは水素の 1s 軌道とフッ素の 2p 軌道で，水素の 1s と同じ

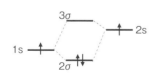

図 9.19　LiH の分子軌道

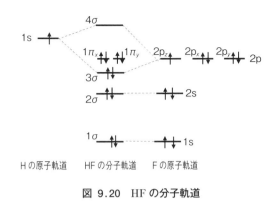

図 9.20 HF の分子軌道

対称性をもつ p 軌道は p_z 軌道のみである。したがって，分子軌道は水素の 1s とフッ素の $2p_z$ から 2 つの σ 軌道ができ，分子軌道をつくらないフッ素の残りの $2p_x$, $2p_y$ 軌道はそのまま残る。よって，HF の分子軌道の電子配置（総電子数は 10 個）で，$(1\sigma)^2 (2\sigma)^2 (3\sigma)^2$ $(1\pi_x)^2 (1\pi_y)^2$ となる。

9.1.7 分子の分極

　異核 2 原子分子では，電気陰性度が異なるため，分子内に電荷の偏り（極性）が生じるが，このことを分子軌道の立場から考えてみる。

　水素化リチウム LiH の場合（図 9.19），4 つの電子は 1σ と 2σ の 2 つの分子軌道に配置されるが，リチウムの 1s 軌道は分子軌道にほとんど寄与しないので，1σ 軌道はほとんどリチウムの 1s 軌道に等しい，すなわち 1σ 軌道の 2 つの電子はリチウム側に局在すると考えてよい。一方，水素原子は，1 つの電子をリチウムの 2s 軌道と分子軌道をつくるので分子全体に広がり，水素原子には局在しない。リチウムの電子の数と原子核の正電荷を考えるとリチウムの原子核のまわりは原子核由来の $+3$ と 1σ 軌道由来の 2 つの電子で正味の電荷は $+1$ である。水素原子核に局在する電子はないので，水素の原子核由来の正電荷 $+1$ である。つまり，リチウム原子側も水素原子側も $+1$ で，どちらかの原子に局在する電子からみた電荷の偏りはほとんどない。残ったのは分子軌道 2σ の電子 2 つだが，2σ 軌道に寄与する水素の 1s 軌道の方がエネルギーが低いので（図 9.19），2σ 軌道の電子は水素原子の近傍にある確率が高い。その結果，局在した電子と分子軌道の電子全体を考慮に入れた電荷の偏りは，水素原子がわずかに負電荷を帯び，リチウム原子がわずかに正電荷を帯びる。

　次に，フッ化水素 HF の場合（図 9.20），1σ 軌道と 2σ 軌道の 4 つの電子は，フッ素の 1s，2s 軌道と同じと考えてよいので，ほとんどフッ素原子に局在する。また，水素原子との分子軌道に寄与しない p_x, p_y 軌道の 4 つの電子は，フッ素原子のまわりに局在する。よって，フッ素原子のまわりに局在する電子は，1s，2s 軌道の 4 つと p_x, p_y 軌道の 4 つの合計 8 つで，フッ素の原子核由来の正電荷は $+9$ なので正味の電荷は $+1$ となる。一方，水素原子の 1s 軌道の電子はフッ素の 2p 軌道と分子軌道をつくるので，水素原子には局在しないため，正味の電荷は原子核由来の $+1$ となる。したがって，原子に局在する電子からみた電荷の偏りはほとんどないので，電荷の偏りは，3σ の分子軌道の電子がどう偏った分布をするかで分子の極性が決まる。フッ化水素の場合，フッ素の 2p 軌道の方が水素の 1s 軌道よりエネルギーが低いので（図 9.20），フッ素の方に偏る。したがって，極性としてはフッ素原子がわずかに負電荷を帯び，水素原子が正電荷を帯びる。

このように，電気陰性度の異なる原子の場合，極性は HF の 3σ のような分子軌道で電子がどちらかに偏ることで生じることがわかる。そして，この偏りがどちらか一方に完全に偏った場合がイオン結合ということができる。

9.1.8 極性結合

フッ化水素 HF のように極性をもつ分子を**極性分子**といい(9.1.7 項)，その結合を**極性結合**という。等核 2 原子分子の場合は極性がないので，100％共有結合と考えてよいが，極性の大きさによってはイオン結合(9.2 節)に近い分子も存在する。共有結合とイオン結合の中間的な結合を表現するために，**共有結合性**，**イオン結合性**という言葉を使うこともある。

例題 9.2　化学結合に関する以下の記述の正誤を判定せよ。
- (1)　分子軌道法では，反結合性軌道に電子が収容されることはない。
- (2)　三フッ化ホウ素(BF$_3$)のホウ素原子は，sp^2 混成軌道をもつ。
- (3)　炭素 – 炭素二重結合の炭素間の結合距離は，単結合の場合より長くなる。
- (4)　アンモニアの窒素原子は sp^2 混成軌道をもち，分子全体はほぼ平面構造である。
- (5)　結合次数は常に整数である。

　[解答]　(1)　誤　　(2)　正　　(3)　誤　　(4)　誤　　(5)　誤
　(2)　互いに 120° の角度をなす 3 つの B-F 結合からなる平面構造となる。
　(4)　アンモニアの窒素原子は sp^3 混成軌道をもち，3 つには不対電子が，残りの 1 つには非共有電子対が入る。

9.2　イオン結合

　本章の冒頭で述べたように，原子間の電気陰性度の差が大きいと，電気陰性度の大きい方に電子が局在化するため，2 つの原子は正と負の電荷をもつようになる。その結果，両者の間に静電的な引力が働いて結合する。これが**イオン結合**である。

　代表的なイオン結合の例であるフッ化リチウム LiF は，電気陰性度がフッ素は 3.98 で，リチウムは 0.98 と大きな差がある。その結果，リチウム($(1s)^2(2s)^1$)の電子 1 つがフッ素($(1s)^2(2s)^2(2p)^5$)に移り，Li$^+$ イオン($(1s)^2$)と F$^-$ イオン($(1s)^2(2s)^2(2p)^5$)となり，安定な電子配置になる。

　イオン結合では，正電荷をもつ原子(M)と負電荷をもつ原子(X)が静電相互作用で互いに引き付け合うので，M−X という 1 つずつの原子からなる単独の分子ではなく，M と X が交互に並んだ集合体をつくる。したがって，M と X の原子量の和は分子量ではなく式量といって区別する。

9.3　金 属 結 合

　電気陰性度が小さい原子同士の場合，電子は原子核から離れ，プラスイオンとなった原子のまわりを自由に動くことができる(**自由電子**)。これが**金属結合**である。自由電子が電気も熱もよく伝えるので，金属は電気伝導度も熱伝導度も大きい。また，自由電子は光を反射するため金属は光沢をもつ。

　ナトリウム([Ne]$(3s)^1$)を例にとると，2つの原子の3s軌道の重なりから2つの分子軌道ができるので，n個のNa原子からはn個の分子軌道ができる。もちろん，電子はエネルギーの低い結合性軌道に入る。nが大きくなると，エネルギー準位の間隔は小さくなり連続した帯のようになるので，**エネルギーバンド**とよばれる(図9.21)。

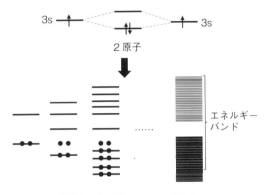

図 9.21　多数の Na 原子の 3s 軌道の電子によるバンドの形成

▌ **注釈**

＊1　波動関数は，複素数の値をとる関数であるが，波動関数の1次結合によって実数値関数に変換することができるので，本章の理解には実数値関数として考えてよい。

＊2　球形のs軌道を表す波動関数は正だが，p軌道は，2つのローブ(lobe)からなり，各ローブで ＋ と － の符号が逆になるので色を変えて表示する。

＊3　τでの積分はxyzの3次元空間での積分を意味し，$d\tau$は$dx\,dy\,dz$と同じ意味である。

＊4　2元連立方程式$ax+by=0$，$cx+dy=0$の場合，$x=y=0$という自明な解以外の解をもつには，$ad-bc=0$であることはすぐ確かめられる。

＊5　gとuは，それぞれドイツ語の偶数と奇数を意味するgeradeとungeradeに由来する。図9.14において，原子間の中点(対称中心)を原点としたとき，(a)の結合性軌道は偶関数(g)，(b)の反結合性軌道は奇関数(u)となっている。

演習問題 9

9.1 アンモニア NH_3 の結合を混成軌道により説明せよ。

9.2 ベリリウム Be は安定な Be_2 分子として存在するかどうか，分子軌道の電子配置と結合次数を求めて論じよ。

9.3 化学結合に関する以下の記述の正誤を判定せよ。

（1）分子軌道法では，電子が分子全体に広がっていると考える。

（2）混成軌道とは異なる原子の軌道が混ざり合うことである。

（3）混成軌道は s 軌道と p 軌道の他に d 軌道が関与することがある。

（4）シュレディンガー方程式は原子軌道で成り立つもので，分子軌道法とは関係ない。

（5）共有結合のみで成り立つ分子では電子の分布に偏りはない。

10

分子間相互作用

　分子内の原子同士をつなぎ合わせる**化学結合**(分子内結合：intramolecular force)に対して，離れた分子や高分子内の離れた部位に働く力が，**分子間相互作用**(intermolecular interaction)，**分子間力**(intermolecular force)である。分子が原子直径の数倍まで近づいたときに引き合う，この分子間相互作用は一般に電子の移動を伴わないため，化学結合と比較するとその結合力は弱い。共有結合が，生体内においてタンパク質，核酸などの重合体高分子の骨格を形成するのに対し，分子間相互作用は，タンパク質やDNAなどの生体高分子が組織化された構造をもつ原因となる。また，医薬リガンドの受容体への結合は分子間相互作用を駆動力として生じ，特定の分子間相互作用を制御する分子は創薬の基盤技術としても期待されている。したがって，分子間相互作用の概念を正確に理解することは，薬学の基礎を学ぶうえで本質的である。

　分子間力には，相互作用する化学物質の電子分布や形状により様々な種類が存在する。本章では，**静電的相互作用**，**水素結合**，**ファンデルワールス力**，**疎水性相互作用**について，その特徴や原理を学ぶ。さらに，分子間の電子移動に伴って生じる**電荷移動相互作用**，π**電子間の相互作用**についても簡単に取り上げる。

　本章で取り上げる相互作用の分類を表 10.1 で概観してみよう。共有結合とイオン結合の間には，明確な境界線はない。共有された電子の偏りの度合いによって区別されており，2 原子の電気陰性度の差が 1.7 以上のとき，イオン結合となる。また，分子間力についても，広義・狭義によってその分類が異なる場合がある。したがって，問題を解く際には，その文脈からどの定義で問われているかを判断しなければいけないことがある。

10.1　極性と双極子モーメント

　分子間相互作用を理解するにあたっては，電荷間に働く**クーロン力**の理解が基本となる。この手始めとして，**極性分子**と**無極性分子**，また**双極子モーメント**について学んでいこう。

　電気陰性度の異なる異核 2 原子が共有結合すると，これらの原子間の電子密度に偏りが生じる。電気陰性度が大きい原子がより強く，共有電子対を自分側に引き寄せることから，電気陰性度が大きい原子はわずかに負電荷 $\delta-$ を帯び，反対側では等量の正電荷 $\delta+$ を帯びることになる。このような原子間の電気陰性度の差によって生じる電荷の偏りを**極性**といい，極性をもつ分子を**極性分子**という。一方，電荷の偏りがなく極性をもたない分子が**無極性分子**である。

　分子全体の電荷分布の偏りは，**双極子モーメント**という物理量で定義する。異核 2 原子が共有結合すると，結合電子雲に偏りが生じ，負に帯電した部分 $(-Q)$ と正に帯電した部

表 10.1　化学結合と分子間相互作用の種類

化学結合			共有結合
	静電的相互作用（狭義）		イオン結合
分子間相互作用	静電的相互作用（広義）	双極子間相互作用（広義）	水素結合
		ファンデルワールス力（広義） 双極子間相互作用（狭義）	永久双極子-永久双極子相互作用（配向力）
			永久双極子-誘起双極子相互作用（誘起力）
		ファンデルワールス力（狭義）	瞬間双極子-誘起双極子相互作用（分散力）
			疎水性相互作用

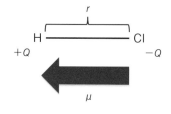

図 10.1　双極子モーメント

分（$+Q$）が生じる。双極子モーメント μ は，$-$ から $+$ へ（電気陰性度の大きい方から小さい方に）矢印を描く。HCl を例にした場合，電気陰性度がより大きい Cl が電子を引き付けるため，Cl から H に矢印を描く（図 10.1）。双極子モーメントの Q の値が大きいほど，また電荷間の距離 r が離れているほど，双極子モーメント μ は大きくなる。

　双極子モーメントは，方向と大きさをもつベクトル量である。分子の中で，2 個の電荷 $+Q$ と $-Q$ が電荷間の変位（距離）r を隔てているとき，その双極子モーメント μ は，負電荷 $-Q$ から正電荷 $+Q$ に向かう向きをもち，その大きさは

$$\mu = Qr \tag{10.1}$$

で定義される。双極子モーメントの単位は，D（デバイ）がよく用いられている。SI 単位系で表すと，C m となり[*1]，D との関係は

$$1\,\mathrm{D} = 3.334 \times 10^{-30}\,\mathrm{C\,m} \tag{10.2}$$

で関係づけられる。

　等核 2 原子分子（同じ原子からなる 2 原子分子）では極性が打ち消し合うため，双極子モーメントの大きさは 0 であり，無極性分子となる。他方，異核 2 原子分子は一般に極性分子である。例えば，塩化水素 HCl の場合，Cl 原子の方が電気陰性度は大きいため，共有電子対は Cl へ引き付けられる。その結果，Cl 原子は負に，H 原子は正に帯電する。H_2O

のような3原子以上の分子も双極子の電場をつくる。多原子分子における極性の有無を判定するにあたっては、分子の対称性が最も重要な要素である。分子の対称性が低い場合には、その分子は極性をもつ。一方、異核多原子分子でも対称性が高ければ個々の結合双極子が打ち消し合い、無極性になることがある。例としてCO_2は、OC結合の双極子がCO結合の双極子と向きが反対であるため、極性は打ち消し合い無極性分子となる。

極性分子と無極性分子について、例をあげて考えてみよう（表10.2）。

図10.2は、双極子モーメントを赤い矢印で、電子雲の偏り（分極）を、＋から－方向へプラスのついた矢印で示している。図10.2(a)の水H_2Oでは、酸素原子Oが水素原子Hとの間に2組の電子対、2組の非共有電子対をもつ。これらができるだけ離れるためには、全体として正四面体になる必要がある。しかし、OとHの位置関係だけで考えると、分子は折れ線形の構造となるため極性を打ち消すことができない。したがって、H_2Oは極性分子となる。図10.2(b)のアンモニアNH_3では、窒素原子Nが水素原子Hとの間に3組の電子対、1組の非共有電子対をもつ。これらができるだけ離れようとするので全体は正四面体になるが、NとHの位置関係は三角錐形である。そのため、結合の極性が打ち消されず極性分子となる。図10.2(c)のメタンCH_4では、中心の炭素原子Cが4対の電子対をもち、これらができるだけ離れようとするため、分子の形は正四面体となり、極性が打ち消されて無極性分子となる。図10.2(d)の二酸化炭素CO_2では、CよりOの電気陰性度

表 10.2 代表的な分子の形と極性の有無

	形	極性
二酸化炭素 CO_2	直線形	無
水 H_2O	折れ線形	有
オゾン O_3	折れ線形	有
三フッ化ホウ素 BF_3	正三角形	無
メタン CH_4	正四面体	無
アンモニア NH_3	三角錐形	有

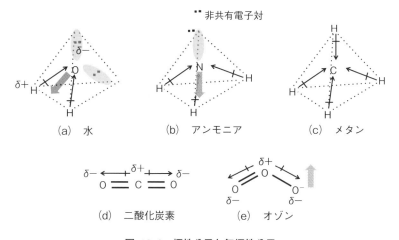

(a) 水　　(b) アンモニア　　(c) メタン

(d) 二酸化炭素　　(e) オゾン

図 10.2 極性分子と無極性分子

が大きいものの，2つあるC＝O結合は，左右対称に直線上に存在するため極性が打ち消される。その結果，分子全体では無極性になる。同様の理由で，メタンCH_4や三フッ化ホウ素BF_3などの分子は分子全体で無極性となる。図10.2 (e)のオゾンO_3のような等核3原子分子でも，折れ線形の構造をしていて，その極性のベクトルの合計が0にならない場合は，極性分子になる。

例題 10.1 双極子モーメントが最も大きい分子はどれか。1つ選べ。

(1) HF　　(2) HCl　　(3) HBr　　(4) HI　　(5) H_2

[解答] (1)

(1)〜(4)まではハロゲン化水素，(5)の水素分子は等核2原子分子である。等核2原子分子では，結合分子は均等に分布するため，双極子モーメントは0となる。双極子モーメントは，分子内の正電荷の中心と負電荷の中心が一致しない場合，電気陰性度の差が大きいほど大きくなる。ハロゲンの中では，Fが最も電気陰性度が大きいため水素原子の電子を強く引き付け，極性が大きくなる。したがって，双極子モーメントの大きさの順番は$HF > HCl > HBr > HI > H_2$である。

例題 10.2 双極子モーメントに関する記述のうち，正しいものはどれか。2つ選べ。

(1) 二酸化炭素は，無極性分子である。
(2) 二酸化硫黄は，極性分子である。
(3) 1,2-ジクロロベンゼンの双極子モーメントは，0である。
(4) ヨウ化水素の双極子モーメントは，塩化水素の双極子モーメントより大きい。

[解答] (1)，(2)

(1) 正：二酸化炭素のC＝Oでは，CとOの電気陰性度の差により分極が生じる。しかし，二酸化炭素は直線形の分子であり，分極を打ち消し合うため，全体としては無極性分子となる。

(2) 正：二酸化硫黄は折れ線形の構造をしているため，極性分子である。

(3) 誤：ベンゼン自体は無極性分子であるが，1,2-ジクロロベンゼンは塩素の電気陰性度により分極が生じるため極性分子となる（図参照）。

(4) 誤：電気陰性度は，ヨウ素よりも塩素の方が大きい。したがって，ヨウ化水素は塩化水素に比べて分極が小さくなり，双極子モーメントは小さくなる。

10.2 静電的相互作用

静電的相互作用とは，静電場におけるイオンや点電荷(広がりが極めて小さい電荷)間の相互作用であり，その力は**クーロン力**とよばれる。静電的相互作用の典型例として，電荷をもつ分子やイオン間のイオン結合がある。

正電荷(をもつ粒子)同士，もしくは負電荷(をもつ粒子)同士の間には斥力が生じる。一方，正電荷(をもつ粒子)と負電荷(をもつ粒子)の間には引力が働く。この力は，各粒子の電荷量(の積)に比例し，粒子同士の距離の2乗に反比例する。これを**クーロンの法則**

(Coulomb's law)といい，この力をクーロン力という。比例定数 k をおくと，クーロン力 F は

図 10.3 クーロン力

$$F = k \frac{QQ'}{r^2} \qquad (10.3)$$

で表される（図10.3）。ただし，Q, Q' は電荷の大きさ，r は2つの電荷間の距離である。

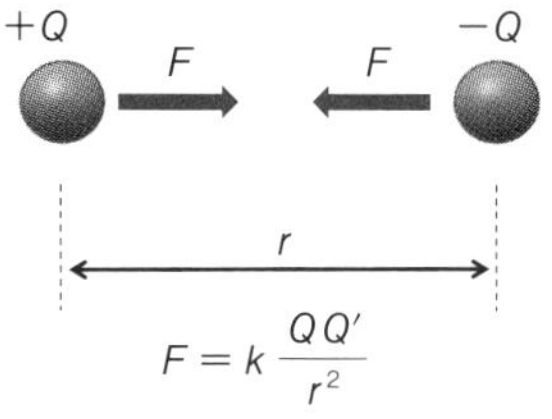

1Cの電荷をもつ2個の点電荷を真空中で1mの間隔に配置したとき（$Q = Q' = 1\,\mathrm{C}$, $r = 1\,\mathrm{m}$），これらに作用する力 F を測定することで比例定数 k が決まる。これを計算すると $k = 8.9876 \times 10^9\,\mathrm{N\,m^2\,A^{-2}\,s^{-2}}$ となる。ここで，真空の誘電率を ε_0 とし，$k = \frac{1}{4\pi\varepsilon_0}$ とおくことにより

$$F = \frac{1}{4\pi\varepsilon_0} \frac{QQ'}{Rr^2} \qquad (10.4)$$

を得る。媒質中では，その誘電率を ε とすると，次の一般式

$$F = \frac{1}{4\pi\varepsilon} \frac{QQ'}{r^2} \qquad (10.5)$$

で表される。また，このとき，クーロン力に基づく**ポテンシャルエネルギー** E は

$$E = \frac{1}{4\pi\varepsilon} \frac{QQ'}{r} \qquad (10.6)$$

で表される。

このように，クーロン力 F は，r の2乗に反比例，クーロン力によるポテンシャルエネルギー E は r（の1乗）に反比例するので，r の次数としては -2 から -1 へと1つ増える。これは，F が距離 r で E を積分すると得られることを意味している。

クーロン力の性質に，**不飽和性**と**無方向性**がある。相互作用する電荷がいくつあっても，その個数に関係なくすべての電荷に対して式(10.3)の力が働くことを不飽和性という。また，クーロン力は，本来ベクトル量であるが，その大きさは距離のみに依存する性質を無方向性という。

例題 10.3 クーロン力とイオン間距離の関係として正しいのはどれか。
(1) クーロン力は距離に比例する。
(2) クーロン力は距離の2乗に比例する。
(3) クーロン力は距離に反比例する。
(4) クーロン力は距離の2乗に反比例する。
(5) クーロン力は距離に無関係である。

[解答] (4)

> **コラム：クーロン力と万有引力**
>
> 　質量 m の物体を重力加速度 g に抗して，高さ h まで上げるときに必用な力 mg と，その際のポテンシャル（位置）エネルギーの増加 mgh の関係に対応している（mg を距離 h で積分すると mgh になり，距離の次数が1つ増える）。すなわち，力を積分するとポテンシャルエネルギーに，ポテンシャルエネルギーを微分すると力になる。
>
> 　また，式(10.3)は，二物体間に働く万有引力の式
>
> $$F = G\frac{MM'}{r^2}$$
>
> 　　（M, M'：2つの物体の質量，r：2つの物体間の距離，G：万有引力定数）
> と同じ構造をとっていることに気づく。重力相互作用（万有引力）と電磁相互作用を含めた4つの相互作用力を統一して説明しようとする理論を統一場理論という。

10.3　水　素　結　合

　水素結合(hydrogen bond)は，大きな電気陰性度をもった原子に共有結合で結びついた水素原子が，近傍に位置する窒素，酸素，硫黄などの孤立電子対とつくる結合である。**双極子間相互作用**の中に位置づけることもでき(10.4節)，その中では特に強い力である。生体を構成する主要元素は，水素 H，炭素 C，窒素 N，酸素 O であるため，水素結合はタンパク質の2次構造の形成や，DNA の二重らせん構造の形成に寄与するなど，生体高分子の機能発現において重要な役割を担っている。

　液体の水 H_2O の場合で考えてみると，ある1つの水分子の水素原子に対する，もう1つの水分子の酸素原子間に働く静電的な結合が水素結合となる。水素結合は，一般的には，水素より電気陰性度の大きい原子 X と結合した水素と，他の原子との引力的な相互作用をいう。そこで，水素原子に結合している原子を X として共有結合を実線－で表すと，この分子と相手の分子 Y(N, O, F が最も効果的に水素結合を形成する)との水素結合は X－H---Y の破線---で表される。1つの水素結合の強さは，X の**電気陰性度**の強さに依存する。X の電気陰性度が大きいほど，X－H の極性は大きくなるため，相手の分子との水素結合は強くなる(図 10.4)。

　大きな電気陰性度をもつ原子 X に水素原子が共有結合で結びつくと，電気陰性度の違いにより，分子内に大きな極性の偏りを生じる。このため，$\delta+$ と $\delta-$ で分子間引力が働く。X の電気陰性度が大きいほど，この偏りは大きくなるため，HI 同士よりも HF 同士の水素結合の引力が大きい。例えば，周期表の17族の元素 F, Cl, Br, I の水素化合物 HF, HCl, HBr, HI について，この順番でその水素結合の強度は大きい。

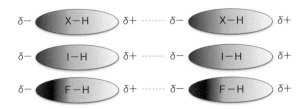

図 10.4　分子 HX 間に形成される水素結合の概念図

　水素結合は,「強い」分子間相互作用であるが,あくまでもこれは他の分子間相互作用に比較しての話であって,化学結合(共有結合,イオン結合,金属結合)に比べると弱い。その強さは,$10\sim40\,kJ\,mol^{-1}$程度であり,純粋なイオン結合と比べると,その強度は1桁小さい。同程度の分子量をもつ分子性物質の場合,水素結合を形成している物質は,これを形成しない物質に比べて融点や沸点は高くなる(表10.3)。ハロゲン化水素の沸点,融点の順番は,HCl＜HBr＜HI＜HFとなる。HCl＜HBr＜HIの順序については,分子量が大きくなるほど強くなるファンデルワールス力の影響で説明される。しかし,HFは分子量が小さいにもかかわらず沸点・融点が高い。これはHF分子間の水素結合が強いためである。

　液体の水では1分子あたり4つの水素結合があるため,HFよりもH_2Oが,沸点が高くなることに注意したい(図10.5)。

　水素結合供与体(ドナー)と水素結合受容体(アクセプター)の両方が同じ分子内にある場合,分子内で水素結合が形成されることがある。これは**分子内水素結合**とよばれ,代表例としてo-ニトロフェノールやo-マレイン酸でみられる。対して,p-ニトロフェノールやp-フマル酸では,分子間で水素結合が形成される(図10.6)。

　o-ニトロフェノールでは,ニトロ基のO原子はN原子より電気陰性度が大きく,負電荷を帯びるため,OH基のH原子と分子内水素結合を形成する。一方,p-ニトロフェノールでは,分子間水素結合による会合をつくるため,o-ニトロフェノールよりp-ニトロフェノールの方が融点や沸点が高い。

　分子間水素結合をもつ化合物は,分子内水素結合をもつ化合物よりも安定であるため,後者の沸点(融点)は前者より高くなる。

表 10.3　ハロゲン化水素と水の沸点・融点

	分子量	沸点 (℃)	融点 (℃)
H_2O	18.02	100	0
HF	20.01	19.54	−84
HCl	36.46	−85.05	−114
HBr	80.91	−66.38	−86.8
HI	127.9	−35.36	−50.8

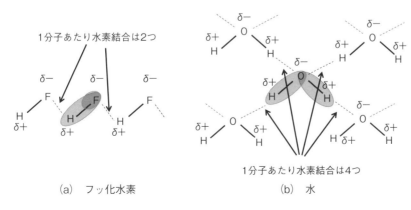

(a)　フッ化水素　　　　　　　(b)　水

図 10.5　フッ化水素と水分子における水素結合

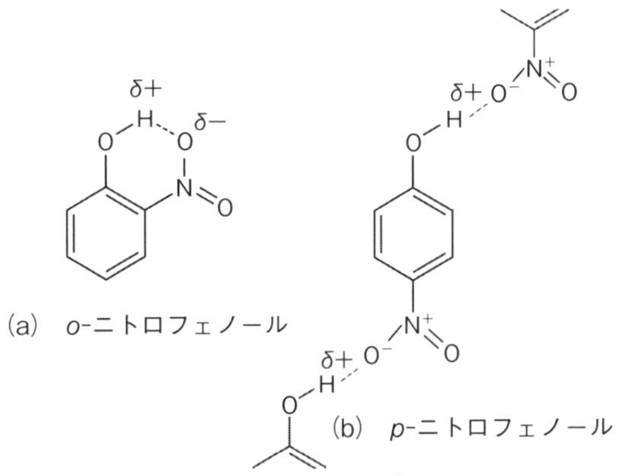

図 10.6 *o*-ニトロフェノール分子と *p*-ニトロフェノール分子で働く水素結合

例題 10.4　フッ化水素と水に関する記述の正誤について，正しいものはどれか。2 つ選べ。
(1)　フッ素原子の電気陰性度は，酸素原子の電気陰性度より大きい。
(2)　F−H---F の水素結合は，O−H---O の水素結合より強い。
(3)　液体のフッ化水素で形成される 1 分子あたりの水素結合の数は，水で形成される 1 分子あたりの水素結合の数より多い。
(4)　フッ化水素の沸点は，水の沸点より高い。

　[解答]　(1)，(2)
　(1)　正：電気陰性度とは，原子が電子を引き寄せる大きさの尺度である。周期表では，一般に右上の元素ほど大きく，フッ素 F の電気陰性度 4.0 が最大となる。酸素 O の電気陰性度は 3.5 である。
　(2)　正：F が O より電気陰性度が大きいため，H_2O より HF の方が分子内で電荷の偏りが大きくなる。その結果，F−H---F の水素結合は O−H---O の水素結合より強い（約 1.4 倍）。
　(3)　誤：HF では分子中に H が 1 つ，H_2O は分子中に H が 2 つあるため，1 分子あたりの水素結合の数は水の方が 2 倍である。
　(4)　誤：水素結合 1 つあたりの大きさは HF の方が大きいものの，水素結合の数は水では 2 倍あるため，フッ化水素の沸点より水の沸点の方が高い。

10.4　ファンデルワールス力

10.4.1　ファンデルワールス力の性質と種類

　ファンデルワールス力(van der Waals force)は，電荷をもたない中性分子や原子の間においても働く**双極子間相互作用**[*2] による引力である。その力の大きさは，共有結合やイオン結合に比べて約 6000 分の 1 と，他の分子間相互作用と比べても非常に弱い結合である。分子量が大きい分子ほどファンデルワールス力は強く，凝集力は強まり，その沸点や融点は上昇する。分子間の距離が近づくにつれてその引力は強くなるが，さらに距離が近くなると，複数の電子が同じ空間を同一の量子状態を占めることはできないのでパウリの排他原理により反発力が生じ，**交換斥力（ファンデルワールス斥力）**が働くようになる（図

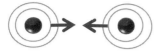

Ⅰ. 分子が接近すると引力が生じる

Ⅱ. 接近しすぎると斥力が生じる

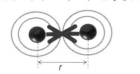

Ⅲ. 最もポテンシャルエネルギーが小さいとき

rの半分がファンデルワールス半径

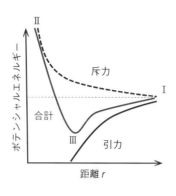

（a）分子間のファンデルワールス力　　　（b）レナード–ジョーンズポテンシャル

図 10.7　分子間距離とファンデルワールス引力/斥力の関係

10.7（a））。引力は分子間距離の6乗に反比例することが多く，斥力はその12乗に反比例
する（10.4.4項）。このときのファンデルワールス力の引力と斥力をグラフにまとめたも
のが**レナード–ジョーンズポテンシャル**である（図10.7（b））。ファンデルワールス力に
よって隣接する原子同士の距離の半分を**ファンデルワールス半径**という。

　ファンデルワールス力には，狭義のファンデルワールス力と広義のファンデルワールス
力がある。広義のファンデルワールス力には，**①（永久）双極子[*3]–（永久）双極子相互作
用，②（永久）双極子–誘起双極子相互作用，③瞬間双極子–誘起双極子相互作用**の3種類が
存在する。狭義のファンデルワールス力は，瞬間双極子–誘起双極子相互作用（分散力）で
ある。これらの相互作用（力）について詳しく見てみよう。

10.4.2　永久双極子–永久双極子相互作用

　永久双極子–永久双極子相互作用（dipole-dipole interaction）は，**配向力，Keesom 力**とも
いう。永久双極子間同士で働く互いに引き合う相互作用である（図10.8（a））。

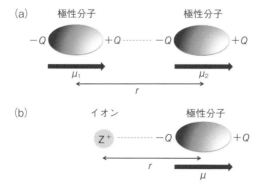

図 10.8　永久双極子–永久双極子相互作用とイオン–永久双極子相互作用

　双極子の位置が固定されている場合と，双極子の位置が固定されておらず回転できる場合では，ポテンシャルエネルギーは異なる。結晶構造のように双極子の位置が固定されている場合は距離rの3乗に反比例する。そのポテンシャルエネルギーUは

$$U = -\frac{2}{4\pi\varepsilon}\frac{\mu_1\mu_2}{r^3} \tag{10.7}$$

で表される。ただし，μ_1, μ_2は双極子モーメント，εは媒質の誘電率，rは2つの分子間の距離である。

　片方が，双極子ではなくイオン（電荷）の場合，**イオン-永久双極子相互作用**(ion-dipole interaction)とよばれる（図10.8 (b)）。このとき，イオンは極性分子にある，異符号の双極子に近づくような直線上の配置をとる。この作用のポテンシャルエネルギーは両者の距離の2乗に反比例する。そのポテンシャルエネルギーUは

$$U = -\frac{Z\mu}{4\pi\varepsilon r^2} \tag{10.8}$$

で表される。ただし，Zはイオンの電荷の絶対値，εは媒質の誘電率，rは2つの電荷間の距離である。

10.4.3　永久双極子-誘起双極子相互作用

　永久双極子-誘起双極子相互作用(dipole-induced dipole interaction)は，双極子と誘起双極子の間で働く相互作用のことである。**誘起力**，**Debye力**[*4]ともいう。一方の分子が極性をもち，他方が電気的に中性の分子との間に生じる相互作用である。

　永久双極子が，無極性分子に近づくと，電気双極子を誘起することができる。つまり，永久双極子による双極子モーメントによって，双極子モーメントを誘起し，引力が生じる（図10.9）。極性分子を無極性分子に近づけると中性分子に電気的な偏りが生じ，双極子が誘起される。この現象により生成した双極子を誘起双極子という。これによって生じる力が，永久双極子-誘起双極子相互作用（誘起力）である。

　この相互作用のポテンシャルエネルギーはイオン間の距離rの6乗に反比例する。すなわち

$$U = -\frac{\mu^6\alpha}{4\pi\varepsilon r^6} \tag{10.9}$$

となる。ただし，μは極性分子の双極子モーメント，αは分極率，εは媒質の誘電率，rは2つの電荷間の距離である。

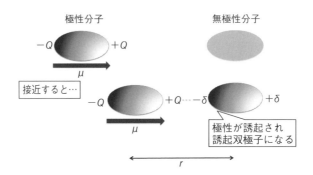

図 10.9　永久双極子-誘起双極子相互作用

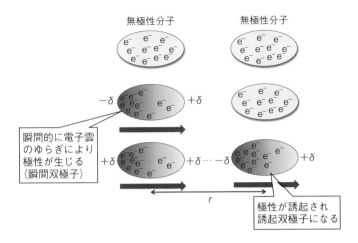

図 10.10 瞬間双極子–誘起双極子相互作用

10.4.4 瞬間双極子–誘起双極子相互作用

ファンデルワールス力は，すべての物質間で働く力である。そうであるとするならば，電気的に中性で無極性分子同士では，どのようなメカニズムで引き合うのだろうか。これを説明するのが，**瞬間双極子–誘起双極子相互作用** (induced dipole-induced dipole interaction)であり，狭義の**ファンデルワールス力**である。**分散力，ロンドン力，ロンドン分散力**ともいう。ロンドンは，化学結合や非分極分子の分子間力についての理論的な貢献をした科学者(Fritz Wolfgang London)に由来する。

無極性分子では，通常，電荷の偏りはないが，分子の電子密度分布は常に一定であるわけではなく，瞬間的に電子の偏りが生じることがある(**電子雲のゆらぎ**)。この瞬間的な極性分子を**瞬間双極子**とよぶ。瞬間双極子はこの瞬間的に生じた電子の偏りにより，相手側の無極性分子に極性を誘起する。その結果，永久双極子–誘起双極子相互作用と同様の機構で，2分子間に働く引力が分散力である(図 10.10)。瞬間双極子–誘起双極子相互作用(分散力)では，一方の分子における瞬間的な双極子が，相手の分子に双極子を誘起し，この2つの双極子が相互作用してエネルギーを下げる。

分散力は，分子間の近傍で作用し，そのポテンシャルエネルギーは分子距離の6乗に反比例する。これはすなわち，非常に近接した距離でだけで引力が作用することを示している。しかし，分子同士が接近しすぎると今度は反発力が生成する。この斥力のポテンシャルエネルギーは分子間距離の12乗に反比例する(10.4.1項，図 10.7)。

例題 10.5 ファンデルワールス力に関する記述のうち，正しいものはどれか。2つ選べ。

(1) 中性分子間に働くファンデルワールス力の大きさは，分子間距離の6乗に反比例する。

(2) ファンデルワールス力は，コロイド粒子間にも作用している。

(3) 極性分子，無極性分子ともに，固有の永久双極子モーメントを有する。

(4) 無極性分子同士であっても，瞬間的に双極子が生じる場合がある。

(5) ファンデルワールス半径は，共有結合半径に比べて小さい。

[解答]　(2)，(4)

(1)　誤：ファンデルワールス力の大きさは，分子間距離の7乗に反比例する。6乗に反比例するのはポテンシャルエネルギーである。

(2)　正：ファンデルワールス力は，コロイド粒子に主要に働く力である。

(3)　誤：無極性分子は，永久双極子モーメントをもたない。

(4)　正：これを瞬間双極子とよぶ。

(5)　誤：共有結合半径は結合した同種原子間の結合距離の1/2で定義される。一方ファンデルワールス半径は結合していない2分子間で原子がどこまで接近できるか，引力と斥力がつり合ってポテンシャルエネルギーが最小になる距離である。

10.5　疎水性相互作用

　ここまで紹介してきた結合は，様々な性質や力の大きさの違いがあっても，結局は電気的に正の物質と負の物質が直接的に引き合う静電的相互作用という点は本質的に共通している。しかし，**疎水性相互作用**(hydrophobic interaction)は，**疎水効果**(hydrophobic effect)という静電的相互作用とは異なる作用で非極性分子間に働く引力である。疎水性相互作用は，界面活性剤のミセル形成，タンパク質の高次構造の安定化，受容体-リガンド複合体の形成などに重要な役割を果たしている。身近に働く例では，水中に油を垂らしたときに，油同士が集まる現象があげられる。この結合は，疎水性分子のまわりにある水分子の水素結合によって形成されるもので，疎水性分子同士に直接的に働く引力ではない。

　疎水性相互作用の駆動力は，**熱力学第2法則**である。疎水性物質は水などの極性溶媒にはほぼ溶解せず，溶質と溶媒が強く相互作用できない。そこで，疎水性分子が水中に存在すると，水分子は溶質を取り囲み，かご状の水素結合の網構造を形成する(これを**かご状構造**，**水構造**，**氷構造**，あるいは**水クラスター**という)。

　ここで，簡単のため，2つの疎水性分子が水中に存在するケースを考えてみよう。図10.11 (a)は水分子がある炭化水素分子を取り囲み，かご状構造を形成している。図10.11 (b)は2次元で模式化した「水の水素結合網」の破壊と再形成を示す。2つの疎水性分子でそれぞれが，かご状構造をとるより，1つに凝集して新しいかご状構造をつくった方が，全体として「自由な」水分子が増えて，エントロピーは増大する。

　疎水性物質のまわりを水分子が水素結合で取り囲んでいるが，この水分子は疎水性物質を束ねているため，自由に動くことができず，その**エントロピー**はまわりの水分子に比べ

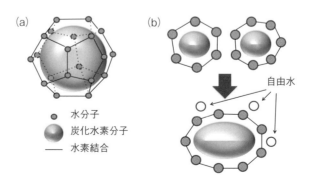

図 10.11　疎水性相互作用の働き

て小さい。しかし，2つの疎水性分子が会合すると，新しくまとまった疎水性分子では水分子と接する面積が減少する。その結果，かご状構造に寄与する水分子は減少し，疎水部分の周囲に存在する水分子は不規則な配列となる（これを**自由水**という）。すなわち，疎水部分が会合することで，全体としてエントロピーが増大する。この「水の水素結合網」の破壊と再形成が疎水性相互作用の原動力になるわけである。なお実際には，数個〜数十個が会合状態を形成し，疎水基を有する溶質のまわりを取り囲む，かご状構造を形成する。疎水性相互作用には，水分子が必須である。溶媒が水でなくても極性が大きい溶媒で同様の現象は生じるが，これは，より一般的に**疎溶媒効果**とよばれる。

コラム：熱力学第2法則

　熱力学第2法則には様々な原理がある。しかし，これらはどれもエネルギーが整然とした状態から乱雑さが増大する方向に流れることを言い換えているだけで，本質的には同じものである。ちなみに，エントロピーを表す記号 S は，カルノーサイクルで著明な，ニコラ・レオナール・サディ・カルノーの Sadi から由来するといわれる（熱力学に関する公式は，記号の由来を知っていると覚えやすい）。

　図 10.12 (a) は，暖かいコーヒーが入ったカップを手で持ったとき，手は暖まるが，逆に手の熱を吸収してコーヒーの温度が上がることはない。これは低温の熱源から高温の熱源に正の熱を移す以外に，他に何の痕跡も残さないようにすることはできないというクラウジウスの原理を直感的に表す日常的な経験である。

　図 10.12 (b) は，エンジンが仕事をして走っている車は，ブレーキを踏むと摩擦熱でやがて停止する。これは仕事が熱に変換することを表す。しかし，その逆に乱雑なエネルギーである熱をすべて回収して，もう一度車を動かすことは無理なのである。これはトムソンの原理を説明している。

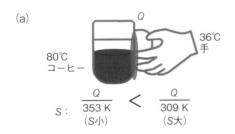

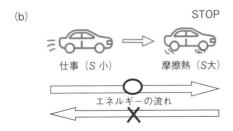

図 10.12　クラウジスウの原理とトムソンの原理の等価性

例題 10.6 疎水性相互作用に関する記述のうち，正しいものはどれか。2つ選べ。
(1) 溶質分子周辺の水構造の形成・破壊と関係がある。
(2) 疎水性の高い分子の間であっても水分子の存在しない状況下では働かない。
(3) 熱力学第1法則と密接な関係がある。
(4) 水銀が水に溶け難いことに密接な関係がある。
(5) 疎水分子自体の間に強い静電的相互作用が働くことに起因する。

[解答] (1)，(2)
(1) 正：疎水性相互作用は，熱力学第2法則をその駆動力の原理としている。
(2) 正：疎水性相互作用には，水分子が必要である。
(3) 誤：疎水性相互作用は，熱力学第2法則(エントロピー増大則)と密接な関係がある。
(4) 誤：水銀は強い金属結合で結合しているのであり，疎水性相互作用で結合しているのではない。
(5) 誤：疎水性相互作用は，疎水分子同士の間に引力的な相互作用が直接働いているわけではなく，水の構造に関係したエントロピーの効果によるものである。

10.6 電荷移動相互作用

電荷移動力(charge transfer force)は，分子間もしくは分子内の原子集団間の電子の移動に伴って生じる相互作用である。電子を供与可能な分子(**電子供与体**)中の電子の一部が，電子を受け取る他の分子(**電子受容体**)に移動もしくは非局在化することで形成される。この相互作用により生じる錯体を**電荷移動錯体**という。一般に，ファンデルワールス力よりも近距離で作用し，比較的強い分子間相互作用である。

電荷移動相互作用では，数〜十数 kcal の安定化エネルギーが発生する。生体を構成している分子の中でも働くが，最も代表的な例として，ヨウ素デンプン反応があげられる。ヨウ素は褐色であるが，デンプンを加えると，ヨウ素がデンプン(アミロース)の網目構造に潜り込み，グルコースのヒドロキシ基の酸素と新たな電荷移動錯体を形成する(図10.13)。

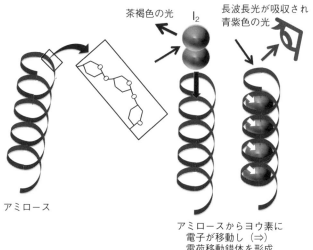

図 10.13 ヨウ素デンプン反応における電荷移動力の働き

　デンプン（アミロース）はグルコース6個で1回転するような左巻きのらせん構造をとり，さらにアミロース分子同士が水素結合によって二重らせん構造を形成して安定化する。デンプンの水溶液にヨウ素溶液を加えると，このらせん構造の中にI_2分子が入り込み，アミロースとの間で電荷移動錯体を形成する。その結果，青紫色を呈する。この反応をヨウ素デンプン反応という。加熱するとデンプンのらせん構造が崩れるため，入っていたI_2分子が離れ色は消失する。つまり，吸収光が長波長側にシフトし，それぞれの分子自体にはない，新しい光吸収体が出現する。ここではヨウ素が電子供与体であり，デンプンが電子受容体である。

例題 10.7　電荷移動相互作用に関する記述のうち，正しいものはどれか。2つ選べ。
- (1)　電荷移動とは，分子間で一部の電子が移動あるいは非局在化することである。
- (2)　電荷移動相互作用は，ファンデルワールス力よりも近距離で作用する。
- (3)　電子供与体は，電子受容体よりもイオン化ポテンシャルが高い。
- (4)　電荷移動相互作用は，ファンデルワールス力よりも弱い相互作用である。
- (5)　電子供与体と電子受容体がつくる鎖状複合体をキレートという。

　[解答]　(1)，(2)
　(1)　正：電荷移動とは分子間で一部の電子が移動あるいは非局在化することであり，それに伴って生じる分子間相互作用を電荷移動相互作用という。
　(2)　正：電荷移動相互作用は，分子間で電子を共有するためファンデルワールス力よりも近距離で作用する。
　(3)　誤：電子供与体は電子受容体よりも，電子を放出しやすいためイオン化ポテンシャルは低い。
　(4)　誤：ファンデルワールス力は，分子間力の中で極めて小さい相互作用である。
　(5)　誤：電子供与体と電子受容体がつくる鎖状複合体は電荷移動錯体，もしくはドナーアクセプター錯体という。

10.7　π電子間の相互作用

　芳香族化合物では，炭素でできた環構造の上下に，非局在したπ電子が雲状に分布している。そのため，芳香環には瞬間双極子–誘起双極子相互作用（分散力）が強く働く（図10.14）。この芳香環間に働く分散力を，**π–π相互作用**（π–π interaction, Pi-stacking）とよぶ。2つの芳香環が積み重なるような配置で安定化する傾向があるため，**π–πスタッキング**，**スタッキング相互作用**ともいう。ベンゼン2量体はπ–π相互作用の代表例である。

　なお，炭素環の外部の水素は，正電荷を帯びている。ベンゼン環が，それに垂直の位置にある他の芳香環に向かい合うと，それぞれのマイナス環とプラス環が，向かい合い静電的相互作用により非常に安定なT型2量体が形成される。これを**T型スタッキング**という。

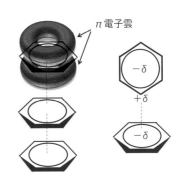

図 10.14　π–π相互作用

　これらの相互作用は，様々な分子の立体配座や超分子構造形成に影響を与えている。生体内においても，DNAやRNA分子内の核酸塩基のスタッキング，タンパク質のフォールディング，分子認識などに重要であるとされる。π-π相互作用の強さは，分子の芳香族性，分電子密度，溶媒の極性などによって変化する。

例題 10.8　アセチルコリンエステラーゼを阻害することによってアルツハイマー症の進行を抑制する治療に用いられるドネペジル塩酸塩と，アセチルコリンエステラーゼの相互作用のうち，ベンゼン環とTrp84で見られる芳香環同士の相互作用はどれか。

塩酸ドネペジルの構造式　　　　HCl

(1)　疎水性相互作用
(2)　薬力学的相互作用
(3)　スタッキング相互作用
(4)　イオン間相互作用
(5)　薬物動態的相互作用

　［解答］　(3)
　芳香環同士に働く分散力を，π-π相互作用またはスタッキング相互作用という。ドネペジル分子の両端のベンゼン環は，アセチルコリンエステラーゼのトリプトファン(環芳香族アミノ酸)とπ-π相互作用し，酵素の活性中心をブロックする。

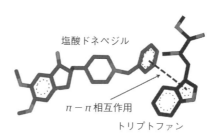

塩酸ドネペジル

π-π相互作用

トリプトファン

▌注釈

＊1　クーロン(coulomb，記号C)は電荷のSI単位である。1Aの電流が1秒間に運ぶ電荷が1Cとなる(1C=1As)。

＊2　双極子間相互作用とは，極性分子間で働く静電的相互作用のことである。

＊3　永久双極子(permanent dipole)とは，単に双極子ともいう。"永久"は，ずっとその性質をもち続けているというほどの意味で，永久磁石の永久と同じと考えればよい。

＊4　Debyeは，非対称分子の電荷分布への双極子モーメントの研究に貢献があり，双極子モーメントの単位名のデバイにもその名を残すPeter Debyeに由来する。

演習問題 10

10.1 以下の文章の正誤を判断しなさい。

(1) 極性分子, 無極性分子ともに, 固有の永久双極子モーメントを有する。

(2) 双極子モーメントの単位は D (デバイ) である。

(3) 無極性分子間に働く分散力は, 分子内電子雲のゆらぎにより生じる。

(4) 希ガスのファンデルワールス力を比較したとき, 分子量が大きい分子ほど, その力は強くなる。

(5) ファンデルワールス力のポテンシャルエネルギーは, 分子間距離に反比例する。

(6) イオン間の静電ポテンシャルエネルギーは, イオン間距離の 2 乗に反比例する。

(7) イオン間の静電的相互作用による力 (クーロン力) は, 距離に反比例する。

(8) 分散力はロンドン力ともいい, その力の大きさは分子間距離の 7 乗に反比例する。

(9) 液体のフッ化水素で形成される 1 分子あたりの水素結合の数は, 水で形成される 1 分子あたりの水素結合の数より少ない。

(10) タンパク質の 1 次構造の形成には, アミノ酸同士の水素結合が必要である。

(11) 疎水性相互作用は熱力学第 1 法則により説明される。

(12) ヨウ素デンプン反応では, 電荷移動相互作用により吸収光が短波長側にシフトする。

10.2 分子間相互作用の名称と特徴の組合せとして誤っているのはどれか。2 つ選べ。

	名 称	特 徴
(1)	分散力	無極性分子同士を含めて, すべての物質の間に働く相互作用で, 物質の分極率が大きいほど強くなる
(2)	水素結合	電気陰性度の大きな原子に結合した水素原子と, 別の電気陰性度の大きな原子間で形成される相互作用で, 共有結合と同程度の相互作用エネルギーを示す
(3)	疎水性相互作用	水中における疎水性分子同士の発熱的な相互作用で, 相互作用エネルギーは分子間距離の 6 乗に反比例する
(4)	静電的相互作用	イオン間の相互作用で, その相互作用エネルギーはイオン間距離と媒体の誘電率に反比例する
(5)	電荷移動相互作用	電子供与体と電子受容体の間の相互作用であり, ヨウ素デンプン反応で青紫色に着色する要因となる

(国試 105-98 改)

10.3 分子間相互作用と, それが主要な要因となる相互作用の組合せとして誤っているのはどれか。2 つ選べ。

	名 称	要 因
(1)	疎水性相互作用	生体内における脂質二重膜を形成する
(2)	双極子-誘起双極子相互作用	アセトンに四塩化炭素が溶解する
(3)	イオン-双極子相互作用	塩化ナトリウムが結晶中で規則正しい構造を形成する
(4)	静電的相互作用	水中でイオンが水和イオンとして存在する
(5)	疎水性相互作用	P-ニトロフェノールは, o-ニトロフェノールよりも融点が高い

10.4 分子の分極の度合いは (電気) 双極子モーメント μ として, $\mu = Qr$ のように定量的に表すことができる。ここで, Q は電荷, r は電荷間の距離を表す。0.1 nm 離れた電子 1 個分の電荷 $+e$, $-e$ の双極子モーメントは, 電荷が 1.6×10^{-19} C であることから 1.6×10^{-29} C m となる。

臭化水素 HBr の双極子モーメントを求めたところ 2.6×10^{-30} C m であった。H-Br の結合距離を 0.14 nm としたとき, HBr のイオン性は何 % 程度と見積ることができるか。最も近い値 (%) を 1 つ選べ。ただし, H-Br 間で電子 1 個分の電荷 $+e$, $-e$ が, それぞれの原子上に分離しているとき HBr は 100% イオン性を示すものとする。

(1) 2%　　(2) 12%　　(3) 18%　　(4) 24%
(5) 36%　　　　　　　　(国試 101-92 改)

11 分光学の基礎

合成した薬(有機化合物)や薬が作用する相手の受容体(タンパク質)の構造を知りたいとき，しばしば分光分析が用いられる。本章では，分光分析の基礎を学ぶことにより，後に学ぶ様々な機器分析法の原理を理解することを目的とする。

11.1 電磁波と物質の相互作用

11.1.1 電磁波の種類と性質

私たちに最もなじみが深い**電磁波**は光(**可視光**)である。電磁波は電場と磁場からなり，振動する電場と振動する磁場が直交しながら波として空間を伝わっていく(図11.1)。電磁波は波の性質(**波動性**)を有するので，振動数 ν と波長 λ によって特徴づけることができる。一方，電磁波はエネルギーのかたまりとしての性質(**粒子性**)も有する。このエネルギー E は振動数 ν に比例し

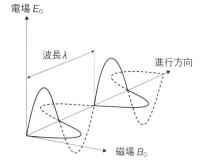

図 11.1 電磁波の進み方の概念図

$$E = h\nu \qquad (11.1)$$

で表すことができる。ここで，h はプランク定数である。

電磁波には可視光以外にも様々なものがある。可視光が波長によって様々な色に分かれることは，虹が七色に見えることでよく知っていると思うが，同様に，電磁波全体も波長によって様々な種類に分類できる。それを図11.2に示す。振動数は波長に反比例して $\nu = \frac{c}{\lambda}$ (c は真空中の光速度)と表されることから，式(11.1)は

$$E = h\frac{c}{\lambda} \qquad (11.2)$$

と表すことができる。すなわち，波長が短い電磁波ほどエネルギーは大きい。γ 線と X 線は非常に波長が短い電磁波で，いずれも放射線である。γ 線の方が X 線よりも波長が短いが，一部重なっている。X 線は原子の核外から発生するのに対して，γ 線は核内から発生するという違いがある(12章)。可視光より波長が短い光が**紫外線**で，波長が長い光が**赤外線**である。波長が短い可視光が紫色，長い可視光が赤色を呈することから，それよりも外側ということで紫外線あるいは赤外線と名づけられた。赤外線よりも波長が長い電磁波としては，**マイクロ波**，**ラジオ波**などがある。これら様々な波長の電磁波を利用して，それらに特有のエネルギーに対応した**分光分析法**がある(図11.2)。

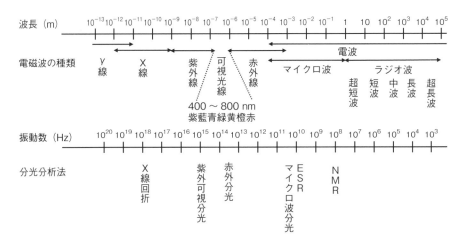

図 11.2　電磁波の種類と対応する分光分析法

11.1.2　ランベルト-ベールの法則

　光は電磁波であり波の性質を有するので，物質に当たると一部は反射され，残りは入射光として物質に入射する。また，入射光の一部は物質により吸収され，吸収されなかったものは透過光として物質外に出てくる（図11.3）。透過光の強度 I は，入射光の強度 I_0 に対して，途中に存在する物質の濃度と透過距離（**光路長**）に依存して減少する。透過光の強度と入射光の強度の比は

$$t = \frac{I}{I_0} \tag{11.3}$$

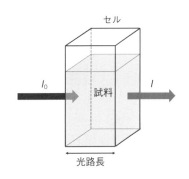

図 11.3　溶液の吸光度測定

で表され，t を**透過度**とよぶ。t の値を百分率で表したものが**透過率** T で

$$T = 100\,t = 100 \times \frac{I}{I_0} \tag{11.4}$$

と表す。また，透過度 t の逆数の常用対数を**吸光度** A とよび

$$A = \log \frac{1}{t} = -\log t \tag{11.5}$$

で表す。吸光度 A は，物質の濃度 c（mol L^{-1}）と光路長 l（cm）に比例するので

$$A = \varepsilon c l \tag{11.6}$$

となる。これを**ランベルト-ベールの法則**とよぶ。ここで，比例定数の ε は**モル吸光係数**であり，光路長が 1 cm のとき，1 mol L^{-1} の濃度の試料の吸光度に相当する。この重要な式(11.6)により，吸光度を測定すればその溶液の濃度が直接求められる。日本薬局方では，比例定数のモル吸光係数の代わりに**比吸光度** $E_{1\,\mathrm{cm}}^{1\%}$ も定義されている。比吸光度 $E_{1\,\mathrm{cm}}^{1\%}$ は，式(11.6)の濃度 c を w/v% で表したときの ε に相当する。すなわち

$$E_{1\,\mathrm{cm}}^{1\%} = \frac{A}{c(\mathrm{w/v\%})\, l(\mathrm{cm})} \tag{11.7}$$

が成り立つ。

例題 11.1　次の溶液の吸光度を求めなさい。

（1）　透過率 10% の溶液　　（2）　入射光の 99% が吸収された溶液

　　［解答］　吸光度 A は透過度 t の逆数の常用対数である。

　　（1）　透過率 10% のとき，透過度は 0.1 であるので，$A = \log \dfrac{1}{t} = -\log t = -\log 0.1 = 1$
より，吸光度は 1 となる。

　　（2）　99% の光が吸収されたということは，透過率は 1%（透過度は 0.01）であるので，
$A = -\log t = -\log 0.01 = 2$ より，吸光度は 2 となる。

例題 11.2　ある医薬品 X の溶液の波長 300 nm，光路長 1 cm の条件におけるモル吸光係
数は 20000 である。濃度不明の医薬品 X の溶液の吸光度を同じ条件下で測定したところ
0.2 であった。この溶液の X の濃度（mol L^{-1}）を求めなさい。

　　［解答］　$A = \varepsilon cl$ より，$0.2 = 20000 \times c \times 1$，$c = 1 \times 10^{-5}$ mol L^{-1} となる。したがって，
濃度は 1×10^{-5} mol L^{-1} である。

11.2　分子のエネルギー遷移と分光法

11.2.1　分子のエネルギー準位と遷移

　　分子は，いろいろな運動や電子配置により様々なエネルギー状態をとる。分子のエネル
ギーには，値が小さいものから順に，並進エネルギー，回転エネルギー，振動エネルギー，
電子エネルギーがある。**並進エネルギー**は分子の空間中での並進運動，**回転エネルギー**は
分子の回転運動，**振動エネルギー**は分子の結合距離の伸縮や結合角の振動に伴うエネル
ギーである。**電子エネルギー**は電子配置によるものである。分子のこれらのエネルギー状
態は量子化されていて離散的（飛び飛び）な値をとり，最もエネルギーが低い状態を**基底状
態**とよぶ。それよりもエネルギーが高い状態を**励起状態**とよび，様々なエネルギーレベル
（**エネルギー準位**）をとる。並進運動はエネルギー準位の間隔が非常に小さいので，実質的
には連続的なエネルギー準位をとると考えてよい。一方，回転エネルギー，振動エネル
ギー，電子エネルギーはエネルギー準位の間隔が大きい。回転エネルギー，振動エネル
ギー，電子エネルギーのエネルギー準位の間隔は，回転エネルギー＜振動エネルギー＜電
子エネルギーの順になっている（図 11.4）。

　　分子がエネルギーを吸収あるいは放出して異なる状態に移ることを**遷移**とよぶ。基底状
態から励起状態への遷移にはエネルギーを外部から吸収する必要があり，逆に，励起状態
から基底状態に遷移するときは熱や光として外部にエネルギーを放出する（図 11.5）。

11.2.2　分子の回転運動とマイクロ波分光法

　　分子が回転によって変形しないダンベルのような剛体回転子であると仮定する。さらに
簡単のために，分子が HCl，CO のような 2 原子分子の直線回転子を考えよう。

　　図 11.6 で，2 つの原子の質量を m_1，m_2 とする。また，重心を O として，重心と 2 つの
原子までの距離を r_1，r_2 とすると，分子の回転モーメント I は

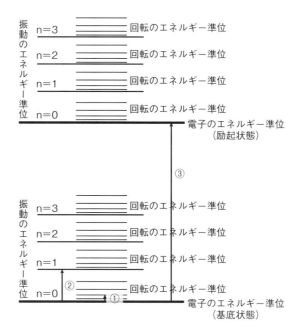

図 11.4 分子のエネルギー準位
① 回転エネルギー準位間の遷移，② 振動エネルギー準位間の遷移，③ 電子エネルギー準位間の遷移。エネルギーの大きさは ①＜②＜③ である。

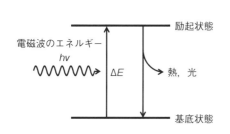

図 11.5 電磁波のエネルギー吸収による遷移

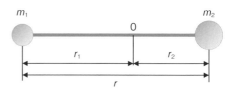

図 11.6 2原子分子の直線回転子の模式図
各原子の質量を m_1, m_2, 重心を O, 原子間距離を r, 各原子から重心までの距離を r_1, r_2 とする。

$$I = m_1 r_1{}^2 + m_2 r_2{}^2 \tag{11.8}$$

で表される。また，O は重心なので

$$m_1 r_1 = m_2 r_2 \tag{11.9}$$

が成り立つ。式 (11.9) から，$r_1 + r_2 = r$ の関係式を用いると

$$r_1 = \frac{m_2}{m_1} r_2 = \frac{m_2}{m_1}(r - r_1) \tag{11.10}$$

となる。式 (11.10) から

$$r_1 = \frac{m_2}{m_1 + m_2} r \tag{11.11}$$

$$r_2 = \frac{m_1}{m_1 + m_2} r \tag{11.12}$$

が導ける。式 (11.11)，式 (11.12) を式 (11.8) に代入すると，I は

$$I = m_1\left(\frac{m_2}{m_1+m_2}r\right)^2 + m_2\left(\frac{m_1}{m_1+m_2}r\right)^2 = \frac{m_1m_2}{m_1+m_2}r^2 = \mu r^2 \tag{11.13}$$

となる。ここで，$\mu\left(=\frac{m_1m_2}{m_1+m_2}\right)$ は換算質量で

$$\frac{1}{\mu} = \frac{1}{m_1} + \frac{1}{m_2} \tag{11.14}$$

が成り立つ。

　上記のような直線形 2 原子分子の回転エネルギー E は

$$E = \frac{J(J+1)h^2}{8\pi^2 I} = BJ(J+1)h \tag{11.15}$$

で表される。ここで，$B\left(=\frac{h}{8\pi^2 I}\right)$ は**回転定数**[*1] であり，単位は振動数と同じ Hz である。$J(=0,1,2,\cdots)$ は**回転量子数**である。

　回転している 2 原子分子が双極子モーメントをもつ極性分子の場合，適当な振動数のマイクロ波を照射すると，低エネルギーの回転準位から高エネルギーの回転準位への遷移が起こる。この遷移において $\Delta J = \pm 1$ という制限がある。$J=0$ のエネルギー準位から $J=1$ のエネルギー準位への遷移のエネルギー $\Delta E_{0\to1}$ は

$$\Delta E_{0\to1} = E_1 - E_0 = 2Bh \tag{11.16}$$

となる。同様に，$J=1$ のエネルギー準位から $J=2$ のエネルギー準位への遷移のエネルギー $\Delta E_{1\to2}$ は

$$\Delta E_{1\to2} = E_2 - E_1 = Bh\{2(2+1) - 1(1+1)\} = 4Bh \tag{11.17}$$

となる。したがって，各回転エネルギー準位および遷移の条件は図 11.7 のようになる。

　スペクトルとは，光をプリズムのような分光器で波長の異なる成分に分解したものであるが，より一般には，横軸に波長や振動数，縦軸にエネルギー強度をとったグラフを示すことが多い。図 11.7 と $\Delta E = h\nu$ の関係式より，振動数が $2B, 4B, 6B, \cdots$ のところでエネルギー吸収が起こっている回転スペクトルが得られることが予想される。

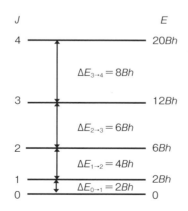

図 11.7　各回転エネルギー準位と遷移の条件

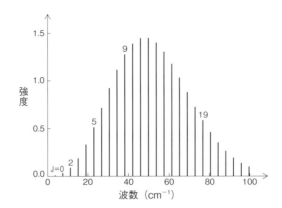

図 11.8　CO 分子の回転スペクトル

(Hesman, B. E., The Abundance of Carbon Monoxide in Neptune's Atmosphere
(2005), Figure 2.1 より改変)

　気相中の CO 分子の回転スペクトルの例を図 11.8 に示す。回転スペクトルの吸収は等
間隔$(2B)$になる。これより B の値が求まり，それから I の値が求まる。すなわち，式
(11.13)から r の値(2 原子分子の原子間距離)が求まる。CO 分子の場合，B の値は
57.8975 GHz になる。この振動数に相当する電磁波は，波長が 5.18 mm になり，マイクロ
波の領域である。マイクロ波分光法による回転スペクトルは，気相中の分子のみで観測さ
れる。それは，溶液中では分子間の衝突頻度が分子の回転数よりも大きくなり，分子は十
分な回転運動をすることができないからである。

11.2.3　分子の振動運動と赤外(IR)分光法

　前項では分子を剛体と仮定して回転運動を考察したが，実際の分子中の原子は固定され
ているわけではなく，平衡位置の近くで振動している。言い換えると，分子中の原子はあ
たかもそれらがばねでつながれているように振動していて，その距離は一定ではなく常に
変化している。共有結合，イオン結合などの原子間の結合様式や結合にかかわっている原
子の種類によって原子間の振動は異なってくる。

　2 原子分子の振動を，理想的なばねにつながれて振動している**調和振動子**として考える
と，振動数 ν は

$$\nu = \frac{1}{2\pi}\sqrt{\frac{k}{\mu}} \tag{11.18}$$

となる。ここで，k は力の定数，μ は換算質量である。また，ポテンシャルエネルギー V は

$$V = \frac{1}{2}k(r - r_e) \tag{11.19}$$

となる。ここで，r は振動している 2 原子間の距離(変数)で，r_e は平衡時の結合距離(定
数)である。シュレディンガー方程式に式(11.19)の V を代入して解くと

$$E_n = \left(n + \frac{1}{2}\right)h\nu \tag{11.20}$$

の振動エネルギー E_n が得られる。ここで，n は**振動量子数**$(n = 0, 1, 2, \cdots)$，h はプラン
ク定数である。式(11.20)より，調和振動子と考えた簡単な 2 原子分子の場合，振動エネル
ギー E_n は間隔 $h\nu$ の飛び飛びの値をとることがわかる。ここで注意すべきは，$n = 0$ にお

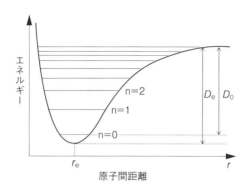

図 11.9　2原子分子のポテンシャルエネルギー曲線

r_e：平衡時の結合距離，D_e：解離エネルギー，D_0：真の解離エネルギー

いても振動エネルギーが $\frac{1}{2}h\nu$ の値をもっていることである。このエネルギーを**ゼロ点エ ネルギー**（または**零点エネルギー**）とよぶ。

　実際の2原子分子では，結合距離の変位が小さいときは調和振動子として近似できる が，変位が大きくなると調和振動子と考えることができなくなる（**非調和振動子**）。この非 調和振動子の振動エネルギー E_n は

$$E_n = \left(n + \frac{1}{2}\right)h\nu - x\left(n + \frac{1}{2}\right)^2 h\nu \tag{11.21}$$

で表される。ここで，x は非調和定数とよばれる定数である。式(11.21)より，E_n の間隔 は調和振動子のような等間隔ではなく，n が大きくなるほど小さくなる。この場合の**ポテ ンシャルエネルギー曲線**は図11.9のようになる。

　ポテンシャルエネルギー曲線の極小値から原子間距離が無限大になった状態（2原子が 解離した状態）までのエネルギーの大きさ D_e が**解離エネルギー**である。**真の解離エネル ギー** D_0 は，振動のゼロ点エネルギーが存在するので，D_e からゼロ点エネルギーの値を差 し引いた値となる。

　N 個の原子でできている分子は，原子1個について座標(x, y, z)で示す3つの自由度が あるので，総数で $3N$ の自由度がある。ここで，分子中の原子はばらばらに移動できるわ けではなく，一体となって並進運動をする。この並進の自由度はx, y, zの各方向について あるので合計で3になる。また，分子は一体となって回転するので一般に回転の自由度は 3であるが，直線形の分子の場合は分子軸のまわりの自由度は必要ないので回転の自由度 は2になる。振動の自由度は，これら並進の自由度と回転の自由度を差し引いたものとな り，一般の分子で$3N-6$，直線形の分子では$3N-5$となる。これらの振動の自由度に対応 して，同じ数の振動モード（**基準振動**）がある。

　図11.10に示すように，O_2 のような2原子分子では，$3N-5$ に $N=2$ を代入して基準振 動は1種類である。一方，H_2O のような非直線形3原子分子では，$3N-6$ に $N=3$ を代入 して基準振動は3種類である。CO_2 のような直線形3原子分子では，$3N-5$ に $N=3$ を代 入して基準振動は4種類である。

　赤外(IR)分光法では，分子に赤外線を照射し，分子が振動エネルギーに相当する赤外線 のエネルギーを吸収して励起されることを利用している。振動エネルギー準位間の遷移の **選択律**は，$\Delta n = \pm 1$ である。振動エネルギー準位間の間隔が大きいため（図11.4），ほと

んどの分子は室温では基底状態(n＝0)に存在する。そのため，分子振動による赤外線の吸収はn＝0からn＝1の遷移による。

　図11.10に示すように，分子の基準振動は分子構造によって決まってくるため，吸収された赤外線の振動数から構造が，強度からその構造の量がわかる。赤外線吸収スペクトルの場合は，通常，振動数(1秒あたりの波の数)の代わりに**波数**(単位長さあたりの波の数＝波長の逆数；単位がcm^{-1}(カイザー)のときは1cmあたりの波の数)を用いる。また，基準振動のすべてが赤外線のエネルギーによって励起されるわけではなく，電気双極子モーメントが変化するものだけが赤外線の吸収を起こす。これを**赤外活性**という。CO_2の対称伸縮振動は赤外活性ではないが，振動により分子の分極率が変化するためラマン散乱が

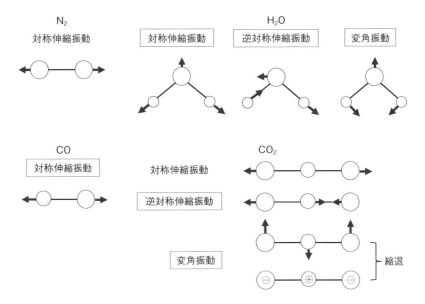

図 11.10　分子の振動モード
　赤外活性な振動モードを枠で囲む。CO_2の変角振動では，紙面に垂直で手前方向を⊕，裏側への方向を⊖で示す。

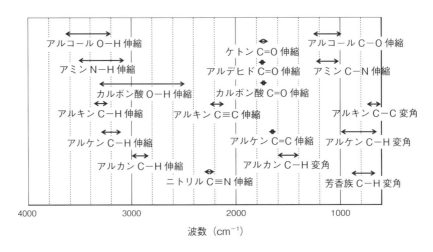

図 11.11　官能基の基準振動による赤外線の吸収

生じ(11.4.4項),ラマンスペクトルが観察される(**ラマン活性**)。

　ある種の原子団(**官能基**)は,どんな分子中にあっても固有の波数で特有の赤外線吸収を示す。この固有の波数は**特性吸収帯**とよばれ,分子の同定や分子中の特定の官能基の存在を知るために利用される。様々な官能基の基準振動による赤外線吸収の様子を図11.11に示す。赤外線吸収スペクトルでは,一般に$1000 \sim 3500 \ \mathrm{cm}^{-1}$の波数領域に振動遷移による信号が現れる。質量が軽い水素原子をもつ O-H や C-H,また三重結合のような強い結合をもつ $C \equiv N$ や $C \equiv C$ は,振動数(波数)が高い領域で観察される。一方,変位のエネルギーが低い変角振動の振動数(波数)は低い。

11.2.4　分子の電子遷移と電子分光法

　適当な電磁波のエネルギーが分子に与えられると,分子の電子エネルギー状態が基底状態から励起状態に遷移する。電子エネルギー状態の基底状態と励起状態のエネルギー間隔は大きいので(図11.4),このような遷移に必要な電磁波は,赤外線よりもエネルギーが大きい可視光から紫外線領域のものになる。電子遷移では分子内の電子分布が変化し,化学結合が影響を受けるため,構造の変化や分解を伴うことがある。

　分子軌道を考えることにより,電子遷移による電磁波の吸収(**電子スペクトル**)を分類することができる。図11.12に示すように,**結合性 σ 軌道**の電子が**反結合性 σ 軌道**に励起されるとき,$\sigma - \sigma^*$ 遷移が起こり,**結合性 π 軌道**の電子が**反結合性 π 軌道**に励起されるとき,$\pi - \pi^*$ 遷移が起こる。また,**非結合性軌道**から反結合性 σ 軌道あるいは反結合性 π 軌道への遷移($n - \sigma^*$ 遷移,$n - \pi^*$ 遷移)も起こる。単結合に関係する $\sigma - \sigma^*$ 遷移はエネルギーが高いので真空紫外領域(波長200 nm以下)で観測される。ヘキサンやシクロヘキサンなどの飽和炭化水素は σ 結合のみからなるので紫外領域や可視領域で吸収を示さない。そのため紫外可視吸収スペクトルを測定するための溶媒として用いられる。メタノールやエタノールのようなヘテロ原子を有する飽和炭化水素は $n - \sigma^*$ 遷移も起こすが,これも紫外領域や可視領域で吸収を示さないので,紫外可視吸収スペクトルを測定するための溶媒として用いることができる。一方,分子内に多重結合を有する有機化合物では $\pi - \pi^*$ 遷移や $n - \pi^*$ 遷移が起こり,紫外可視領域($200 \sim 800 \ \mathrm{nm}$)で電磁波の吸収が観測される。多重結合を有する特別な原子団を**発色団**とよび,特有な波長領域に吸収を示す(表11.1)。発色団では $n - \sigma^*$ 遷移,$n - \pi^*$ 遷移,$\pi - \pi^*$ 遷移が観測されるが,前2者は吸収強度が弱いので $\pi - \pi^*$ 遷移が重要な遷移である。$\pi - \pi^*$ 遷移による吸収は,**共役系**が長くなるとエネルギー準位の間隔が狭くなるので,長波長側に移動する。これを**レッドシフト**とよぶ。

　ある化合物の電子スペクトル(**紫外可視吸収スペクトル**)は化合物に特有であり,その吸収強度は化合物の濃度に依存する。したがって,ランベルト–ベールの法則(11.1.2項)か

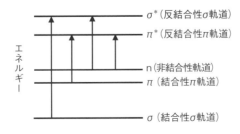

図 11.12　分子軌道と電子遷移

表 11.1　代表的な発色団と吸収極大波長（λ_{max}）

発色団	遷移	例	λ_{max}
$>$C=C$<$	$\pi \to \pi^*$	$H_2C=CH_2$	180
$>$C=O	$\pi \to \pi^*$	$\overset{O}{\underset{}{H_3C-C-CH_3}}$	190
	$n \to \pi^*$		270
$>$C=N$-$	$\pi \to \pi^*$	$H_3C-CH=N-OH$	190
	$n \to \pi^*$		280
$-N=N-$	$n \to \pi^*$	$\underset{N=N}{H_3C\diagdown \quad \diagup OH}$	350
$-NO_2$	$\pi \to \pi^*$	H_3C-NO_2	210

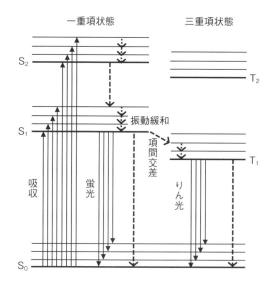

図 11.13　蛍光とりん光の発光メカニズム
破線は無放射遷移を表す。

ら，溶液中の化合物の濃度を知ることができる。ほとんどのアミノ酸は真空紫外領域の $\sigma-\sigma^*$ 遷移の吸収しか示さないが，フェニルアラニン，トリプトファン，チロシンは芳香環を有し，波長 250 nm 以上に $\pi-\pi^*$ 遷移による強い吸収を示す。そのため，タンパク質溶液の 280 nm の吸光度からタンパク質濃度をある程度推定できる。

　分子の電子エネルギー状態は，電磁波のエネルギーを吸収して基底状態から励起状態に遷移する（11.2.1 項）。このとき，基底状態と励起状態の電子エネルギー状態にはそれぞれ振動エネルギー準位（n = 1, 2, 3, …）が存在する。さらに，電子励起状態にも多くの準位（$S_1, S_2, \cdots$）がある。そのため，基底状態のどの振動準位からどの励起状態のどの振動準位に電子が遷移するかによってエネルギー差が微妙に異なり，吸収スペクトルは幅広いものになる。

　ここで，励起状態に遷移した電子は，時間が経つとどのようになるのだろうか。一般には，励起状態の電子はエネルギーを熱エネルギーとして放出して基底状態に落ち着く。これを**無放射遷移**とよぶ。一方，図 11.13 に示すように，励起状態から基底状態に変化する

とき，エネルギーを光として放出する場合がある。このようにして放出される光が**蛍光**である。蛍光のエネルギー変化は励起のエネルギー変化よりも小さいので，蛍光の波長は励起光の波長よりも長くなる。

　ここまでは，電子励起状態として**一重項状態**(S_0, S_1, S_2, …)のみを考えてきた。しかし，電子励起状態には**三重項状態**(T_1, T_2, …)も存在する。電子は2つのスピン状態(図11.14に，上向きの矢印と下向きの矢印で示す)をとるが，基底状態では2つの電子のスピンは1つの軌道に逆方向の対(↑↓)を作って存在する。電子が励起されると，高い準位の軌道に移るが，このときも配置が変わらず逆方向の対になっている状態が一重項状態である。一方，異なる軌道にある2つの電子のスピンの対が平行(↑↑)になっている状態が三重項状態である。基底状態から励起一重項状態に遷移し，その後，**項間交差**によって励起三重項状態に変化し，その励起三重項状態から基底状態に戻るときに出る光が**りん光**である(図11.13)。電磁波のエネルギーを吸収して遷移する場合，一重項状態から一重項状態への遷移は**許容**だが，一重項状態から三重項状態への遷移は遷移前後のスピン多重度が変わるので**禁制**になる。これは，逆の過程でも成り立ち，励起一重項から基底一重項への遷移は許容だが，励起三重項から基底一重項への遷移は禁制である。禁制といってもこの遷移がまったく起こらないわけではないが，時間がかかるのでりん光の寿命は蛍光の寿命に比べてはるかに長くなる。

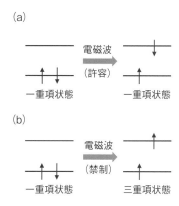

図 11.14　一重項状態と三重項状態および電磁波による遷移

　(a) 一重項から一重項への遷移(許容)，(b) 一重項から三重項への遷移(禁制)

例題 11.3　蛍光とりん光の相違点は何か。

　[**解答**]　蛍光は励起一重項状態から基底一重項状態に遷移する際に発する光である。りん光は励起一重項から励起三重項状態に遷移し，この励起三重項状態から基底一重項状態に遷移する際に発する光である。また，りん光の寿命は蛍光の寿命よりはるかに長い。

11.3　磁気共鳴の原理

11.3.1　電子スピンと核スピン

　電子は負の電荷をもつ微粒子だが，固有の性質として**磁気モーメント** $\vec{\mu}_e$ をもつ。すなわち，電子は，言ってみれば，小さな磁石として振る舞う。荷電粒子が回転すると磁場を生じるので，小さな磁石としての性質は，電子があたかも自転しているように考えると理解しやすい。電子のもつこの性質を表すために，量子論によれば，電子は**電子スピン**とよぶ固有の**角運動量**をもつと考える。原子核は電子と反対の正の電荷をもつ微粒子であるが，原子核についても同様な考え方で磁気モーメント $\vec{\mu}_N$ をもち，**核スピン**とよぶ固有の角運動量をもつ(図11.15)。電子スピンの場合は**スピン角運動量**を $\vec{S}$，核スピンの場合は**スピン角運動量**を $\vec{I}$ で表すと，磁気モーメントとスピン角運動量は

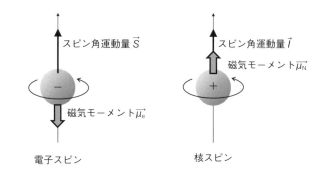

図 11.15　電子スピンと核スピン

表 11.2　陽子数と中性子数から予想される核スピン量子数の値

陽子数	中性子数	スピン量子数 I	例
偶数	偶数	0	^{12}C, ^{16}O
偶数	奇数	1/2, 3/2, ⋯	^{13}C, ^{17}O, ^{33}S
奇数	偶数	1/2, 3/2, ⋯	^{1}H, ^{15}N, ^{19}F, ^{31}P
奇数	奇数	1, 2, ⋯	^{2}H, ^{14}N

$$\overrightarrow{\mu_\mathrm{e}} = \gamma \vec{S} \qquad\qquad (11.22)$$

$$\overrightarrow{\mu_\mathrm{N}} = \gamma \vec{I} \qquad\qquad (11.23)$$

で結びつけることができる。ここで，γ は電子スピンや核スピンに特有な比例定数で**磁気回転比**とよぶ。核の磁気回転比は**核磁気共鳴（NMR）**で特に重要である。核スピンの場合は磁気モーメントの方向とスピン角運動量の方向は一致するが，電子スピンの場合は負の電荷をもつので，磁気モーメントの方向とスピン角運動量の方向は逆になる。

電子が1つであれば，電子スピンは**スピン量子数** $S = 1/2$ をもつ。電子のスピン状態には，時計回りと反時計回りの2通りがある。すなわち，**スピン磁気量子数** $m_S = +1/2$，$-1/2$ の2通りで，それぞれ **α スピン**，**β スピン**ともよぶ。多電子系ではスピン量子数 $S = 1/2, 1, 3/2, \cdots$ となる。

原子核では，核スピンは核種によってスピン量子数 $I = 0, 1/2, 1, 3/2, \cdots$ のいずれかをとる。$I = 0$ では核スピンをもたない。表 11.2 に示すように，各種原子の原子核がどのようなスピン量子数 I をとるかは，陽子数と中性子数で決まる。スピン量子数 I をもつ原子核は，任意の軸に対して，**磁気量子数** m_I を用いて，$m_I = +I, +(I-1), \cdots, -(I-1), -I$ の $2I+1$ 通りの配向をとることができる。

例題 11.4　次の原子のうち，核スピンをもたない（核スピン量子数が0）のはどれか。
(1) ^{1}H　　(2) ^{12}C　　(3) ^{13}C　　(4) ^{14}N　　(5) ^{15}N　　　　（国試 105-3 改）

［解答］　(2)
陽子数，質量数がともに偶数の核種，^{12}C や ^{16}O は核スピン量子数が 0 である。

11.3.2 核磁気共鳴(NMR)分光法の原理

核スピン量子数 I が 0 ではない核は磁気モーメント $\vec{\mu}$ をもつ。核スピン $\vec{I}$ はスピン量子数 I と

$$\vec{I} = \left(\frac{h}{2\pi}\right)I \tag{11.24}$$

の関係にある。ここで，h はプランク定数である。式(11.23)，式(11.24)から，$\vec{\mu}$ と I の間には

$$\vec{\mu} = \gamma\left(\frac{h}{2\pi}\right)I \tag{11.25}$$

の関係が成り立つ。$\vec{\mu}$ と I の関係は

$$\vec{\mu} = g_N\beta_N I \tag{11.26}$$

で表すこともできる。ここで，g_N は**核の g 因子**とよばれる無次元の定数である。β_N は**核磁子**とよばれる物理定数であり，$5.0508 \times 10^{-27}\,\mathrm{J\,T^{-1}}$ の値をもつ。T (テスラ)は磁束密度(磁場の強さ)の単位である。

$\vec{\mu}$ は，磁場がない条件ではランダムな方向を向いているが，磁場があると一定の方向に配向する。また，配向するだけではなく，外部磁場の方向を軸とするコマのような回転運動をする(図11.16)。これを**ラーモア歳差運動**とよび，その回転の角速度 ω_0 の大きさは磁気回転比 γ と外部磁場の大きさ B_0 に比例して

$$\omega_0 = -\gamma B_0 \tag{11.27}$$

で表される。ここで，角速度ベクトル $\vec{\omega_0}$ は外部磁場ベクトル $\vec{B_0}$ と反対方向を向いているので，マイナス記号がついている。図11.16で，核磁気モーメントは回転することにより様々な方向を向いているが，外部磁場の方向を z 軸とすると，$\vec{\mu}$ の z 成分 $\vec{\mu_z}$ は外部磁場と平行である。

核磁気モーメントのエネルギーは量子化されており，μ_z は**磁気量子数** m_I を用いて

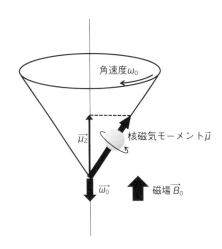

図 11.16 核磁気モーメントの歳差運動

$$\mu_z = \gamma h m_I \tag{11.28}$$

で表される。

式(11.25)から出発すると，外部磁場 B_0 の中にある核スピン量子数 I をもつ原子核は，m_I で決まる $2I+1$ 個のエネルギー準位 E_{m_I} をもつことになる。すなわち

$$E_{m_I} = -\gamma\left(\frac{h}{2\pi}\right)B_0 m_I \tag{11.29}$$

である。

最も一般的な ^{1}H 原子核の場合を考えてみよう。$I=1/2$ なので，$m_I = +1/2,\ -1/2$ の2通りのエネルギー準位をとることができる。すなわち，外部磁場が存在するときは，外部磁場と平行で低エネルギーの α スピンと逆平行で高エネルギーの β スピンの2つの準位をとる(図11.17)。これを**ゼーマン分裂**とよぶ。

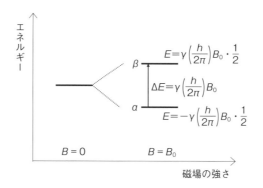

図 11.17　外部磁場中の核スピンのエネルギー準位
$I = 1/2$ のとき

この 2 つのエネルギー準位の差は $m_I = +1/2, -1/2$ なので，式(11.29)から ΔE は

$$\Delta E = \gamma\left(\frac{h}{2\pi}\right)B_0 \tag{11.30}$$

となる。式(11.30)で，エネルギー差は外部磁場の強さに比例することが重要である。この系にエネルギー差に相当するエネルギーをもつ電磁波を照射すると α から β への遷移が起こり，**核磁気共鳴 (NMR) 吸収**が観察される。

^{1}H の NMR において外部磁場の強さを 9.4 T とする。式(11.30)および表 11.4 に示す γ の値を用いて計算した ΔE の値は，$\Delta E = 26.75 \times 10^7 \times \frac{6.626 \times 10^{-34}}{2\pi} \times 9.4 = 2.65 \times 10^{-25}$ J となり，2 つのエネルギー準位の差は極めて小さいことがわかる。ボルツマン分布を考えると，25℃におけるエネルギーの低い準位にある α スピンの数 N_α とエネルギーの高い準位にある β スピンの数 N_β の比は，$\frac{N_\beta}{N_\alpha} = e^{-\frac{\Delta E}{k_B T}} = e^{-\frac{2.65 \times 10^{-25}}{1.381 \times 10^{-23} \times 298}} = 0.999936$ となり，ほとんど差がないことがわかる。ここで，k_B はボルツマン定数である。

遷移における電磁波のエネルギー吸収と電磁波の周波数との関係を示す $\Delta E = h\nu$ という重要な式と式(11.30)より，共鳴吸収を起こす電磁波の周波数 ν は

$$\nu = \frac{\gamma B_0}{2\pi} \tag{11.31}$$

で表されるラーモア歳差運動の周波数となる。

上記条件における^{1}H の NMR の共鳴周波数は，式(11.31)を用いて計算すると，$\nu = \frac{26.75 \times 10^7 \times 9.4}{2\pi} = 400 \times 10^6$ Hz となり，400 MHz のラジオ波の領域の電磁波が必要なことがわかる。表 11.3 に，外部磁場が 9.4 T の場合の様々な原子核の共鳴周波数を示す。

NMR が観測可能な主要な原子核と重要なパラメータを表 11.4 に示す。この表でわかるように，^{1}H 原子核が最も γ が大きく，検出しやすい。次いで，^{19}F や ^{31}P の γ が大きく，これらも NMR で観測しやすい原子核である。^{13}C は γ が小さく，また天然存在比が非常に小さいため，通常の方法では NMR を観測しにくい。そのため，^{13}C を濃縮した化合物についての NMR 測定がよく行われた。最近では，装置開発の進歩により，薬学で重要な有機化合物の構造決定に欠かせない^{13}C の NMR が，そのままの試料で測定できるようになっている。

表 11.3 様々な原子核の共鳴周波数 (外部磁場 9.4 T)

原子核	共鳴周波数 (MHz)
^{1}H	400
^{19}F	377
^{31}P	162
^{13}C	101
^{15}N	40.5

表 11.4 NMR で観測可能な主要な原子核の重要パラメータ

同位体	スピン量子数 I	天然存在比 (%)	磁気回転比 γ ($10^7\,\mathrm{T^{-1}\,s^{-1}}$)
^{1}H	1/2	99.9885	26.75
^{2}H	1	0.0115	4.11
^{13}C	1/2	1.07	6.73
^{14}N	1	99.636	1.93
^{15}N	1/2	0.364	−2.74
^{17}O	5/2	0.038	−3.63
^{19}F	1/2	100	25.17
^{31}P	1/2	100	10.83

　NMR 測定装置の概念図を図 11.18 に示す。試料は試料管に入れられ，試料管は強力な磁石の間に挿入される。試料挿入部の周囲には，ラジオ波領域の電磁波を供給する送信用コイルと電磁波の吸収を検出するための受信用コイルがある。共鳴周波数は磁場の強さに比例するので(式(11.30))，外部磁場の強さを B_0 で固定しておいて周波数を変えていくと，式(11.29)の条件を満たす ν で共鳴吸収が起こることになる(**連続波 NMR**(CW-NMR))。最近では，**フーリエ変換 NMR**(FT-NMR)が広く用いられるようになってきた。FT-NMR では，非常に強い磁場中に置いた試料に非常に短時間の強いパルス状のラジオ波を照射して測定する。この方法を用いることにより，高感度で様々な応用が可能な測定ができるようになった。

　前述のように，核スピンを有する原子核は周波数と外部磁場が特定の値のときに電磁波の共鳴吸収を起こす。例えば，裸の ^{1}H 原子核を考えてみると，400 MHz の電磁波を用いた場合は外部磁場 $B_0 = 9.4$ T で共鳴吸収を起こすことになる。しかし，原子核のまわ

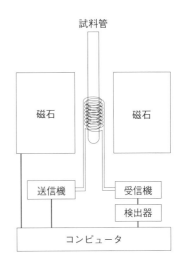

試料管

磁石　　磁石

送信機　受信機

検出器

コンピュータ

図 11.18 NMR 測定装置の概念図

りには電子があり，電子によって生じる小さな磁場は，^{1}H 核が感じる外部磁場の大きさに影響を与える。すなわち，分子中の特定の部位にある ^{1}H 核は B_0 とは異なる局所磁場を感じることになる。核のまわりの電子によって誘起される磁場(**誘起磁場**)は外部磁場に比例すると考えられるので，比例定数を σ として誘起磁場の大きさは σB_0 となる。σ を**遮蔽定数**とよぶが，この値は一般に極めて小さく 10^{-6} のオーダーである。誘起磁場 σB_0 は外部磁場を遮蔽する方向に働く。したがって，分子中の特定の部位にある ^{1}H 核が感じる局所

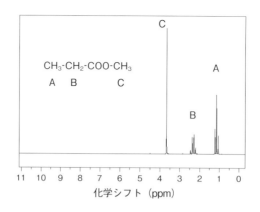

図 11.19　プロピオン酸メチルの NMR スペクトル
（産業技術総合研究所（AIST）のデータベースより引用）

磁場を**有効磁場** B_{eff} とよび

$$B_{\mathrm{eff}} = B_0 - \sigma B_0 \tag{11.32}$$

で表す。上式より共鳴周波数 ν は

$$\nu = \frac{\gamma B_0 (1 - \sigma)}{2\pi} \tag{11.33}$$

となり，σ だけずれたところで共鳴吸収が起こる。基準物質からの共鳴吸収のずれを ppm 単位で表したものを**化学シフト** δ とよぶ。基準物質としては**テトラメチルシラン**（TMS）がよく用いられる。

　図 11.19 にプロピオン酸メチルの ^{1}H-NMR スペクトルを示す。プロピオン酸メチルには合計 8 個の ^{1}H 原子核があるが，2 つのメチル基（図 11.19 の A，C）とメチレン基（図 11.19 の B）に存在する ^{1}H は環境が大きく異なるので共鳴吸収する位置が異なり，それぞれの位置に ^{1}H の数に比例したスペクトル強度（スペクトルの面積）が観察される（A の面積：B の面積：C の面積＝3：2：3）。メチル基 C の 3 つの ^{1}H は等価なので 1 本の共鳴吸収スペクトルになっている。メチル基 A の 3 つの ^{1}H も等価なので 1 本の共鳴吸収スペクトルになるはずだが，実際は強度比 1：2：1 の 3 本線に分裂している。これは，隣接するメチレン基 B の 2 個の ^{1}H と化学結合を通じて相互作用しているからである。このような相互作用を**スピン-スピン結合**とよび，分裂する間隔を**スピン-スピン結合定数** J とよぶ。分裂する数は，相互作用する ^{1}H が 1 個につき 2 である。^{1}H が 2 個では 2×2 で 4 本に分裂するはずであるが，2 つの ^{1}H が等価な場合は 2 本目と 3 本目の線は重なって 3 本に分裂する。また，その強度比は二項分布の係数の 1：2：1 になる（表 11.5 の 3 段目）。同様に，相互作用する等価な ^{1}H の数が n 個であれば分裂の数は $n+1$ になり，その強度比は二項分布の係数になる（表 11.5）。したがって，メチレン基 B のスペクトルは，隣接するメチル基 A の 3 つの等価な ^{1}H の影響を受けて強度比 1：3：3：1 の 4 本線に分裂している。

　スピン-スピン結合定数 J（単位：Hz）の大きさは，2 つの原子核の間にある化学結合の数に依存し，4 以上ではほとんど観測されない。ここであげた例では，メチル基 A の ^{1}H とメチレン基 B の ^{1}H との間の化学

表 11.5　二項分布の係数

		1		
	1		1	
	1	2	1	
1		3	3		1
1	4	6	4	1

結合数は3なので J が観測されているが，メチル基Cの ^{1}H とメチレン基Bの ^{1}H との間の化学結合数は5なので観測されていない。J の値は原子自身が作り出す磁場の大きさに依存するので，外部磁場の強度には依存しないことに注意する必要がある。

　このように，分子の構造によって共鳴吸収の位置が微妙にずれ，分子に特有なNMRスペクトルが得られる。すなわち，NMRスペクトルを利用して分子の構造を知ることができる。

11.3.3　電子スピン共鳴（ESR）分光法の原理

　1つの電子はスピン量子数 $S = 1/2$ の電子スピンをもつ（11.3.1項）。多くの電子を有する分子を考えると，通常の分子では，パウリの排他原理から電子は対を作って軌道に入るため，2つの電子スピンはキャンセルされて正味の電子スピンをもたない。一方，**不対電子をもつ化学種である**フリーラジカルや**遷移金属**は電子スピンをもち，外部磁場中に置かれると，核スピンと同様にスピン量子数 S で決まるエネルギー準位に分かれる。S が $1/2$ の場合は，ゼーマン分裂によって $m_S = +1/2$ と $m_S = -1/2$ の2つの準位に分かれる（図11.20）。電子は負の電荷をもつので，核スピンの場合と反対に，$m_S = +1/2$ の α スピンの占めるエネルギー準位は $m_S = -1/2$ の β スピンの占めるエネルギー準位よりも高くなる。

　それぞれのエネルギー準位は，核スピンと同様に考えられるが，電子スピンの場合は式 (11.26) に対応する $\vec{\mu} = g\beta S$ から出発して

$$E = g\beta B_0 m_S \qquad (11.34)$$

をよく用いる。ここで，g は無次元の定数で**電子の g 因子**とよばれる。β は**ボーア磁子**とよばれる定数であり，電子の電荷の大きさ e および質量 m_e を用いて，$\beta = \left(\dfrac{e}{2m_e}\right)\left(\dfrac{h}{2\pi}\right) = 9.274 \times 10^{-24}\,\mathrm{J\,T^{-1}}$ の値をもつ。

　m_S は $+1/2$ と $-1/2$ なので，2つのエネルギー準位差 ΔE は

$$\Delta E = g\beta B_0 \qquad (11.35)$$

で表される。外部磁場の強さ $B_0 = 0.330\,\mathrm{T}$ のときの ΔE は，自由電子の g 因子の値として $g = 2.00$ を，また $\beta = 9.274 \times 10^{-24}\,\mathrm{J\,T^{-1}}$ を式 (11.35) に代入して計算すると，

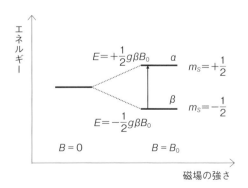

図 11.20　電子スピンのゼーマン分裂

$\Delta E = 2 \times 9.274 \times 10^{-24}\,\mathrm{J\,T^{-1}} \times 0.330\,\mathrm{T} = 6.12 \times 10^{-24}\,\mathrm{J}$ となり非常に小さいエネルギーであることがわかる。

外部磁場 B_0 に対して直角方向から系に振動電磁場 ν をかけたとき，$\Delta E = h\nu$ という条件を満たしたときに**電子スピン共鳴吸収**が観測される。すなわち，共鳴条件は

$$h\nu = g\beta B_0 \tag{11.36}$$

である。外部磁場の強さ B_0 が $0.330\,\mathrm{T}$ のときの電磁波の共鳴周波数は，式(11.36)から

$$\nu = \frac{g\beta B_0}{h} = \frac{6.12 \times 10^{-24}\,\mathrm{J}}{6.626 \times 10^{-34}\,\mathrm{J\,s}} = 9.24 \times 10^9\,\mathrm{Hz} = 9.24\,\mathrm{GHz}$$ となり，マイクロ波領域の電磁波である。

ESR 測定装置の概念図を図 11.21 に示す。試料の入った試料管は電磁石の間にある**空洞共振器**(キャビティ，cavity)に挿入され，キャビティに導入されたマイクロ波の共鳴吸収を測定する。

ESR スペクトルは，装置の都合上，NMR スペクトルと異なり微分形になっている。図 11.22 に ESR スペクトルの例を示す。これは安定ラジカルの 4-ヒドロキシ-2,2,6,6-テトラメチルピペリジン-N-オキシル(TEMPOL)の ESR スペクトルで，不対電子の電子スピンが，その近傍にある $^{14}\mathrm{N}$ の核スピンと相互作用することにより 3 本に分裂している。この現象は NMR で見られたスピン-スピン結合と同様なものであり，電子スピンと核スピンの間の相互作用による。これを**超微細分裂**(**超微細結合**)とよび，その大きさを**超微細結合定数**とよぶ。分裂する数は，相互作用する原子核のスピン量子数 I と等価な原子核の数 n によって決まり，$2nI+1$ 本になる。$^{14}\mathrm{N}$ 原子核のスピン量子数 I は 1 なので，スペクトルは 1 個の $^{14}\mathrm{N}$ 原子核と電子スピンの相互作用により ESR スペクトルは 3 本に分裂する。有機ラジカルにおいては，ESR スペクトルの超微細構造を解析することにより，不対電子の近傍にある原子に関する情報が得られる。

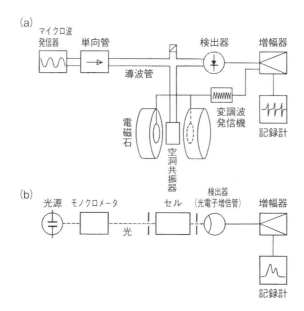

図 11.21　ESR 測定装置の概略図(a)および紫外可視分光光度計(b)との比較
(田中監修，北村他編「薬学の機器分析」(1991)，廣川書店より改変)

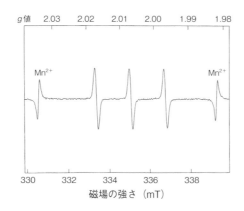

図 11.22　ESR スペクトルの例
試料は TEMPOL で 3 本の吸収線を示す。Mn^{2+} は外部標準のシグナル
(田中監修，北村他編「薬学の機器分析」(1991)，廣川書店より改変)

11.4　光の基本的性質

電磁波である光のもつ波としての性質にはいろいろある。ここでは，光のもつ様々な性質のうち，**反射**，**屈折**，**偏光**，**旋光性**，**散乱**，**干渉**などの基本的な性質についてまとめておく。

11.4.1　反射と屈折

真空中の光の速度 c は一定で約 $3.0 \times 10^8\,\mathrm{m\,s^{-1}}$ である。空気や水のような媒質中を光が進むとき，その速度は真空中の速度よりも少し遅くなる。光が物質表面に到達すると，反射されるか物質内に進入する(11.1.2 項)。ある媒質中を進んでいる光が異なる媒質に到達して境界面で反射されるとき，境界面と垂直な線(法線)と入射光の進行方向がなす角度を**入射角**，反射光の進行方向となす角を**反射角**とよび，**反射の法則**(入射角＝反射角)が成り立つ。入射光と反射光では，振動数，波長，速度は変わらない。

ある媒質中を進んでいる光が異なる媒質に進入するとき，境界面で光の速さが変化することがある。この場合，境界面で光の進行方向が変わる。これを，光の**屈折**とよぶ(図 11.23 (a))。媒質 1 から媒質 2 へ光が進むとき，入射角を θ_1，**屈折角**(境界面の法線と屈折光の進行方向のなす角)を θ_2 とすると

$$n_{12} = \frac{\sin \theta_1}{\sin \theta_2} = \frac{v_1}{v_2} = \frac{n_2}{n_1} \tag{11.37}$$

が成り立つ。ここで，n_{12} は媒質 1 と媒質 2 で決まる**相対屈折率**，v_1 と v_2 は媒質 1 と媒質 2 中の光の速度，n_1 と n_2 は媒質 1 と媒質 2 の**絶対屈折率**である。絶対屈折率は，真空中からある媒質に入射する光の屈折率である。光が屈折するとき，光の速度が変化する。振動数は変わらないので，波長が変化することになる。屈折率は波長や物質の**誘電率**で変わるが，表 11.6 に波長が 589 nm (ナトリウム D 線)で測定された絶対屈折率を示す。相対屈折率は，式(11.37)より 2 つの媒質の絶対屈折率から計算できる。空気の絶対屈折率は 1.000293 (0℃，1 気圧)でほぼ 1 とみなせるので，物質の空気に対する相対屈折率は絶対屈折率にほぼ等しくなる。

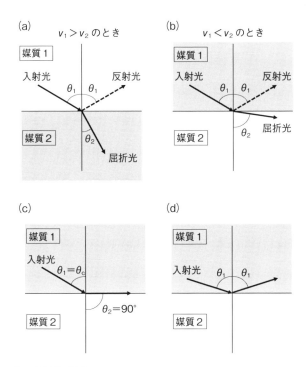

図 11.23　光の反射と屈折
（a）絶対屈折率が小さな媒質から大きな媒質へ光が進行する場合，屈折角 θ_2 は入射角 θ_1 よりも小さくなる。一部は反射され，入射角と反射角は等しい。（b）絶対屈折率が大きな媒質から小さな媒質へ光が進行する場合，屈折角は入射角よりも大きくなる。（c）（b）と同じ条件で，入射角が臨界角 θ_c の場合，屈折角は $90°$ になる。（d）（b），（c）と同じ条件で，入射光は全反射して媒質2に入らない。

表 11.6　物質の絶対屈折率

媒質	絶対屈折率
空気	1.00
水	1.33
エタノール	1.36
ベンゼン	1.50
石英ガラス	1.46
サファイア	1.76
ダイアモンド	2.42
ガラス	1.4〜2.1

20℃，ナトリウム D 線で測定

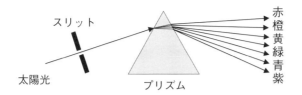

図 11.24 プリズムによる太陽光の分散

　絶対屈折率が大きい媒質から小さい媒質に光が入射するとき、屈折角は入射角よりも大きくなる（図11.23 (b)）。入射角が大きくなって**臨界角** θ_c とよばれる角度になると光は境界面に沿って進むようになる。このとき、屈折角は90°になる（図11.23 (c)）。入射角がさらに大きくなると、光は媒質2に進入できずにすべてが境界面で反射する。これを**全反射**とよぶ（図11.23 (d)）。**光ファイバー**によって光を遠くまで到達させることができるのは、光ファイバー中の光が全反射を繰り返しながら遠くまで伝わるからである。このためには、光ファイバーを作るガラス繊維の絶対屈折率が空気よりも大きい必要がある。

　屈折率は光の波長により異なる。屈折率は波長が短いほど大きくなるので、様々な波長成分が混ざった光を媒質で屈折させると、波長の違いにより光が分離する。これを光の**分散**とよび、プリズムにより白色光を様々な色の光に分離できる理由である（図11.24）。雨が降った後に観察される虹も同じ原理に基づいている。

例題 11.5　媒質1に対する媒質2の相対屈折率 n_{12} を、媒質1の絶対屈折率 n_1 と媒質2の絶対屈折率 n_2 で表しなさい。

　［解答］　真空中の光の速度を v、媒質1中の光の速度を v_1、媒質2中の光の速度を v_2 とすると、媒質1の絶対屈折率 $n_1 = \dfrac{v}{v_1}$、媒質2の絶対屈折率 $n_2 = \dfrac{v}{v_2}$ で表されるので、相対屈折率 $n_{12} = \dfrac{v_1}{v_2} = \dfrac{v}{n_1} \div \dfrac{v}{n_2} = \dfrac{n_2}{n_1}$ となる。したがって、$n_{12} = \dfrac{n_2}{n_1}$ である。

コラム：日本薬局方屈折率測定法

　屈折率は、一定温度、一定圧力、一定波長の下では物質に固有の値であるから、薬品によっては純度を規制するために、屈折率の範囲を規定する。屈折率は温度によって変化するので、測定にあたっては必ず温度を一定に保ち、測定値には波長と温度を付記しなければならない。日本薬局方屈折率測定法では、空気に対する試料の相対屈折率を測定し、別段の記載のないかぎりナトリウムD線を用い、20℃で行う。測定には、通例、アッベ屈折計を用い、医薬品各条に規定する温度の ±0.2℃の範囲内で行う。測定できる屈折率の範囲は 1.3〜1.7、精密度は 0.0002 である。

11.4.2 偏　　光

　光は，電場と磁場が周期的に振動しながら伝わっていく電磁波であるが，電場と磁場の振動方向は直交しながらあらゆる方向を向いている。この光を**偏光板（偏光子）**とよばれる一定方向の振動の光だけを通す物質に通すと，一定方向の振動をもった光だけを取り出すことができる。このようにして取り出した，一方向のみに振動する光を**平面偏光（直線偏光）**とよぶ（図11.25）。

　偏光の振動方向が時間とともに変化する光を**円偏光**とよぶ。円偏光には，自分に向かって光が進行してくるとき，偏光が右回りの右円偏光と左回りの左円偏光がある（図11.26(a)）。平面偏光は，同じ周期と同じ振幅をもった右円偏光と左円偏光のベクトル和とみなすことができる（図11.26(b)）。

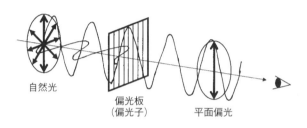

自然光　　　偏光板（偏光子）　　平面偏光

図 11.25　平面偏光

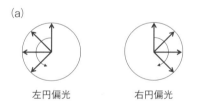

(a)

左円偏光　　　　右円偏光

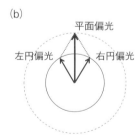

(b)

平面偏光

左円偏光　　右円偏光

図 11.26　円偏光と平面偏光

　（a）円偏光，（b）左円偏光と右円偏光の合成による平面偏光。光は画面奥から手前に向かって進んでくる。

11.4.3 旋 光 性

平面偏光が物質を透過するとき，ある種の物質(**光学活性物質**)との相互作用によって偏光面が右あるいは左に回転することがある。この現象を**旋光**とよび，偏光面の回転角度を**旋光度**とよぶ。旋光度 α は，自分に向かって光が進行してくるとき，右回転(**右旋性**)を(＋)，左回転(**左旋性**)を(−)で表す。有機化学では鏡像異性体の絶対立体配置を R-S 表示法で示すが，R，S と旋光度の(＋)，(−)は関連しないことに注意する必要がある。旋光が起こるのは，平面偏光を右円偏光と左円偏光の和と考えたとき，光学活性物質の屈折率が両円偏光で異なるためである。この屈折率の違いが，右円偏光の電場成分 E_R と左円偏光の電場成分 E_L の回転速度に差を生じ，偏光面が傾く(図 11.27)。

溶液の旋光度 α(単位：度，記号：°)は，濃度と光の透過距離に比例する。また，温度 t と光の波長 λ に依存する。光学活性物質固有の性質として，旋光度を**比旋光度** $[\alpha]_\lambda^t$ として

$$[\alpha]_\lambda^t = \frac{100}{lc}\alpha \tag{11.38}$$

と定量的に表すことができる。ここで，l はセルの光路長(mm)，c は試料の濃度($\mathrm{g\,mL^{-1}}$)である。旋光度の測定には，一般にナトリウムランプが放出するナトリウム D 線($\lambda =$ 589.0, 589.6 nm)が用いられる。旋光度測定は光学活性物質の濃度や光学純度の計測に最も簡便な方法であり，日本薬局方に医薬品の試験方法として分析手順が示されている。

旋光度が波長によって変化する現象を**旋光分散**(optical rotatory dispersion: ORD)とよび，横軸に波長，縦軸に旋光度をとったスペクトルを**旋光分散(ORD)スペクトル**とよぶ。

左円偏光と右円偏光に対する光学活性物質の屈折率の違いから旋光が生じたが，左円偏光と右円偏光に対する吸光度の違いが生じる場合がある。光学活性物質がもつこのような性質を**円二色性**(circular dichroism: CD)とよぶ。図 11.28 に示すように，左円偏光と右円偏光に対する吸光度が異なると，光学活性物質を透過してきた左右円偏光の電場ベクトルの大きさが異なってくる。左右円偏光の強度が異なる場合は，合成ベクトルの先端は楕円を描くように回転するので，このような偏光を**楕円偏光**とよぶ。楕円の長軸の長さを a，短軸の長さを b としたとき，$\tan\theta = b/a$ の値は楕円の形を表すパラメータであり，この角度 θ を**楕円率**とよぶ。

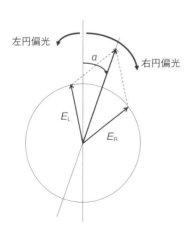

図 11.27 旋光

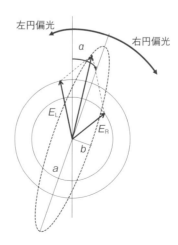

図 11.28 円二色性

CDは波長によって変化するので，横軸に波長，縦軸に楕円率をとったスペクトルを**円二色性(CD)スペクトル**とよぶ。図11.29に，波長$\lambda_{\max}$にUV吸収の極大値をもつ光学活性物質のUVスペクトル，ORDスペクトルおよびCDスペクトルの関係を示す。この化合物は$\lambda_{\max}$にCDスペクトルの正の極大をもつ。また，ORDスペクトルは極大値が長波長側にある。このようなスペクトルの特徴を**正のコットン効果**とよぶ。逆に，$\lambda_{\max}$でCDスペクトルが負の極大をもち，ORDスペクトルが短波長側に極大値をもつ場合を**負のコットン効果**とよぶ。

ORDスペクトルやCDスペクトルの測定により試料の構造に関する情報が得られる。試料の同定にはORDスペクトルが適しているが，CDスペクトルはコットン効果のパターンが単純で分離がよいのでコンフォメーションや相互作用の変化の検出に適している。CDスペクトルから，溶液中の核酸やタンパク質のような生体高分子のコンフォメーションに関する情報が得られる。図11.30はタンパク質水溶液の2次構造のCDスペクトルの例である。**αヘリックス，βシート，ランダムコイル**は特徴的なパターンを示す。このことを利用して，タンパク質の溶液中の構造として，各2次構造がどのくらいの割合で含まれているかを推定することができる。

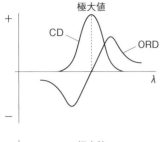
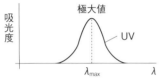

図11.29　光学活性物質のUV, ORD, CDスペクトルの関係
正のコットン効果が見られる。

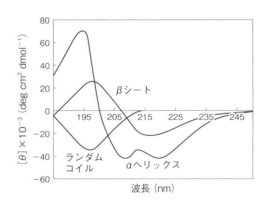

図11.30　タンパク質の2次構造のCDスペクトル

コラム：日本薬局方旋光度測定法

　旋光度によって医薬品の品質特性を規定できる。この場合，一般に比旋光度を示性値として規定する。ただし，生薬などの品質評価において，光学活性な医薬品の単位濃度を特定できない場合，示性値または光学活性な不純物量の規定には旋光度αを用いる。旋光度の測定は，通例，温度は20℃または25℃，層長は100 mm，光源はナトリウムD線を用いて行う。単色光源としては，水銀ランプの輝線スペクトルを用いることもできる。なお，適切な干渉フィルターを用いることによりナトリウムD線に近い光源が得られるのであれば，キセノンランプなど，他の光源を代替法として用いることができる。

11.4.4 散乱と干渉

光が物質に当たったとき，進行方向が四方八方へ散らばることを**散乱**とよぶ。当たる物質の大きさにより，散乱にはいくつかの種類がある。

レイリー散乱は，光の波長に比べて物質の大きさが1/10以下の非常に小さい場合に起こる散乱現象である。散乱強度は波長に大きく依存し，波長の4乗に反比例するので，波長が短いほど大きくなる。O_2やN_2のような大気中の分子の大きさは，可視光の波長の1/1000程度なので，レイリー散乱を起こす。したがって，大気中の分子による太陽光の散乱は，短波長側(青色)の方が長波長側(赤色)よりも大きく，昼間は空が青く見える。夕方は，太陽光は水平方向からやってくるので，地表まで到達する距離は長くなる。そのため，青色は散乱されすぎて届かず赤色が届くので夕焼け空は赤くなる。

ミー散乱は，光の波長と物質の大きさが同程度の場合に起こる散乱現象である。散乱強度に対する波長の影響は小さい。散乱強度は大きいので，散乱する物質の密度が高いときは多重散乱が起こり白濁する。雲は小さな水滴の集まりで，ミー散乱を起こすので白く見える。

レイリー散乱やミー散乱は，入射光の振動数と散乱光の振動数が等しい**弾性散乱**である。これは，光が当たって高エネルギーに励起された物質がすぐに同じ振動基底状態に戻って等しい振動数の散乱光を出すからである。一方，入射光の振動数と散乱光の振動数が異なる場合がある。これを**ラマン散乱**とよぶ。これは，光が当たって高エネルギーに励起された物質が励起される前とは異なる別なエネルギー状態になって光を出すことによる。散乱光の振動数が入射光の振動数より$\Delta\nu$だけ小さくなることを**ストークスラマン散乱**とよび，反対に散乱光の振動数が入射光の振動数より$\Delta\nu$だけ大きくなることを**反ストークスラマン散乱**とよぶ。ここで，$\Delta\nu$を**ラマンシフト**とよぶ(図11.31)。ラマンシフトは，光がそのエネルギーのほんの一部を物質の分子振動と交換することによって起こる。

光は波であるので，2つの光の位相が一致すると**干渉**して強め合う。逆に，位相が反対になると弱め合う。波が障害物の後に回り込んで伝搬する現象を**回折**とよぶが，光も波の性質をもっているので回折が起こる(図11.32)。可視光の波長は400〜800 nmで普通の物質に比べると非常に短いので，回折は目立たず光は直進するように見える。しかし，光を幅10 nm以下の細いスリットに通すと，遠く離れたスクリーン上には回折と干渉による明暗の縞が見える。

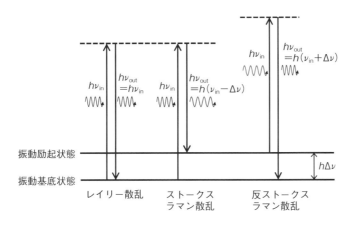

図 11.31 レイリー散乱とラマン散乱

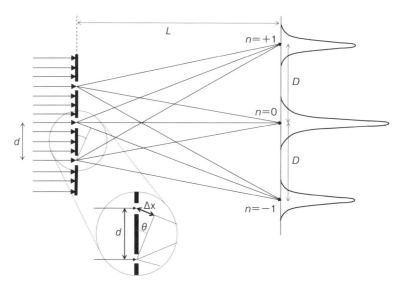

図 11.32　光の回折と干渉

　図 11.32 で，2 本のスリット(間隔 d)を通り抜けた 2 つの光の光路差を Δx とすると，Δx が光の波長の整数倍のときに 2 つの光の波は位相が一致して強め合う。この条件は，光の波長を λ としたとき

$$\Delta x = n\lambda \tag{11.39}$$

で示される。ここで，$n = 0, \pm 1, \pm 2, \cdots$ である。回折角を θ とすると，$\Delta x = d\sin\theta$ なので，回折した光が干渉して強め合う条件は，式(11.39)より

$$d\sin\theta = n\lambda \tag{11.40}$$

となる。スクリーン上の中心の最も明るい線($n=0$)から n 番目に明るい線までの距離を Δy_n としたとき，スリットからスクリーンまでの距離 L が Δy_n と比べて十分に大きいとき

$$\sin\theta \fallingdotseq \tan\theta = \frac{\Delta y_n}{L} \tag{11.41}$$

が成り立つ。式(11.40)と式(11.41)から Δy_n は

$$\Delta y_n = n\frac{L\lambda}{d} \tag{11.42}$$

となる。式(11.42)より，縞の間隔 D は

$$D = \Delta y_{n+1} - \Delta y_n = (n+1-n)\frac{L\lambda}{d} = \frac{L\lambda}{d} \tag{11.43}$$

となる。ここで，λ は光の波長，L はスクリーンまでの距離，d はスリットの間隔 d である。

例題 11.6　光の性質に関する次の記述について，正誤を判定しなさい。

(1)　光の屈折率は，光が進む媒体の誘電率と光の波長に依存し，長波長の光は短波長の光よりも屈折率が大きい。

(2)　物質の粒子径が入射光の波長に比べて非常に小さい場合，入射光と同じ振動数の光を散乱する現象をレイリー散乱とよぶ。

(3)　入射光により物質が励起される場合，散乱光の振動数が入射光の振動数と異なる現象をラマン散乱とよぶ。

(4)　ラマン散乱が起こった場合，散乱光の振動数は必ず小さくなる。

(国試 101-95 改)

[解答]　(1)　誤　　(2)　正　　(3)　正　　(4)　誤

(1)　屈折率は波長が短いほど大きくなる。

(4)　ラマン散乱において，散乱光の振動数が入射光の振動数より小さくなることをストークス光，大きくなることを反ストークス光という。

11.5　X 線結晶構造解析の原理

結晶とは，原子，分子，イオンが 3 次元的に規則正しく配列している固体である。結晶の構造は，**結晶格子**で表されるが，これは繰り返しの単位である**単位格子**が規則正しく配列したものである。図 11.33 に示すように，単位格子の形は各辺の長さ(a, b, c)と角度(α, β, γ)で決まり，これらを**格子定数**とよぶ。

結晶の原子間距離は X 線や電子線の波長と同程度であり，結晶は**回折格子**として働き，**X 線回折**や**電子線回折**を引き起こす。以下，X 線を結晶に照射する場合を考えてみる。

X 線が結晶中の原子に当たると，原子と相互作用して弾性散乱して，振動数と位相が同じ X 線が様々な方向に出てくる(11.4.4 項)。この現象は結晶の作る**結晶面(原子網面)**からの X 線の反射を考えると考えやすい。結晶面とは，規則正しい構造から結晶中の原子が作る面であるが，1 つの構造から**ミラー指数**($h\ k\ l$)で決まる様々な面を考えることができる。一般に，ミラー指数は整数で単位格子の各辺の長さ(a, b, c)をいくつに分割するかを示しており，この値から結晶面が決まる(図 11.34)。

図 11.35 に示すように，入射した X 線があるミラー指数($h\ k\ l$)で決まる結晶面で反射される場合，面の間隔を d とすると，1 つの面で反射された回折 X 線と隣の面で反射され

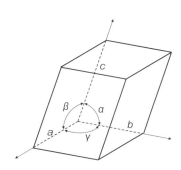

図 11.33　単位格子

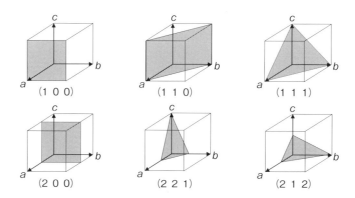

図 11.34　ミラー指数と結晶面

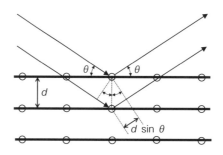

図 11.35　結晶面からの X 線の反射
　第 1 層からの反射と第 2 層からの反射の光路差 $2d\sin\theta$ が波長 λ の整数倍
のとき，2 つの反射 X 線は位相が一致して強め合う。

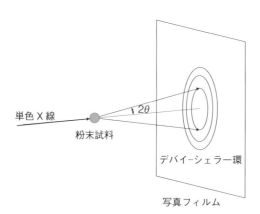

図 11.36　粉末 X 線回折
　単色 X 線を粉末試料に照射するとデバイ-シェラー環が生じる。

た回折X線は干渉して，入射X線と結晶面のなす角θがある条件を満たすときに強め合う。強め合うのは，2つの回折X線の位相が同じになるときで，その条件は行路差が波長の整数倍になったときである。すなわち

$$2d\sin\theta = n\lambda \tag{11.44}$$

が成り立つ。この条件は**ブラッグの式**とよばれ，回折角2θの方向に干渉によりX線の強度が強くなった点(**回折点**)が生じる。この結果から，1つのミラー指数$(h\ k\ l)$で決まる結晶面の距離dを決めることができる。異なるミラー指数で決まる結晶面からは，別な位置に異なるdに対応する回折点が生じる。このようにして，多数の回折点の情報から結晶構造を決めることができる。

　上記は，ある程度の大きさをもった単結晶にX線を照射して構造を決める原理であるが，小さな結晶が粉末になった試料においても同じことが成り立つ。これが**粉末X線回折**である。すなわち，粉末を形成する微結晶の一部は1つのミラー指数$(h\ k\ l)$で決まる回折条件を満たしているはずであるから，単一波長のX線を粉末試料に照射すると，回折角が2θで決まる円錐とスクリーンの交わるところに強度の高い環ができる。違うミラー指数で決まる回折条件を満たすものから別な環ができる。このように，X線の方向を中心にした同心円状の環(**デバイ−シェラー環**)ができる(図11.36)。このような回折による同心円状の環は同じ試料であれば同じパターンを示すので，定性分析に使うことができ，医薬品の結晶多形の解析にも用いられている。

▌注釈

＊1　回転定数Bを$B = \dfrac{h^2}{8\pi^2 I}$で定義している本もある。この場合は，$B$の単位はエネルギー(J)となる。式(11.15)は$E = BJ(J+1)$となり，式(11.16)以降もhがない形となる。

演習問題 11

11.1 次の機器分析法と使用する電磁波の組合せで正しいのはどれか。

	機器分析法	使用する電磁波
(1)	赤外分光法	紫外・可視光
(2)	回転分光法	γ 線
(3)	核磁気共鳴(NMR)測定法	ラジオ波
(4)	屈折率測定法	マイクロ波
(5)	電子スピン共鳴(ESR)測定法	X 線

11.2 次の測定法で, 最も波長が長い電磁波を用いるものはどれか。

(1) マイクロ波分光法

(2) 蛍光光度法

(3) 旋光度測定法

(4) 赤外吸収スペクトル法

(5) X 線回折法

11.3 日焼け止め剤には, 紫外線吸収剤や紫外線散乱剤が配合されている。ある紫外線吸収剤は共役系をもち, その遷移エネルギーは $360\ \mathrm{kJ\ mol^{-1}}$ であった。この遷移エネルギーに相当する紫外線の波長 (nm) を求めなさい。ただし, プランク定数は $6.6 \times 10^{-34}\ \mathrm{J\,s}$, 光速度 $3.0 \times 10^8\ \mathrm{m\,s^{-1}}$, アボガドロ数 $6.0 \times 10^{23}\ \mathrm{mol^{-1}}$ とする。(国試 102-203 改)

11.4 以下の文章の正誤を判断しなさい。

(1) 紫外可視吸光光度測定法において, 吸光度と透過度は比例する。

(2) 赤外線の吸収は一定の濃度範囲においてランベルト-ベールの法則に従う。

(3) 紫外線吸収スペクトル測定法では分子の回転運動に関する情報が得られる。

(4) シアン化水素 HCN の分子振動において, 水素を重水素 $^2\mathrm{H}$ に置換した場合, C-H の伸縮振動が生じる波数は低波数側にシフトする。

(5) 水酸基を有する医薬品 X の赤外吸収スペクトルにおいて, 水酸基の伸縮振動スペクトルの波数は, 測定溶媒との水素結合形成により高波数側に現れる。

(6) 旋光性は右円偏光と左円偏光の屈折率の差が原因で生じる。

(7) 試料の絶対屈折率は, その試料の空気に対する屈折率と空気の真空に対する屈折率の和で求めることができる。

(8) 全反射は, 入射角が臨界角よりも小さいときに生じる。

12 放射線と放射能

私たちは，放射線を医療現場で診断・治療に活用している。一方で，原爆や放射線事故など，放射線は恐ろしいものであることも認識している。本章では，放射線や放射能の発生原理および物質との相互作用について学び，放射線について正しい知識を身につけることにより，薬学分野での応用の基礎とすることを目的とする。

12.1 放射壊変と放射線

12.1.1 放射線と放射能

放射線とは，高い運動エネルギーで飛んでくる粒子による**粒子線**とγ線やX線のような高エネルギーの**電磁波**の総称である。一般に，低エネルギーの電磁波(非電離放射線)は含まず，物質を電離することができる電離放射線を放射線とよぶ。粒子線には，α線やβ線のように原子核由来のものと**電子線**や**陽子線**のように人工的に発生させるものがある。ただし，β線と電子線は飛んでいる粒子は電子で同じものである。γ線とX線は同じ電磁波である。一般に，γ線の方が波長が短くエネルギーが高いが，X線と波長が重なる部分もある。γ線は原子核由来であるのに対して，X線は核外過程で発生するという点が大きな違いである。表12.1に放射線の分類を示す。

放射線が原子核から出てくる場合に，その放射線を出す能力を**放射能**とよぶ。放射能の単位はBq(ベクレル)であり，これは1秒あたりに原子核が崩壊する数に相当する。詳しくは12.1.4項で述べる。

表 12.1　放射線の分類

種類	名称	核の壊変	備考
電磁波	γ 線	○	波長 10^{-11} nm 以下
	X 線		波長 $10^{-12} \sim 10^{-8}$ nm
粒子線	α 線	○	^{4}He の原子核
	β^+ 線	○	陽電子
	β^- 線	○	電子
	電子線		電子
	陽子線		陽子
	中性子線		中性子
	重粒子線		よく使われているのは ^{12}C の原子核

コラム：放射線に関連する単位

　放射能の単位は Bq(ベクレル)であるが，それ以外にも放射線に関連する単位がある。放射線が物質に当たったとき，物質に吸収されるエネルギーで放射線量を決めることがある。この場合の放射線量を吸収線量とよび，単位は Gy(グレイ)であり，1 Gy は物質 1 kg あたり 1 J の放射線エネルギーの吸収を示す。放射線がヒトに当たったときの影響を評価する指標として，等価線量，実効線量がある。単位はいずれも Sv(シーベルト)である。等価線量は，吸収線量をもとにして，ヒトに対する影響が放射線の種類によって異なることを補正する放射線加重係数を用いて算出される。実効線量は，等価線量をもとにして，さらに臓器・組織ごとに発がんや遺伝的影響が異なることを考慮した組織加重係数を用いて算出される。

12.1.2　原子の構造

　私たちを取り巻くすべての物質は原子からなっている。原子はさらに中心に存在して正の荷電を有する**原子核**と，その周囲に存在して負の荷電を有する**電子**からなる。電子が太陽のまわりの惑星のように，決まったエネルギーをもつ軌道上のみに存在すると考えるボーアモデル(図 12.1 (a))が放射線について考察する場合は有用だが，電子は雲のように電子雲としてある確率で存在するという電子雲モデル(図 12.1 (b))が実際に近いと考えられている。電子の質量は原子核の質量に比べて非常に小さい。電子 1 個の質量は 9.1×10^{-28} g であり，原子核を形成する**陽子**や**中性子**の質量 1.6×10^{-24} g に比べて 1/1840 である。すなわち，原子の質量はほぼ原子核の質量である。一方，原子全体の大きさに比べて原子核の大きさは非常に小さい。水素原子では，原子の直径が約 10^{-10} m であるのに対して，原子核の直径は約 10^{-15} m であり，原子核は原子の約十万分の 1 の大きさである。この大きさの違いを身近な例で示すと，野球のグラウンドを直径 100 m として，それが水素原子の大きさとすると，その中心にある直径 1 mm の玉(パチンコ玉の 1/10，野球のボールの 1/70)が水素原子核の大きさになる。つまり，原子というものはその容積のほとんどが真空のスカスカなものであり，それが集まってできた物質も，原子レベルで見るとやはりスカスカなものといえる。

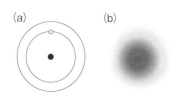

図 12.1　水素原子の構造
　(a) ボーアモデル。原子核(黒丸)のまわりに 1 個の電子(白丸)が決まった軌道上に存在する。(b) 電子雲モデル。電子は雲のようにある確率で存在する。

12.1.3　原子核の構造

　原子の中心にあって，質量のほとんどが集中していながらごくわずかな容積を占める原子核は，陽子と中性子の 2 種類の**核子**から形成されている。陽子や中性子をつなぎ止めておく強い力を**核力**とよび，この力によって原子核は安定に存在できる。原子核を構成する陽子と中性子の質量の総和と原子核の実際の質量は等しくなく，後者が前者よりも小さくなっている。この差を**質量欠損**とよぶ。陽子の数が Z で中性子の数が N の原子核を有する**原子番号** Z の原子を考えてみよう。この原子の質量数は $Z+N$ である。この原子の原子核の質量を M とし，陽子と中性子の質量をそれぞれ M_p，M_n とすると，質量欠損は $(M_\mathrm{p}Z + M_\mathrm{n}N) - M$ となる。この質量欠損が陽子と中性子をつなぎ止めておく核力のエ

ネルギー(**結合エネルギー**)に相当する。質量とエネルギーの関係は**アインシュタインの式**

$$E = mc^2 \tag{12.1}$$

で表される。ここで，E はエネルギー，m は質量，c は真空中の光の速度である。

式(12.1)を用いて，結合エネルギー B を

$$B = \{(M_p Z + M_n N) - M\}c^2 \tag{12.2}$$

で表すことができる。この結合エネルギーを核子の数($Z+N$)で割ると，核子1個あたりの平均結合エネルギーが得られる。平均結合エネルギーは約7〜8 MeV である。ウランのような大きな原子の平均結合エネルギーは，それより小さい原子の平均結合エネルギーよりも小さい。したがって，ウランが2つの小さな原子に分裂すると，分裂後に生成した原子の結合エネルギーの和は分裂前のウランの結合エネルギーよりも大きくなる。つまり，分裂後はその結合エネルギーの増加分だけ原子核の質量が小さくなる。この減少した質量がエネルギーとして放出され，これが核分裂に伴う原子力エネルギーになる。

12.1.4 放射壊変

(1) 原子核の安定性と放射性同位元素

原子の陽子の数(原子番号)で元素の種類が決まる。水素は陽子の数が1であるが，中性子の数は0でも1でも2でもよい。つまり，水素には質量数(陽子の数+中性子の数)が異なる ^{1}H, ^{2}H, ^{3}H が存在する。これらを**同位体**とよぶ。このうち，^{1}H と ^{2}H はいつまで経っても ^{1}H と ^{2}H のままで安定であり，これらを**安定同位体**とよぶ。一方，^{3}H は放射線を放出しながら別の元素(He)に変わっていく。このような同位体を**放射性同位体**とよぶ。別名で，**放射性同位元素**(radioisotope: RI)あるいは**放射性核種**ともよばれる。

原子核の安定性は，中性子の数(N)と陽子の数(Z)のバランス(N/Z比)によって決まる。軽い元素では N/Z 比が1に近いときに安定であるが，重い元素では1より大きいとき，すなわち陽子よりも中性子が多いときに安定になる。

例題 12.1 炭素の同位体 ^{11}C, ^{12}C, ^{13}C, ^{14}C について次の問に答えなさい。

(1) 4つの同位体の陽子数と中性子数はいくつか。

(2) 天然に最も多く存在する同位体はどれか。

(3) 放射性同位体はどれか。

[解答] (1) 陽子数はいずれも同じで6，中性子数は ^{11}C が5，^{12}C が6，^{13}C が7，^{14}C が8である。 (2) ^{12}C (3) ^{11}C (β^+線放出核種)，^{14}C (β^-線放出核種)

(2) 放射壊変と放射能

不安定な原子核が，放射線を出しながらより安定な原子核に変わっていくことを**放射壊変**とよぶ。放射壊変する前の核種を**親核種**，放射壊変で生成する核種を**娘核種**とよぶ。

放射壊変は統計的な現象であり，どの原子がいつ壊れるかはわからない。しかし，単位時間あたりの壊変の確率は放射性同位元素によって決まっている。これを**壊変定数**(崩壊定数)とよび，化学反応速度論における反応速度定数に相当する定数である。放射壊変する原子の最初の数を N_0，壊変定数を λ とすると，ある時間 t が経過後の原子数 N は

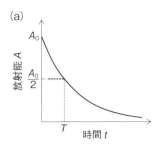
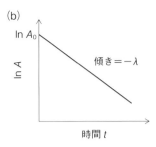

図 12.2　放射能の減衰
　(a) 縦軸は通常の目盛，放射能が半分になるまでの時間が半減期 T，(b) 縦軸は
　対数目盛，直線の傾きから壊変定数が求まる。

$$N = N_0 e^{-\lambda t} \tag{12.3}$$

の1次反応式で表すことができる。また，**放射能** A は，放射性同位元素の原子核の数 N とその壊変定数 λ で

$$A = \lambda N \tag{12.4}$$

のように決まる。時間 0 における放射能を A_0 とすると，$A_0 = \lambda N_0$ なので，式(12.3)，式(12.4)から

$$A = \lambda N = \lambda N_0 e^{-\lambda t} = A_0 e^{-\lambda t} \tag{12.5}$$

が導ける。放射能 A も放射性同位元素の原子核の数 N と同様に1次で減衰する。放射能の単位は Bq (ベクレル) である。Bq は1秒間に壊変する放射性同位元素の数を表す。

　図 12.2 (a) は放射能の時間変化を示したもので，これを**減衰曲線**とよぶ。放射能が半分になるまでの時間を**半減期** T とよぶ。式(12.5)の両辺の自然対数をとると

$$\ln A = \ln A_0 - \lambda t \tag{12.6}$$

が得られる。上式より，縦軸を対数目盛にするとグラフは右下がりの直線になり，傾きは $-\lambda$ になる (図 12.2 (b))。

例題 12.2　100 MBq の Na^{131}I は，24 日後に何 MBq になっているか。ただし，^{131}I の半減期は 8 日とする。

　[解答]　半減期 8 日間より，壊変定数は $\lambda = \dfrac{\ln 2}{T} = \dfrac{\ln 2}{8}$

$$A = A_0 e^{-\lambda t} = 100 \times e^{-\frac{\ln 2}{8} \times 24} = 100 \times e^{-3\ln 2} = 100 e^{-\ln 2^3} = 100 e^{\ln 8^{-1}}$$

両辺の自然対数をとると

$$\ln A = \ln 100 e^{\ln 8^{-1}} = \ln 100 + \ln e^{\ln 8^{-1}} = \ln 100 + \ln 8^{-1} = \ln 100 - \ln 8 = \ln \frac{100}{8}$$

したがって，$A = \dfrac{100}{8} = 12.5\,\text{MBq}$ である。

　別解：$A = A_0 \left(\dfrac{1}{2}\right)^{\frac{t}{T}}$ より，$A = 100 \times \left(\dfrac{1}{2}\right)^{\frac{24}{8}} = 100 \times \left(\dfrac{1}{2}\right)^3 = 12.5\,\text{MBq}$ を得る。

例題 12.3 同一放射能の ^{125}I（半減期 60 日）と ^{131}I（半減期 8 日）がある。原子の数はどちらが多いか。

[解答] ^{125}I の原子の個数を N_1，半減期を T_1，^{131}I の原子の個数を N_2，半減期を T_2 とする。

$$A = \lambda N = N \times \frac{\ln 2}{T}$$

が成り立つ。いま，同一放射能であるので

$$N_1 \times \frac{\ln 2}{T_1} = N_2 \times \frac{\ln 2}{T_2}$$

である。よって，$\frac{N_1}{60} = \frac{N_2}{8}$ となるので，N_1 の方が大きい。したがって，^{125}I の方が多い。

(3) 放射壊変の種類

(i) α 壊変

原子核から **α 粒子**が放出される放射壊変を **α 壊変**とよぶ。α 粒子は He の原子核（陽子 2 個，中性子 2 個）のことであり，α 壊変により親核種は原子番号が 2，質量数が 4 減少することになる。α 壊変によって放出される放射線は **α 線**であり，親核種に特有な運動エネルギーをもっている。このため，原子核から放出される α 線は決まったエネルギーの**線スペクトル**になる。α 線スペクトルを測定することにより親核種を同定することができる。

(ii) β 壊変

原子核から **β 粒子**が放出される放射壊変を **β 壊変**とよぶ。β 粒子は電子または陽電子のことであり，電子が放出されるものを **β^- 壊変**，陽電子が放出されるものを **β^+ 壊変**とよぶ。また，原子核が軌道電子を取り込んで陽子が中性子になるような過程も β 壊変であり，これを**軌道電子捕獲**（electron capture: EC）とよぶ。β^- 壊変では高速の電子が放出されるが，これが **β^- 線**である。

・β^- 壊変

β^- 壊変では原子核の中性子（n）が陽子（p）に変わり，そのときに原子核から電子（e$^-$）と**ニュートリノ**（中性微子：ν）が放出される。ニュートリノは連続的なエネルギーをもつ質量がほぼ 0 の微粒子で，観測することが非常に難しい。

$$n \rightarrow p + e^- + \nu \tag{12.7}$$

式（12.7）からわかるように，β^- 壊変では中性子が陽子に変わるので，原子核の陽子の数が 1 増えて原子番号が 1 増える。質量数の変化はない。ニュートリノは連続的なエネルギーをもっているので放出される電子の運動エネルギーは様々な値をとる。このため，β 線のエネルギーは**連続スペクトル**になる

・β^+ 壊変

β^+ 壊変では原子核の陽子（p）が中性子（n）に変わり，そのときに原子核から陽電子（e$^+$）とニュートリノ（中性微子：ν）が放出される。

$$p \rightarrow n + e^+ + \nu \tag{12.8}$$

式(12.8)からわかるように, β^+壊変では陽子が中性子に変わるので, 原子核の陽子の数が1減って原子番号が1減る。質量数の変化はない。

・**軌道電子捕獲**(EC)

軌道電子捕獲では原子核が軌道電子を取り込んで陽子が中性子になる。

$$p + e^- \rightarrow n + \nu \tag{12.9}$$

式(12.9)からわかるように, 軌道電子捕獲では陽子が中性子に変わるので, β^+壊変と同様に, 原子核の陽子の数が1減って原子番号が1減る。捕獲される軌道電子としては, 最内殻(K殻)の電子の確率が最も高く, 空いた軌道に外殻の軌道電子が落ちて行くときにエネルギーの差に相当するX線が放出される。

(iii)　γ転移および核異性体転移

γ線は一般にα壊変やβ壊変に伴って原子核から放出される。α壊変やβ壊変で生じた娘核種は基底状態にはなく励起状態にあることが多く, この娘核種の励起状態から基底状態に転移するときに, エネルギー差に相当するγ線が放出される。このような過程を**γ転移**とよぶ。原子核の励起状態の寿命は非常に短く, γ線を放出して安定な基底状態になるので, 親核種のγ転移と表現することが多い。一方, まれに娘核種の励起状態の寿命が非常に長いものがある。この場合は, 娘核種の励起状態は娘核種の基底状態とは区別され, 準安定で独立したものとみなせる。これを**核異性体**とよび, ^{99m}Tcのように質量数の後に準安定(metastable)のmをつけて表す。核異性体がγ線を放出して娘核種になることを**核異性体転移**(IT)とよぶ。例えば, ^{99m}Tcは半減期約6時間でγ線を放出して^{99}Tcになる。γ転移あるいは核異性体転移で放出されるγ線は, 2つのエネルギー準位の間の遷移によるので, 決まったエネルギーをもつ。そのため, 横軸に放射線のエネルギー, 縦軸に放射線の強度(計数)をとった放射線スペクトルは, 飛び飛びの特定のエネルギーのみに強度をもつ**線スペクトル**になる。

例題 12.4　次の放射壊変により生じる娘核種は何か。
  (1)　^{3}H の β^-壊変
  (2)　^{18}F の β^+壊変
  (3)　^{235}U の α壊変

[**解答**]　(1)　β^-壊変は原子番号が1増加し, 質量数は変わらないので, ^{3}He を生じる。
  (2)　β^+壊変では原子番号が1減少し, 質量数は変わらないので, ^{18}O を生じる。
  (3)　α壊変では原子番号が2減少, 質量数が4減少するので, ^{231}Th を生じる。

例題 12.5　α壊変により放出されるα粒子はどの元素の原子核に相当するか。1つ選べ。
  (1)　^{1}H　　　(2)　^{4}He　　　(3)　^{7}Li　　　(4)　^{11}B　　　(5)　^{12}C

（国試 102-3 改）

[**解答**]　(2)

12.2 電離放射線と物質の相互作用

　放射線(**電離放射線**)は，物質に当たってその中を通過するときにエネルギーを付与し，原子を**電離**あるいは**励起**する。この相互作用は，放射線の種類とそれが当たる物質の種類によって異なる。ここでは，放射線と物質との代表的な相互作用について説明する。

12.2.1　X線の発生

　これまで，原子核の壊変によって放出される放射線を見てきたが，ドイツのウィルヘルム・レントゲンによって発見されて，私たちになじみが深いX線はどのように発生するのだろうか。X線はγ線と同様に波長が極めて短い電磁波であるが，放出メカニズムが異なる。γ線が原子核の壊変に伴って放出されるのに対して，X線は核外から放出される。

　X線は，高電圧下で加速された高速の電子を銅，モリブデン，タングステンのような金属に照射すると発生する。加速された電子が原子と相互作用すると以下の現象が起こる。

(1)　弾性散乱（図12.3(a)）

　加速電子が物質により方向を曲げられる。運動エネルギーは変化しない。

(2)　励起（図12.3(b)）

　加速電子が最外殻の軌道電子を励起し，そのエネルギーの分だけ自分のエネルギーを失う。励起された軌道電子は，基底状態に戻るときにエネルギー差に相当する波長の光を出す。

(3)　外殻電子の電離（図12.3(c)）

　加速電子が最外殻の軌道電子をはじき出して加速電子はエネルギーを少し失う。原子は軌道電子を失うので正に荷電したイオンになる。

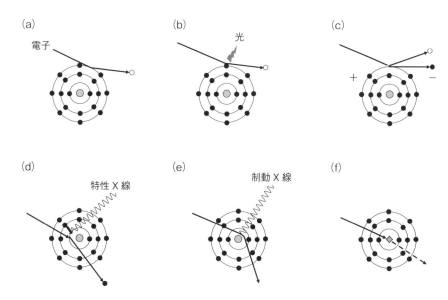

図 12.3　加速電子と原子の相互作用
　(a) 弾性散乱，(b) 励起，(c) 外核電子の電離，(d) 内殻電子の電離，
　(e) 制動X線，(f) 核反応

(4)　内殻電子の電離（図 12.3 (d)）

　加速電子が内殻の軌道電子をはじき出して加速電子はエネルギーを失う。内殻の軌道電子は外殻の軌道電子よりも安定なので，はじき出すためには(3)より大きなエネルギーが必要である。内殻電子を失った原子は，その軌道に空きができるので外殻電子が移動してくる。この外殻電子と内殻電子の軌道のエネルギー差に相当するエネルギーが X 線として放出される。この X 線を**特性 X 線**とよぶ。特性 X 線は線スペクトルを示す。外殻と内殻のエネルギー差は原子の種類によって決まっているので，X 線の波長を測定すれば原子の種類を特定できる。

(5)　制動 X 線（図 12.3 (e)）

　加速電子が原子核のそばを通過するとき，原子核の荷電の影響で方向を曲げられエネルギーを失う。このとき，加速電子が失ったエネルギーに相当する波長の X 線が放出される。この X 線を**制動 X 線**とよぶ。加速電子が失うエネルギーの大きさは様々なので，制動 X 線は連続スペクトルを示す。

(6)　核反応（図 12.3 (f)）

　頻度はかなり低いものの，加速電子が原子核を励起して**核反応**を起こすことがある。核反応については 12.3.2 項に詳述する。

　以上のように，加速電子と物質との相互作用によって線スペクトルの特性 X 線あるいは連続スペクトルの制動 X 線が放出される。

12.2.2　α 線，陽子線，重粒子線と物質の相互作用

　α 線の本体はヘリウム原子核であり，陽子 2 個と中性子 2 個からなる。そのため，電荷は +2 であり電子の電荷の 2 倍ある。また質量も 4 個の核子からなるので，電子の 7000 倍以上ある。すなわち，α 線と物質の相互作用は，12.2.1 項で述べた電子線と物質の相互作用よりもずっと大きいことが予想される。実際，α 線が物質の中を進むとき，物質中の原子と相互作用して電離と励起を引き起こすが，電子線（β^- 線）と比べて電離作用が強く，励起作用が弱い。粒子線が物質の中をどのように進むかを**飛跡**とよぶが，α 粒子は質量が大きいので物質中の電子を跳ね飛ばして電離しながら真っ直ぐに進み，物質との相互作用によって運動エネルギーを失ってあるところまで進むと急激にエネルギーを失って止まる。図 12.4 には，α 線が物質と相互作用して物質を電離しながら進む様子を，β 線や速中性子線と比較して示している。

　放射線が物質を電離しながら進むとき，飛跡の単位長さあたりに物質に与えられるエネルギー量を **LET**(linear energy transfer; 線エネルギー付与)という。LET は荷電の 2 乗に比例し，速さにほぼ反比例するので，β 線の LET は低い。一方，α 線では飛跡に沿って密な電離を生じるので LET は高い。一般に，高 LET の放射線は生物作用が強い。

> **コラム：スプリングエイト**
>
> 　兵庫県にある大型放射光施設スプリングエイト(SPring-8 の名前は Super Photon ring-8 GeV(80 億電子ボルト)に由来)では，シンクロトロンを用いて最大 8 GeV のエネルギーをもつ電子線から，非常に強い X 線を取り出すことができる。この X 線はタンパク質の構造解析などの様々な医学・薬学研究に利用されている。

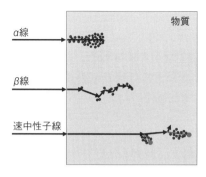

図 12.4　粒子線による物質の電離作用と飛跡

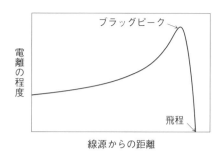

図 12.5　α線のブラッグ曲線

α線が物質を電離しながら進んでいく様子をグラフにしたのが図 12.5 である。α線では，このように止まる直前に大きなエネルギーを物質に与え電離が最大になる。この曲線を**ブラッグ曲線**，最大を示すところを**ブラッグピーク**とよぶ。粒子線が物質中で到達できる距離を**飛程**とよぶが，α線の飛程は非常に短い。α線の飛程はエネルギーと物質の密度に依存する。エネルギーが 4 MeV の α線の飛程は，空気中で約 2.5 cm，紙や生体中では 25 μm である。つまり，このような α線は厚さ 0.1 mm の紙で止めることができる。

陽子線と物質の相互作用も，本質的には α線と物質の相互作用と同じである。ただし，陽子は電荷が 1 価で α線の半分，質量は α線の 1/4 なので，物質との相互作用は α線と比べると弱くなる。炭素原子核の重粒子線と物質の相互作用も，α線と物質の相互作用と同じである。ただし，炭素原子核は 6 価で質量も α 粒子の 3 倍あるので物質との相互作用は大きい。陽子線や重粒子線も α線と同様なブラッグ曲線を示し，ブラッグピークが存在する。シンクロトロンを用いて陽子や重粒子を高速に加速して生体に打ち込むことによる**粒子線治療**が最近行われている。ブラッグピークを癌組織に合わせることにより，エネルギーを集中的に治療部位に与えることができるので，副作用が小さい放射線治療が実現できる。

12.2.3　β^-線と物質の相互作用

加速電子と物質の相互作用について 12.2.1 項で説明したが，β^-線は電子で構成されるので，運動エネルギーが加速電子のものと同じであれば物質とは同じ相互作用をする。すなわち，物質の構成原子の電子や原子核と静電的相互作用をして弾性散乱，励起，電離が起こり，自分自身はエネルギーを失っていく。α線と比べて，電離作用が小さく励起作用が大きい。しかし，β^-線のエネルギーは加速電子のエネルギーに比べると一般的に低く，最大エネルギーが 1.7 MeV の ^{32}P を除くと，薬学分野で使用される放射性同位元素による β^-線による制動 X 線の発生は無視できる。電子の質量は軌道電子と同じなので，軌道電子との相互作用によって方向を変えながらエネルギーを少しずつ失い，飛跡はジグザグ状になる（図 12.4）。一部は入射側に散乱するものもあり，これを**後方散乱**とよぶ。α線と同様に，飛程は β^-線のエネルギーと物質の密度に依存するが，^{32}P の場合では，最大飛程は空気中で約 6 m，アルミニウム中で約 3 mm である。

12.2.4 β⁺線と物質の相互作用

　β⁺線は物質中を進むとき，β⁻線と同様に，弾性散乱，電離，励起を繰り返しながらエネルギーを失っていく。最終的に停止すると，陽電子は物質の軌道電子と結合して消滅する。このとき，陽電子と電子の質量に相当するエネルギーが，511 keV の 2 本の放射線として 180 度反対方向に放出される。この放射線を**消滅放射線**とよぶ。陽電子と電子の質量は定数であるので，消滅放射線のエネルギーも定数である。ヒトの体内に取り込ませた陽電子放出核種からのβ⁺線による消滅放射線を，体外から検出することで癌などの病理診断に利用したものが PET（positron emission tomography）**診断法**である。

12.2.5 中性子線と物質の相互作用

　中性子は電荷をもたないので，中性子線が物質中を進んでも原子の軌道電子との静電的相互作用は無視できる。中性子は原子核と衝突してエネルギーを失う。高速で運動する中性子（**速中性子**）が原子核に当たると，相手の原子核が軽い場合は，原子核はエネルギーをもらって勢いよく物質中を飛ぶ。原子核は荷電を有するので，このとき，物質は電離あるいは励起される。ある値以上のエネルギーの中性子が原子核に当たると，原子核は励起され，中性子はエネルギーを失って方向を変える（図 12.4）。励起された原子核は基底状態に戻るときにγ線を放出する。エネルギーを失い熱運動のエネルギーと同程度のエネルギーを有する中性子（**熱中性子**）は，まわりの原子と核反応を起こすかβ壊変して陽子に変わる（12.3 節）。このように，中性子は原子核と相互作用するが，原子核の大きさは原子の大きさに比べて極めて小さいので（12.1.2 項），中性子が原子核に当たる確率は小さく，そのため物質の透過性が非常に高い。

12.2.6 γ線および X 線と物質の相互作用

　γ線と X 線は高エネルギーの電磁波であり，波長が同じであれば物質への作用は同じである。したがって，ここではγ線と物質の相互作用として記述する。γ線は電磁波なので，物質を構成する原子の原子核や軌道電子との直接的な静電的相互作用はない。そのため，物質をよく透過する。とは言っても，γ線は物質と以下のように相互作用してそのエネルギーを失っていく（図 12.6）。

（1）　光電効果（図 12.6 (a)）

　低エネルギーのγ線は軌道電子にエネルギーのすべてを渡して消滅する。エネルギーを

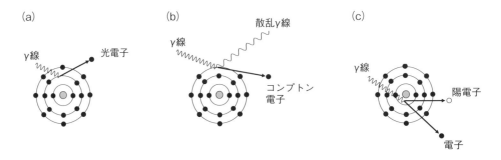

図 12.6　γ線と物質の相互作用
（a）光電効果，（b）コンプトン効果，（c）電子対生成

もらった軌道電子は電離して原子の外に飛び出す。このような電子を**光電子**とよぶ。

(2) コンプトン効果（図 12.6 (b)）

中程度のエネルギーをもつ γ 線が物質を構成する原子の軌道電子に衝突し，自分のもっているエネルギーの一部を軌道電子に与えて電子をはじき出す。このとき，γ 線は軌道電子に与えたエネルギー分だけエネルギーを失うので，振動数が減少して波長は長くなる。これを**コンプトン効果**あるいは**コンプトン散乱**とよぶ。はじき出された電子を**コンプトン電子**とよび，散乱される方向によって様々なエネルギーをもつので，連続的なエネルギー分布を示す。

(3) 電子対生成（図 12.6 (c)）

高エネルギー（1.02 MeV 以上）の γ 線が物質を構成する原子の原子核近傍で消滅して，陽電子と電子の対ができる。これを電子対生成とよぶ。生成した陽電子は，物質との相互作用で速度が落ちると軌道電子と反応して消滅し，0.51 MeV のエネルギーの放射線が 2 本，互いに逆方向に放出される。

12.2.7 放射線の物質透過性と外部被曝の防護

放射線の種類によって物質透過性が大きく異なる。最も透過性が高いのは中性子線で，続いて γ(X)線，β 線，α 線となる（図 12.7）。体外からの放射線の被曝（**外部被曝**）を防ぐためには，①距離をとる，②被曝時間を短くする，③適当な遮蔽物を置く，という 3 つの方法がある。①と②はどのような放射線に対しても共通であるが，③に関しては放射線の種類によって遮蔽物の種類を決める必要がある。

中性子線は最も物質透過性が高いので，これを遮蔽するのは容易ではない。中性子線は軽い原子核との衝突で効率的に吸収されるので，水やコンクリートの厚い壁で遮蔽する。原子炉の使用済み燃料がプールに保存されているのはこのためである。中性子線の透過率を 1/100 にするためには，65 cm の厚さのコンクリートが必要である。

γ(X)線も透過性が高いので，遮蔽物を選ばなければならない。γ(X)線の強さは遮蔽物の密度 ρ と厚さ x に応じて

$$I = I_0 e^{-\mu_{\mathrm{i}} x} = I_0 e^{-\mu_{\mathrm{m}} \rho x} \tag{12.10}$$

のように減弱する。ここで，I_0 は透過前の線量，I は透過後の線量で，μ_{i} は遮蔽物の**線減弱係数**，μ_{m} は**質量減弱係数**である。μ_{m} の値は物質によってあまり変わらないので，密度 ρ や厚さ x が大きいほど遮蔽効果が大きい。鉛は密度が高く，X 線の遮蔽材として医療現場でもよく用いられている。^{137}Cs から放出される γ 線に対して，強さを 1/100 にするには約 5 cm の厚さの鉛が必要である。

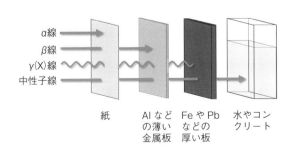

図 12.7 放射線の物質透過性

β 線は透過性が低く，アルミニウムなどの薄い金属板で遮蔽することができる。^{32}P の
ような高エネルギーの β 線の場合は制動 X 線の発生に注意する必要があり，まずアクリ
ル板のような小さな原子番号の物質で遮蔽し，さらに鉛などで制動 X 線を遮蔽する必要
がある。

α 線は透過性が非常に低いので紙 1 枚で遮蔽できる。そのため，α 線による外部被曝は
容易に防げる。一方，α 線放出核種を体内に取り込んでしまうと，そこから放出される α
線は生体成分に強く影響を与えるので，**内部被曝**には注意が必要である。

例題 12.6 β^{-} 線と物質の相互作用として正しいのはどれか。2 つ選べ。
(1)　光電効果　　　(2)　電子対生成　　　(3)　消滅放射線の放出　　　(4)　電離作用
(5)　制動放射

[解答]　(4)，(5)
　光電効果と電子対生成は γ 線と物質の相互作用で，消滅放射線は β^{+} 線と物質の相互作用
で生じる。

12.3　核反応および放射平衡

12.3.1　天然放射性同位元素

放射性同位元素には，天然に存在している放射性同位元素(**天然放射性同位元素**)と人工
的に作られた放射性同位元素(**人工放射性同位元素**)がある。天然放射性同位元素には，半
減期が非常に長く地球が誕生した時から延々と存在しているものと，宇宙線と大気成分の
反応によって生成しているものがある。

(1)　地球誕生時から存在するもの

地球が誕生したときは様々な放射性同位元素が存在していた。このうちの半減期がそれ
ほど長くないものは現在は実質的になくなっている。一方，半減期が極めて長い放射性同
位元素は現在でも存在している。このような放射性同位元素は 2 種類に大別される。

1 つは，原子番号が大きな元素で，安定な同位体になるまで順々に α 壊変して**壊変系列**
を形成するもので，^{238}U から出発して ^{226}Ra，^{222}Rn を経て安定な ^{206}Pb に至る**ウラン系列**
(質量数は 4n+2)，^{232}Th から出発して安定な ^{208}Pb に至る**トリウム系列**(質量数は
4n)，^{235}U から出発して ^{227}Ac を経て安定な ^{207}Pb に至る**アクチニウム系列**(質量数は
4n+3)，^{237}Np から出発して安定な ^{205}Tl に至る**ネプツニウム系列**(質量数は 4n+1)があ
る。ネプツニウム系列の放射性同位元素は半減期がそれほど長くないため，現在では天然
にほとんど存在しない。現在では，おもに前 3 つの系列の放射性同位元素が天然に見られ
る。壊変系列の途中で生成されるラドンは無色無臭の気体で，空気中のラドン濃度が高い
場合は肺への吸入による内部被曝に注意する必要がある。

もう 1 つは，壊変系列を形成しない天然放射性同位元素で，代表的なものは ^{40}K であ
る。^{40}K は全カリウム原子の 0.0117% を占め，私たちは常に一定量の ^{40}K を食品から摂取
している。^{40}K の半減期は 1.3×10^{9} 年と非常に長く比放射能は低いが，β^{-} 壊変および EC
壊変によって 1.31 MeV の β^{-} 線と 1.46 MeV の γ 線を放出する。体重 60 kg のヒトは体

内の ^{40}K から約 4000 Bq の放射線を出している。

(2)　宇宙線との反応で生成されるもの

大気中の窒素やアルゴンに宇宙線が作用して，核反応で ^3H，^{14}C，^{32}P などが生成される。^3H は宇宙線中の中性子と窒素原子核の反応で生成し，大気や海水に存在する。^{14}C は宇宙線中の低速の中性子と窒素原子核の反応で生成し，大気中，海水中，有機物中に含まれる。^{32}P は宇宙線によるアルゴンの破砕反応で生成される。

コラム：^{14}C を用いた年代測定

^{14}C は大気中の ^{14}N に宇宙線の中性子が当たって核反応によって生成する。一方，^{14}C は β 壊変して半減期 5700 年で ^{14}N に変わる。すなわち，地球規模で全炭素原子に対する ^{14}C の割合は一定であると考えられる。生成した ^{14}C は二酸化炭素となって地球の炭素サイクルに入り，生物中に取り込まれる。そのため，現在生きている生物中の ^{14}C の割合も一定である。しかし，生物が死んで大気や海水中の ^{14}C を取り込めなくなると，体内の ^{14}C は半減期で減っていくのみであり，全炭素原子に対する ^{14}C の割合も死んでからの時間の経過とともに減少していく。このことから，試料(数千年から数万年前に死んだ生体関連物質)の放射能を測定することにより，試料が死んだときの年代を推定することができる。アメリカのウィラード・リビーは，この ^{14}C を用いた年代測定の開発という業績でノーベル化学賞を受賞した。

12.3.2　核反応を利用した人工放射性同位元素の製造

人工放射性同位元素は天然には存在しない放射性同位元素で，**核反応**を利用して製造される。あるいは，**ジェネレータ**を利用することができるものもある。

核反応とは原子核が変化する現象であり，外核電子が反応に寄与する通常の化学反応とは異なる。核反応においては，中性子線や陽子線などの放射線が原子核に当たり，そのエネルギーによって原子核の陽子数や質量数が変化して別な元素に変わる。原子核の大きさは原子の大きさに比べて極めて小さい(12.1.2 項)。そのため，天然放射性同位元素から放出されるような放射線ではエネルギーが低く効率的な核反応が起こりにくい。核反応を起こすには，エネルギーが高くて原子核に到達して反応を起こすような放射線が必要であり，荷電粒子線では加速器が利用され，中性子線では原子炉が利用される。

Ｘ という原子核にａという粒子を衝突させて，Ｙ という原子核が生成してｂという粒子が放出される核反応は

$$X + a \ \rightarrow \ Y + b \qquad または \qquad X(a,b)Y \qquad\qquad (12.11)$$

で示される。ここで，Ｘ を **標的核**，Ｙ を **生成核**，ａを **入射粒子**，ｂを **放出粒子**とよぶ。また，この反応を(a, b)反応とよぶ。例えば，窒素 ^{14}N に α 線を照射すると，$^{14}N(\alpha, p)^{17}O$ の式で示されるように，酸素 ^{17}O と陽子 p が生成される。これは，1919 年にラザフォードが世界で最初に発見した核反応である。

(1)　加速器の利用

α 粒子や陽子のように荷電をもった粒子は，電場や磁場と荷電粒子が相互作用することを利用した **加速器**によって人工的に加速することができる。加速器としては **サイクロトロ**

ンがよく使用される。加速される粒子としては，陽子 p，重陽子(重水素の原子核)d，α 粒子(ヘリウムの原子核)α などが用いられる。核反応は (p, n)，(d, p)，(α, n) などの反応になり，一般に生成核は標的核と異なる元素になるので，無担体あるいは比放射能が高い放射性同位元素が得られることが多い。サイクロトロンは，^{18}F，^{67}Ga，^{123}I などの診断のために使用される放射性同位元素の製造に広く用いられている(12.4節)。

(2) 原子炉の利用

原子炉でできる核反応生成物や中性子線を利用して核反応を起こすことができる。^{235}U に熱中性子が当たると核分裂反応により 2 個の原子核が生成する。このとき生成する核種は多様であり，多種類の放射性同位元素が得られる。この中には ^{90}Mo，^{90}Sr，^{131}I，^{137}Cs のような医療用に有用な放射性同位元素がある。また，原子炉の反応で生成する中性子線と標的核を反応させて放射性同位元素を製造することができる。中性子線のエネルギーが低い場合は (n, γ) 反応が主要な反応になり，エネルギーが高くなると (n, p) 反応や (n, α) 反応が起こる。^{3}H，^{14}C，^{32}P，^{35}S，^{125}I などの基礎研究で用いられる放射性同位元素の製造に広く用いられている(12.4節)。

12.3.3 放射平衡を利用した放射性同位元素の製造

(1) 放 射 平 衡

親核種が壊変してできる娘核種も放射性同位元素である場合，親核種と娘核種の原子数を N_1，N_2，壊変定数を λ_1，λ_2，放射能を A_1，A_2 とすると，式(12.4)より

$$A_1 = \lambda_1 N_1, \qquad A_2 = \lambda_2 N_2 \tag{12.12}$$

が成り立つ。式(12.3)より，親核種の原子数は

$$N_1 = N_1^0 e^{-\lambda_1 t} \tag{12.13}$$

で表される。ここで，N_1^0 は $t = 0$ における N_1 の値である。

$t = 0$ において N_2^0 が 0 であるとすると，娘核種の原子数は

$$N_2 = \left(\frac{\lambda_1}{\lambda_2 - \lambda_1}\right) N_1^0 (e^{-\lambda_1 t} - e^{-\lambda_2 t}) \tag{12.14}$$

となる(8章の反応速度における逐次反応の式(8.56)と同じ形である)。

それぞれの核種の半減期がある条件を満たす場合に，長時間経過した後の娘核種の放射能の減衰が親核種の放射能の減衰に比例することがある。娘核種と親核種の放射能が平衡状態にあるように見えることから，この現象を**放射平衡**とよぶ。放射平衡には**過渡平衡**と**永続平衡**の 2 種類がある。

(i) 過渡平衡

親核種の半減期が娘核種の半減期よりも十分に長い場合(通常 10 倍以上で 1000 倍以下；$T_1 > T_2$ すなわち $\lambda_1 < \lambda_2$ の場合)，十分時間が経過すると式(12.14)において $e^{-\lambda_1 t} > e^{-\lambda_2 t}$ であるので，式(12.14)を用いると

$$N_2 = \left(\frac{\lambda_1}{\lambda_2 - \lambda_1}\right) N_1^0 e^{-\lambda_1 t} = \left(\frac{\lambda_1}{\lambda_2 - \lambda_1}\right) N_1 \tag{12.15}$$

となる。また，式(12.12)より

$$A_2 = \left(\frac{\lambda_2}{\lambda_2 - \lambda_1}\right)A_1 \tag{12.16}$$

が成り立つ。$T_1 = \frac{\ln 2}{\lambda_1}$, $T_2 = \frac{\ln 2}{\lambda_2}$ なので, 式(12.16)は

$$A_2 = \left(\frac{T_1}{T_1 - T_2}\right)A_1 \tag{12.17}$$

のように書き直すこともできる。

　これらの式は, 過渡平衡が成り立つとき, 娘核種の放射能は親核種の放射能に対して少し高い一定の割合になることを示している。また, 全体の放射能は親核種の放射能の2倍よりも少し高くなる。^{99}Mo→^{99m}Tc→^{99}Tc の反応は, ^{99}Mo の半減期が65.9時間, ^{99m}Tc の半減期が6.02時間なので過渡平衡になる(図12.8 (a))。

(ii) 永続平衡

　親核種の半減期が娘核種の半減期よりも極端に長い場合(通常1000倍以上；$T_1 \gg T_2$ すなわち $\lambda_1 \ll \lambda_2$ の場合), 式(12.15)において $\lambda_2 - \lambda_1 \fallingdotseq \lambda_2$ なので

$$N_2 = \frac{\lambda_1}{\lambda_2}N_1 \tag{12.18}$$

$$A_2 = A_1 \tag{12.19}$$

が成り立つ。

　これらの式は, 永続平衡が成り立つとき, 親核種の放射能と娘核種の放射能は等しくなることを示している。また, 全体の放射能は親核種の放射能の2倍になる。^{90}Sr→^{90}Y →^{90}Zr の反応は, ^{90}Sr の半減期が28.8年, ^{90}Y の半減期が64.1時間なので永続平衡になる(図12.8 (b))。

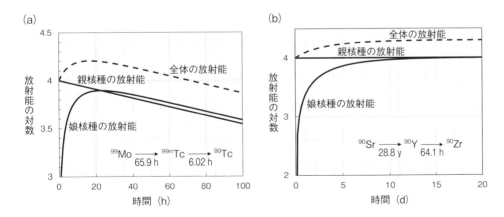

図 12.8　放射平衡
　(a) 過渡平衡, (b) 永続平衡。親核種と娘核種の放射能の合計を破線で示す。
　グラフの縦軸が対数目盛であることに注意する。

(2) ジェネレータ

放射平衡にある状態から娘核種のみを取り出すと，時間が経つと親核種の壊変で再び放射平衡が成り立つ。すなわち，もう一度娘核種を取り出すことができ，これを繰り返すと，何回も使用したいときに娘核種を得ることができる。このような操作を，牛から乳を搾ることからの連想で**ミルキング**とよぶ。また，このような装置を**ジェネレータ**とよぶ。図12.9 は，代表的なジェネレータの ^{99}Mo-^{99m}Tc ジェネレータを用いた ^{99m}Tc の取り出しのグラフである。実際のジェネレータは ^{99}Mo をアルミナカラムに吸着させたもので，必要なときに放射平衡にある娘核種の ^{99m}Tc を生理食塩水で溶出して用いる。

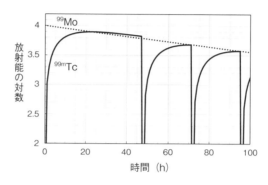

図 12.9 ^{99}Mo-^{99m}Tc ジェネレータを用いたミルキング

実線は ^{99m}Tc の減衰を，点線は ^{99}Mo の減衰を示す。過渡平衡に到達後，48 時間で ^{99m}Tc だけを取り出す。^{99m}Tc は速やかに過渡平衡に戻る。さらに，72 時間，96 時間でも同様に ^{99m}Tc を取り出す。

例題 12.7 ^{90}Sr は以下に示す放射壊変により，放射性核種 ^{90}Y を経て，^{90}Zr の安定核種になる。^{90}Y の放射能の時間推移を示す曲線はどれか。1 つ選べ。ただし，時間ゼロにおける ^{90}Sr の放射能は 5×10^4 Bq とする。

$$^{90}\text{Sr} \xrightarrow[28.8\,\text{年}]{\beta^-} {}^{90}\text{Y} \xrightarrow[64.1\,\text{時間}]{\beta^-} {}^{90}\text{Zr}$$

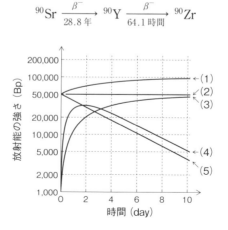

（国試 99-91 改）

[解答] (3)

親核種の半減期(28.8年)が娘核種の半減期(64.1時間)に比べてはるかに長いので永続平衡が成り立ち，親核種と娘核種の放射能は同じになる。時間 0 day において ^{90}Sr のみが存在し，^{90}Y は 0 Bq であるが時間とともに増加し親核種 ^{90}Sr の放射能 5×10^4 Bq に近づく。

12.4　薬学領域で利用される放射性同位元素の物理的性質

医学・薬学領域における放射性同位元素の利用は，トレーサ法による研究と放射性医薬品を用いた診断・治療が重要である。これらの利用法で，どのような放射性同位元素を使用するかは，放射性同位元素から放出される放射線の種類，半減期，エネルギーの強さなどの物理的性質と，測定のしやすさ，測定感度，経済性などの利用条件によって決まってくる。

12.4.1　基礎研究で使用される放射性同位元素

調べたい化合物を追跡するためにその化合物に標識(トレーサ，tracer)をつけて研究する方法をトレーサ法とよぶ。放射線はごく微量でも感度高く測定できるので，トレーサとして用いられることが多い。このためには，ある程度半減期が長くエネルギーが低い β 線や γ 線を放出する放射性同位元素が用いられる。代表的な放射性同位元素を表 12.2 に示す。

トレーサ法では標識化合物を用いるが，有機化合物を標識するには ^{3}H，^{14}C，^{35}S が，タンパク質の標識には ^{3}H，^{14}C，^{125}I が，核酸の標識には ^{32}P，^{35}S がよく使われてきた。しかし，放射性同位元素は放射線被曝や放射性廃棄物の問題などから必ずしも使いやすいわけではないので，*in vitro* 研究においては感度高く測定できる蛍光標識を用いることが多くなってきた。一方，標識した薬物を動物に投与しその体内動態を調べる研究においては，放射性同位元素の有用性が高い。

放射性同位元素で標識した抗原や抗体による抗原抗体反応を利用して微量成分の定量を行う分析法をラジオイムノアッセイ(radioimmunoassay: RIA)とよぶ。これは感度と特異性が高い優れた分析法である。抗原や抗体の標識には ^{125}I を使うことが多いが，これは

表 12.2　基礎研究で使用される代表的な放射性同位元素の性質

種類	壊変形式	半減期	おもな放出放射線	最大エネルギー (MeV)	最大飛程(空気中) (cm)
^{3}H	β^-	12 年	β 線のみ	0.0186	0.6
^{14}C	β^-	5700 年	β 線のみ	0.157	24
^{32}P	β^-	14 日	β 線のみ	1.711	790
^{35}S	β^-	88 日	β 線のみ	0.167	26
^{51}Cr	EC	28 日	γ 線 X 線	0.32 0.005	——
^{125}I	EC	59 日	γ 線 X 線	0.036 0.027	——

^{125}I が感度高く測定できること，タンパク質のチロシンとの反応による抗原や抗体の標識が容易であることによる。

12.4.2 臨床領域で使用される放射性同位元素

臨床領域では，病気の診断あるいは治療に，放射性同位元素が用いられる。特に，**放射性医薬品**は，薬事法に規定される医薬品であって放射性同位元素を構造成分としてもつ非密封の化合物である。また，外部照射に使用される放射性同位元素もある。表 12.3 に臨床領域で使用される代表的な放射性同位元素を示す。

(1) 診断のために用いられる放射性同位元素

放射性医薬品を体内に投与して，そこから出てくる高エネルギー電磁波（γ線など）を体外で検出して病気を診断する画像診断法がある。このために使用される放射性同位元素は，透過性の高い γ 線などを放出するもので，さらに体内における半減期が短く被曝を最小限に抑えられるものがよい。

体内から放出される γ 線を体外から検出して画像を得るには**シングルフォトン断層撮影法**（single photon emission computed tomography: SPECT）と**ポジトロン断層撮影法**（positron emission tomography: PET）の 2 つの方法がある。SPECT では放射性同位元素から放出される 1 本の γ 線や X 線を検出し，PET では陽電子放出核種からの陽電子が周囲の電子と反応して放出する 2 本の消滅放射線を検出する。PET では 2 本の消滅放射線を同時に検出することで，SPECT に比べて体内での放射性同位元素の場所を精度高く測定できる。陽電子放出核種の半減期は非常に短く，診断に利用できる放射性同位元素は限られている。最近，^{18}F-フルオロデオキシグルコース（^{18}F-FDG）ががんの診断に用いられている。^{18}F-FDG はグルコースに ^{18}F 標識した化合物で，代謝が亢進している癌組織にグルコースが集積することを利用している。

(2) 治療のために用いられる放射性同位元素

体内に投与した放射性医薬品から放出される放射線を利用して癌や機能不全の組織を殺す治療法（**RI 内用療法**）がある。このためには，飛程が短い β^- 線を放出する放射性同位元

表 12.3　臨床領域で使用される代表的な放射性同位元素の性質

種類	壊変形式	半減期	おもな放出放射線	最大エネルギー (MeV)	用途
^{18}F	β^+	1.8 時間	β^+線	0.019	PET
^{60}Co	β^-	5.3 年	γ 線	1.2 1.3	外部照射， 組織内照射，腔内照射
^{67}Ga	EC	3.3 日	γ 線	0.093	SPECT
^{99m}Tc	IT	6.0 時間	γ 線	0.14	SPECT
^{123}I	EC	13 時間	γ 線	0.16	SPECT
^{131}I	β^-	8.0 日	β^-線 γ 線	0.61 0.37	内用療法
^{137}Cs	β^-	30 年	β^-線 γ 線	0.51 0.66	組織内照射，腔内照射

素が適している。例えば，ヨウ素が甲状腺に集積する性質を利用して，^{131}I が甲状腺機能亢進症や甲状腺癌の治療に用いられている。最近では，^{223}Ra による前立腺がんの骨転移の治療のように，α 線を利用した RI 内用療法も利用され始めている。

体の組織内あるいは腔内に，密封した ^{60}Co や ^{137}Cs のような高エネルギー γ 線を放出する放射性同位元素を挿入し，そこから出てくる γ 線によって癌などを治療する手法（組織内照射，腔内照射）がある。ここで用いられる線源は照射用医療機器であり，放射性医薬品ではない。

12.5 放射線の測定

放射線を測定したいと思っても，放射線は目に見えないので，そのままでは検出して測定することはできない。放射線の測定には，12.2 節に記した放射線と物質の相互作用を利用する。すなわち，放射線と物質の相互作用によって電離あるいは励起された物質を何らかの方法で検出することにより測定する。

12.5.1 電離作用を利用した放射線の測定

(1) 気体の電離作用を利用した放射線検出器

気体に放射線が当たると，気体が電離する。気体を電極中に置き，電極に電圧をかけると，1 本の放射線が通過したときに生成した電子は陽極（プラス電極）に，陽イオンは陰極（マイナス電極）に移動して電流パルスが発生する（図 12.10）。

図 12.11 に示すように，発生するパルスの数は印加した電圧よって変わってくる。印加電圧の違いにより検出器が異なり，検出できる放射線が異なってくる。

(i) 電離箱

図 12.11 の電離箱領域の印加電圧で測定する検出器を**電離箱**とよぶ。生成した電子と陽イオンは，再結合することなしにほぼすべてが電極に到達して電流が流れる。電流は直接電離したイオン数によるので，出力は小さい。電離箱は比較的高線量の放射線の線量の測定に適している。

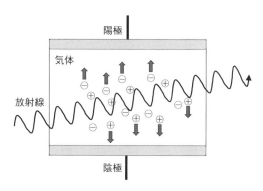

図 12.10　放射線による気体の電離
　放射線による電離で生じた⊖イオンは陽極へ，⊕イオンは陰極に移動し，電流が生じる。

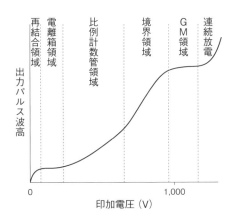

図 12.11　印加電圧による気体の電離の変化

(ii)　比例計数管

　図 12.11 の比例計数管領域の印加電圧で測定する検出器を**比例計数管**とよぶ。印加電圧が高いので，電離されたイオンが高速で電極の方に加速されて動く。すると，気体分子に衝突して新たなイオン対が生成する。これが何回も繰り返されることにより，**電子なだれ**とよばれる増幅現象(**ガス増幅**)が起こる。増幅率は印加電圧とともに大きくなるが，比例計数管領域はガス増幅の増幅率が一定の部分である。入射放射線による電離に比例して増幅されたパルスが検出される。すなわち，入射放射線のエネルギーとパルスの大きさが比例しているので，パルス高を分析することにより入射放射線の種類やエネルギーを区別して測定できる。

(iii)　ガイガー-ミュラー(GM)計数管

　図 12.11 の GM 領域の印加電圧で測定する検出器を**ガイガー-ミュラー(GM)計数管**とよぶ。比例計数管領域よりもさらに印加電圧を高くすると，出力パルスの大きさは入射放射線のエネルギーとは関係なく一定になる。比較的感度高く測定できるので，エネルギーの高い β 線や γ 線，X 線の測定が可能である。放射性物質の汚染を調べるためのサーベイメータなどに使われている。

(2)　固体の電離作用を利用した放射線検出器

　固体の電離作用を利用した放射線検出器として**半導体検出器**がある。半導体検出器は気体の代わりに半導体結晶(おもに Si や Ge)を用いた電離箱といえる。通常は，印加電圧をかけた状態でも電流は流れないが，放射線の電離作用で電子と正孔の対ができると電流が流れる。気体を用いた検出器に比べて検出部の密度が 1000 倍程度あるので，放射線との相互作用の確率が高く，検出感度が高い。また，応答が速くてエネルギー分解能が高いので，放射線のエネルギー分析に用いられる。

12.5.2　励起作用を利用した放射線の測定

　放射線により物質が励起されると，励起状態から基底状態に戻るときにエネルギーの一部を蛍光として放出することがある。このような性質をもつ物質を**シンチレータ**(scintillator)とよぶ。蛍光量は入射放射線量に比例することから，蛍光量を測定することにより放射線を検出・測定できる。蛍光の測定には光電子増倍管を用いる。

(1) NaI(Tl)シンチレーション測定装置

固体のシンチレータとしては様々あるが，微量の Tl を含む NaI の単結晶が γ(X)線の測定のためによく用いられる。NaI(Tl)シンチレータを用いた測定装置を **NaI(Tl)シンチレーション測定装置**とよぶ。NaI(Tl)シンチレータはシンチレーション効率が高く，比較的大きな結晶を作れるという利点を有する。吸湿性が高いのでアルミニウムなどの金属で密封して使用する。

(2) 液体シンチレーション測定装置

^{3}H や ^{14}C のような放射性同位元素は薬学分野の基礎研究によく用いられるが，エネルギーが低いのでこれまで述べたような検出器では測定できない。低エネルギー β 線の検出・測定には**液体シンチレータ**が用いられる。液体シンチレータを用いた測定装置を**液体シンチレーション測定装置**とよぶ。液体シンチレータは蛍光物質をトルエンやキシレンなどの有機溶媒に溶かしたものである。測定試料から放出された放射線は，まず溶媒分子を励起し，次いでそのエネルギーが溶質の蛍光物質に移動して蛍光が出る。試料は液体シンチレータの中に溶かし込まれるので，四方八方に放出される放射線を効率高く検出できる。液体シンチレーション測定装置では，液体シンチレータから出てくる蛍光を測定部の両側に置いた 2 本の光電子増倍管を用いて検出する。試料由来の蛍光は同時に 2 本の光電子増倍管に到達するので，それ以外のノイズと区別して感度よく検出できる。放出された β 線が試料内の物質に吸収される場合，励起された溶媒分子のエネルギーが試料内の物質に移って蛍光物質に移行しない場合，または蛍光が試料中の物質によって吸収される場合，蛍光の量が本来の値より減少する。これを**消光(クエンチング)**とよぶ。装置によって補正できるが，測定にあたっては注意する必要がある。また，測定試料と液体シンチレータが反応して化学発光を出す場合もあるので，これにも注意が必要である。測定試料が有機溶媒に溶解しない場合は，試料を懸濁するために界面活性剤を含んだ乳化シンチレータを用いる。

(3) イメージングプレート

特殊な蛍光物質をプラスチックフィルム上にコーティングして広い平面で放射線を検出できるようにしたものを**イメージングプレート**とよぶ。非常に高感度で定量性にも優れており，さらに繰り返し使用できることから，従来の写真フィルム(12.5.3項)の代わりに X 線撮影やオートラジオグラフィーなどにおいて広く用いられるようになってきた。

12.5.3 化学反応を利用した放射線の測定

放射線により物質が電離・励起されると，生成した電子やラジカルなどによって物質が酸化還元反応を起こすことがある。これを利用して放射線を検出・測定することができる。

(1) 写真乳剤

通常の写真では可視光に反応して像を形成するが，**写真乳剤**は放射線にも反応して放射線量に依存した像を形成する。原理は以下の通りである。写真乳剤を構成する臭化銀の銀イオンは，放射線の電離作用で生成する電子や活性種によって還元されて銀粒子になる。これを潜像とよぶ。このままでは銀粒子の量が少ないので，現像処理によって銀粒子を適

当な量まで増やして目に見える像とする。感光しなかった部分はその後の反応が起こらないように定着処理によって未反応の臭化銀を取り除く。写真乳剤を塗布したフィルムはX線写真やオートラジオグラフィーなどに使用されてきた。しかし，近年では，より優れた特性を有するイメージングプレートの使用が一般的になってきている。

(2) 化学線量計

放射線により酸化還元反応が起こることを利用して，放射線量を測定することができる。このような線量計を**化学線量計**とよぶ。化学線量計には様々あるが，フリッケ線量計(鉄線量計)では，Fe^{2+} が放射線によって生成する酸化活性種によって酸化されて Fe^{3+} になる反応を利用する。Fe^{2+} と Fe^{3+} では吸収スペクトルが異なることから分光光度計で吸光度を測定して放射線量を推定する。鉄の代わりにセリウムの還元反応($Ce^{4+} \rightarrow Ce^{3+}$)を利用するセリウム線量計もある。

コラム：放射線とノーベル賞

放射線は比較的新しい学問分野なので，20世紀に始まったノーベル賞の受賞者もこの領域から多数でている。第1回ノーベル物理学賞はX線を発見したレントゲンに授与された。関連した研究として，X線回折の発見，X線結晶構造解析，特性X線の発見といった内容で，ラウエ(1914年)，ブラッグ親子(1915年)，バークラ(1917年)が物理学賞を受賞している。放射線の研究に対して1903年にキュリー夫妻とベクレルに物理学賞が授与され，キュリー夫人は1911年にラジウムとポロニウムの発見で化学賞も受賞している。先立つ1908年に元素の崩壊現象の研究に関してラザフォードが，1921年には α 崩壊や β 崩壊などに関する研究でソディが化学賞を受賞した。人工放射性同位元素の研究で，キュリー夫妻の娘とその夫のジョリオ=キュリー夫妻も1935年に化学賞を受賞している。核反応による人工放射性同位元素の製造に関して，フェルミ(1938年)やコッククロフトとウォルトン(1951年)も物理学賞を受賞している。放射線と物質の相互作用については，光電効果で1921年にアインシュタインが，コンプトン効果で1927年にコンプトンが物理学賞を受賞した。その他，中性子の発見でチャドウィック(1935年)が，陽電子の発見でアンダーソン(1936年)が物理学賞を受賞している。

演習問題 12

12.1 α 線, β^- 線, γ 線, 制動 X 線, 特性 X 線を, 連続スペクトルと線スペクトルに分類しなさい。

12.2 以下の放射線検出器について, それぞれの測定原理を答えなさい。

(1) NaI(Tl) シンチレーション検出器
(2) ガイガー-ミュラー計数管
(3) 比例計数管
(4) 化学線量計

12.3 以下の文章は放射壊変または放射線について述べたものである。壊変または放射線の種類を答えなさい。

(1) 親核種に比べて原子番号が 1 増加した娘核種が得られる放射壊変は何か。
(2) 親核種に比べて原子番号が 2 減少し, 質量数が 4 減少した娘核種が得られる放射壊変は何か。
(3) 原子番号も質量数も変化しない娘核種が得られる放射壊変は何か。
(4) ブラッグ曲線を示す放射線は何か。
(5) 核異性体転移で放出される放射線は何か。
(6) ポジトロン断層撮影法に利用される放射線は何か。
(7) 物質との相互作用で, 光電効果を起こす放射線は何か。

12.4 次の核反応によって製造される核種は何か。

(1) $^{14}N(n, p)$ (2) $^{32}S(n, p)$ (3) $^{18}O(p, n)$

12.5 以下の文章の正誤を判断しなさい。

(1) 1 ベクレル (Bq) は, 1 分間あたりの崩壊数が 1 個であるときの放射能である。
(2) X 線も γ 線も電磁波の一種であり, ともに原子核内から発生する。
(3) 一般に, γ 線の波長は, X 線の波長よりも長い。
(4) ^3H や ^{14}C の放射線の検出には, 液体シンチレーション測定器を用いるのがよい。
(5) 娘核種の半減期が親核種の半減期よりも十分長い場合には, 放射平衡を利用したミルキングにより娘核種を得ることができる。
(6) 過渡平衡が成り立つと, 親核種と娘核種の放射能は等しくなる。
(7) ガイガー-ミュラー計数管は, アルゴンなどの不活性気体が放射線により電離することを利用して放射線を検出する。

演習問題解答

1.1 水素のモル数 ＝ 0.400/2 ＝ 0.200 mol，

　　　窒素のモル数 ＝ 0.840/28 ＝ 0.0300 mol，

　　　水素のモル分率 ＝ 0.200/0.230 ＝ 0.870，

　　　水素の分圧 ＝ 0.200/0.230 × 1.013 × 10^5 ＝ 8.81 × 10^4 Pa，

　　　窒素のモル分率 ＝ 0.0300/0.23 ＝ 0.130，

　　　窒素の分圧 ＝ 0.0300/0.23 × 1.013 × 10^5 ＝ 1.32 × 10^4 Pa，

　　　混合気体の体積 ＝ 0.230 × 8.31 × 300/1.013 × 10^5 ＝ 5.66 × 10^3 m^3

1.2 （1）　圧縮因子 Z ＝ 0.90

（2）　モル体積 ＝ 圧縮因子・理想気体の体積 ＝ 0.90 × 8.31 × 298/(1.013 × 10^5) ＝ 0.022 m^3

（3）　$Z < 1$ より，引力が優勢

1.3 液化するためには，臨界温度以下にする必要がある。式(1.13)より

$$T_c = \frac{8a}{27Rb} = \frac{8 \times 0.03457}{27 \times 0.082 \times 0.02370} = 5.27 \text{ K}$$

1.4 求める温度を T_0 (℃)とすると，式(1.22)より

$$\sqrt{\frac{3R(273 + T_0)}{28}} = \sqrt{\frac{3R(273 + 25)}{4}}$$

これを解くと，T_0 は 1813℃ となる。

2.1 （2）と（3），値は(5/2)R である。

2.2 （1）　ビーカーは系と外界を分ける境界である。周辺の空気は外界である。

2.3 （1）　$\Delta U = q + w = q - p\Delta V$ において，$\Delta V = 0$ より，$\Delta U = q$ となる。したがって，どちらも $\Delta U = 1000$ J である。

（2）　温度が 300 K から T (K)になったとすると，単原子分子理想気体では，定容モル熱容量(3/2)R より 1000 J ＝ 1.00 × 3/2 × 8.31 × $(T - 300)$，したがって，$T = 380$ K である。

2 原子分子理想気体では，定容モル熱容量(5/2)R より 1000 J ＝ 1.00 × 5/2 × 8.31 × $(T - 300)$，したがって，$T = 348$ K である。

2.4 $\Delta H° = \{2 \times (-277.6 \times 10^3) + 2 \times (-393.5 \times 10^3)\} - (-1268 \times 10^3) = -74.2 \text{ kJ mol}^{-1}$

3.1 ポアソンの式 $p_1V_1{}^\gamma = p_2V_2{}^\gamma$ は，$p = nRT/V$ より $T_1V_1{}^{\gamma-1} = T_2V_2{}^{\gamma-1}$ と変形できる。単原子分子理想気体の比熱比 $\gamma = 5/3$ なので，温度は $T = 258 \text{ K} \times 16^{2/3} = 1638$ K となる。したがって，気体の温度は 1365℃ である。

3.2 式(3.1)より，$-w = 1 \times 8.3 \times 300 \times \ln 5 = 4.0 \times 10^3$ J である。一定温度では $\Delta U = 0$ より，$q = -w = 4.0 \times 10^3$ J となる。したがって，$\Delta S = q/T = 13 \text{ J K}^{-1}$ である。

3.3 「200 K, 1.0 atm」から「200 K, 20 atm」の等温変化と「200 K, 20 atm」から「400 K, 20 atm」の定圧変化の組合せと考えると，定圧モル熱容量 $C_{p, m} = (5/2)R$ より

$$\Delta S = nR \ln \frac{p_1}{p_2} + nC_{p,\mathrm{m}} \ln \frac{T_2}{T_1} = 2 \times 8.31 \times \ln \frac{1}{20} + 2 \times \frac{5}{2} \times 8.31 \times \ln \frac{400}{200}$$
$$= -21 \mathrm{~J~K^{-1}}$$

3.4 式 (3.36) より

$$\Delta S = \int_{253}^{273} \frac{37.2}{T} \mathrm{d}T + \frac{6.01 \times 10^3}{273} + \int_{273}^{373} \frac{75.3}{T} \mathrm{d}T + \frac{40.7 \times 10^3}{373} + \int_{373}^{393} \frac{33.6}{T} \mathrm{d}T$$
$$= 159 \mathrm{~J~K^{-1}~mol^{-1}}$$

4章

4.1 (1) エントロピー駆動の反応，高温で $\Delta G < 0$

(4) エンタルピー駆動の反応，低温で $\Delta G < 0$

4.2 $\Delta H^\circ = (-333.1 - 285.8) - (-2 \times 46.1 - 393.5) = -133.2 \mathrm{~kJ~mol^{-1}}$

$\Delta S^\circ = (104.6 + 69.9) - (2 \times 192.5 + 213.7) = -424.2 \mathrm{~J~K^{-1}~mol^{-1}}$

$\Delta G^\circ = -133.2 \times 10^3 - 298 \times (-424.2) = -6.79 \mathrm{~kJ~mol^{-1}}$

エンタルピー駆動の反応

4.3 (4)

4.4 (4)

4.5 (1) 誤：減少する方向に進む。 (2) 誤：温度の上昇に伴って減少する。 (3) 正 (4) 正 (5) 正

4.6 (5)

4.7 (1) 正 (2) 正 (3) 誤：吸熱反応では，温度を上げると平衡が右にずれる。

(4) 誤：圧力変動により圧平衡定数は変化しない。

4.8 (1) 正：発熱反応なので，温度を低下させると反応は右方向に進行する。

(2) 誤：分子数が減少する反応なので，圧力をかけると反応は右方向に進行する。

(3) 誤：触媒は活性化エネルギーを低下させるが，標準生成エンタルピーは変化させない。

(4) 正

5章

5.1 (1) 誤：増加する→減少する (2) 誤：増加する→減少する (3) 正 (4) 正

(5) 誤：大きい→小さい

5.2 (1) 誤：エンタルピー→－(エントロピー) (2) 誤：変化しない→変化する

(3) 正 (4) 正 (5) 誤：高いため→低いため (6) 誤：増大する→減少する

5.3 (1) 正 (2) 誤：1である→0である (3) 正 (4) 正 (5) 正 (6) 正

5.4 (1) 誤：$\Delta_{\mathrm{trs}}V$ が正の値ならば $V_{\mathrm{m(s)}} < V_{\mathrm{m(l)}}$ なので，体積が大きい液体から小さい固体へ変化する。

(2) 正 (3) 誤：負となる→正となる (4) 正

5.5 (1) 正 (2) 誤：$0.2 \to 0.8$ (3) 正 (4) 誤：成分B→成分A (5) 正

5.6 (1) 正 (2) 誤：$1 \to 2$ (3) 誤：共沸混合物とクロロホルム→共沸混合物とアセトン (4) 正

5.7 (1) 誤：$T_1 \to T_2$ (2) 正 (3) 誤：Aを多く含む相のBのモル分率は $0.85 \to 0.25$

(4) 正 (5) 正

5.8 (1) 正 (2) 誤：1相領域なので塩化ナトリウム濃度は横軸に対応する。

(3) 誤：圧力も含めて1→圧力も含めて2

(4) 誤：ある温度で氷と平衡にある塩化ナトリウム水溶液の濃度を表している。 (5) 正

5.9 (1) 誤：発熱→吸熱 (2) 誤：大きい→小さい (3) 誤：大きい→小さい (4) 正

5.10 (1) 正 (2) 誤 (3) 誤 (4) 正 (5) 誤：Ⅰ形＜Ⅱ形→Ⅰ形＞Ⅱ形

5.11 (1) 正 (2) 誤：解離型と非解離型濃度が同じになるpHなので4.0である。

(3) 正：pH 7.0のときの溶解度は $100.1 \mathrm{~mg~mL^{-1}}$ で，pH 6.0のときの溶解度は $10.1 \mathrm{~mg~mL^{-1}}$ で約10倍である。

(4) 誤：pH 1.0のときの溶解度は $0.1001 \mathrm{~mg~mL^{-1}}$ で，pH 2.0のときの溶解度 $0.101 \mathrm{~mg~mL^{-1}}$ とほぼ同じである。

(5)　誤：式(5.22)を用いて計算すると，$S = 0.1 \times (1 + 10^{5.5-4}) = 0.1 + 0.1 \times 10^{1.5} = 0.1 + 10^{0.5} = 0.1 + 3.2 = 3.3 \, \text{mg mL}^{-1}$ となり，5 mg より小さいので溶け残る。

5.12　(1)　誤：溶質の濃度には無関係である。　　　(2)　正　　(3)　正

(4)　誤：温度上昇により分配係数が低下するとは限らない。$\mu_{(\beta)}° - \mu_{(\alpha)}°$ の値が変わらないとしても，$\mu_{(\beta)}° - \mu_{(\alpha)}°$ が正で分配係数が 1 より大きいときは温度の上昇により分配係数は低下するが，$\mu_{(\beta)}° - \mu_{(\alpha)}°$ が負で分配係数が 1 より小さいときは温度の上昇により分配係数は上昇する。

5.13　(1)　誤：水層の pH が大きくなるほど水層の濃度が大きくなるので酸性物質である。　　　(2)　正

(3)　誤：ほぼ非解離型のみ存在する pH 1 においてオクタノール層の濃度は $50 - 0.50 = 49.5 \, \mu\text{g mL}^{-1}$ であり，分配係数 P は $49.5/0.5 = 99$ となる。

(4)　誤：水層中の非解離型の飽和溶解度は $0.50 \, \mu\text{g mL}^{-1}$ であり，非解離型と解離型の濃度が等しくなり，溶解度 $S = 0.5 + 0.5 = 1.0 \, \mu\text{g mL}^{-1}$ となる pH が pK_a に相当する。よって，pH 4 である。　　　(5)　正

6 章

6.1　(2)

成分 X と Y からなる溶液における成分 X のモル分率は 0.4 であるので，成分 Y のモル分率は 0.6 となる。まず，この溶液が理想溶液とみなせるとき，ラウールの法則が成り立つ。このとき

$$\text{成分 X の蒸気圧}\quad 500 \times 0.4 = 200 \, (\text{hPa}),$$
$$\text{成分 Y の蒸気圧}\quad 1000 \times 0.6 = 600 \, (\text{hPa})$$

となる。したがって，蒸気における成分 X のモル分率は，ドルトンの分圧の法則より

$$\text{蒸気における成分 X のモル分率}\quad 200/(200+600) = 0.25$$

となる。また，X と Y の分子間相互作用が同種分子間の相互作用よりも強い場合の圧力は，(b)のようなグラフになる。

6.2　(3)，(5)

(1)　誤：KCl のモル伝導率は，濃度が希薄な領域で濃度の平方根に対してほぼ直線的に減少する。

(2)　誤：KCl の極限モル伝導率は，構成イオンの極限モル伝導率の和で表される。

(3)　正

(4)　誤：H^+ の極限モル伝導率は，金属イオンの極限モル伝導率より大きい。

(5)　正

7 章

7.1　(1)　誤：左側の電極では酸化反応が，右側の電極では還元反応が起こる。

(2)　誤：電池の起電力は $E = \phi_{\text{カソード}} - \phi_{\text{アノード}} = \phi_R - \phi_L$ で求められる。また，還元電位とはよばない。

(3)　正　　　(4)　誤：銀-塩化銀電極 → 標準水素電極

7.2　標準電極電位を比較すると，$NAD^+/NADH$ の半電池がより負の値なので，アノードになる。よって，この化学電池の標準起電力は

$$E° = \phi_{\text{カソード}} - \phi_{\text{アノード}} = (-0.197) - (-0.320) = +0.123 \, \text{V}$$

となる。$\Delta G°$ と標準起電力 $E°$ の関係を用いると，以下の値が得られる。

$$\Delta G° = -nFE° = -2 \times 9.65 \times 10^4 \times 0.123 = -23.7 \, \text{kJ mol}^{-1}$$

7.3　(1)　誤：金 Au の半電池 → 標準水素電極（SHE）　　(2)　正

(3)　誤：水素よりもイオン化傾向が大きい金属（より還元力が高い金属）の半電池の標準電極電位は負の値をとる。

(4)　誤：標準電極電位はギブズエネルギー変化と $\Delta G° = -nFE°$ の関係にあり，ギブズエネルギーは温度により変化するので，$E°$ は温度に依存する。　　　(5)　正

7.4 (1) 誤：ダニエル電池 → 濃淡電池　　(2) 正　　(3) 正　　(4) 誤：0 V である。

(5) 誤：$c_1 = 0.01$ のとき，この電池の起電力は $+0.0295$ V である。

半電池反応　$Zn^{2+} + 2e^- \rightleftharpoons Zn$　($E° = -0.76$ V) に対するネルンストの式は，Zn^{2+} の平均活量係数を 1 とし，固体の活量が 1 であることを用いると

$$E = E° - \frac{RT}{2F} \ln \frac{a_{Zn}}{a_{Zn^{2+}}} = E° - \frac{RT}{2F} \ln \frac{1}{[Zn^{2+}]} = E° + \frac{RT}{2F} \ln [Zn^{2+}]$$

で表され，気体定数，温度，ファラデー定数を代入し，常用対数とすると

$$E = E° + \frac{8.314 \times 298 \times 2.303}{2 \times 96485} \log [Zn^{2+}] = E° + \frac{0.059}{2} \log [Zn^{2+}]$$

となり，問題文の式となる。ここから，それぞれの電極の電位を求めてみると

$$半電池 L \quad E = E° + \frac{0.059}{2} \log 0.01 = E° + \frac{0.059}{2} \times (-2) = E° - 0.059 \text{ V}$$

$$半電池 R \quad E = E° + \frac{0.059}{2} \log 0.1 = E° + \frac{0.059}{2} \times (-1) = E° - 0.0295 \text{ V}$$

濃淡電池では濃度が小さい半電池の L 側がアノードとなるので，起電力は

$$E° = E°_{カソード} - E°_{アノード} = \phi_R - \phi_L = (E° - 0.0295) - (E° - 0.059) = +0.0295 \text{ V}$$

となる。濃淡電池の電位の式 (7.19) を用いれば，以下のように求めることもできる。

$$E = -\frac{RT}{nF} \ln \frac{[M^{n+}_{(L)}]}{[M^{n+}_{(R)}]} = -\frac{8.314 \times 298}{2 \times 96485} \ln \frac{0.01}{0.1} = \frac{0.059}{2} = +0.0295 \text{ V}$$

7.5 (1) 正　　(2) 正　　(3) 正　　(4) 誤：Ce^{4+} が酸化剤として働き，Fe^{2+} が還元剤として働く。

7.6 連続的にイオンが透過している膜の電位を計算するにはゴールドマンの式を用いる。阻害時の P_{Na^+} の透過係数を 1 とおくと P_{K^+} は 4 とおける。あとは表に示されたデータを代入する。気体定数，ファラデー定数，310 K (37℃) を代入し，常用対数とすると，式に現れる 61×10^{-3} になる。

$$\phi_m = \frac{8.31 \times 310}{96485} \times 2.303 \times \log_{10} \frac{P_{K^+}[K^+]_{out} + P_{Na^+}[Na^+]_{out}}{P_{K^+}[K^+]_{in} + P_{Na^+}[Na^+]_{in}} \text{ (V)}$$

$$\approx 61 \times \log_{10} \frac{4 \times 5 + 1 \times 150}{4 \times 150 + 1 \times 10} \text{ (mV)} = 61 \times \log_{10} \frac{170}{610} = 61 \times \log_{10} 0.279$$

$$\approx 61 \times \log_{10} \frac{2.8}{10} = 61 \times (\log 2.8 - \log 10) = 61 \times (0.45 - 1) = -33.55 \text{ (mV)}$$

よって，約 -34 mV となる。

8章

8.1 薬物 A は 1 次反応，薬物 B は 0 次反応に従い分解反応が進行する。薬物 A の半減期は初濃度に関係なく一定で，グラフより 3 日とわかる。一方，薬物 B の半減期は初濃度に比例する。グラフより初濃度が 10 mg mL^{-1} のとき，薬物 B の半減期は 8 日であることから，薬物 B の半減期が 3 日になるように初濃度を調整すればよい。

$$10 \times \frac{3}{8} = 3.75 \text{ mg mL}^{-1}$$

8.2 (1) 誤：横軸の時間 15 分での Y の濃度は，同じ時間の X の濃度の 2 倍である。

(2) 正

(3) 誤：この分解反応の速度定数の符号は正である。

(4) 誤：$v = -\dfrac{d[X]}{dt} = \dfrac{1}{2}\dfrac{d[Y]}{dt}$

(5) 正

8.3 個々の反応物について，反応次数を求める。

(1) H_2 の反応次数：C_{Br_2} が同じで C_{H_2} が異なる条件を用いる。例えば，C_{H_2} を 1.4×10^{-2} mol L^{-1} から 5.6×10^{-2} mol L^{-1} に 4 倍に変化させると，v も 1.1×10^{-6} mol L^{-1} s^{-1} から 4.4×10^{-6} mol L^{-1} s^{-1} に 4 倍に変化していることから，H_2 に関する反応次数は 1 次である。

(2) Br_2 の反応次数：C_{H_2} が同じで C_{Br_2} が異なる条件を用いる。例えば，C_{Br_2} を $1.6 \times 10^{-2}\,mol\,L^{-1}$ から $6.4 \times 10^{-2}\,mol\,L^{-1}$ に4倍に変化させると，v は $1.1 \times 10^{-6}\,mol\,L^{-1}\,s^{-1}$ から $2.2 \times 10^{-6}\,mol\,L^{-1}\,s^{-1}$ に2倍に変化していることから，Br_2に関する反応次数は $\frac{1}{2}$ 次である。

8.4 (1) 誤：反応Ⅰの平衡定数の値は，1よりも大きい。

(2) 正

(3) 正

(4) 誤：反応Ⅲの k_5 が一定のとき，k_6 が大きくなるほど，G の最大濃度に達する時間は早くなる。

8.5 (3)

消失速度はミカエリス-メンテンの式に従うので，消失速度 v はフェニトインの血中濃度を C として，$v = V_{max} C/(K_m + C)$ で表される。1日の投与量は 250 mg なので，投与速度（＝消失速度）は $250\,mg\,day^{-1}$ である。$K_m = 8\,mg\,L^{-1}$，$C = 12\,\mu g\,mL^{-1} = 12\,mg\,L^{-1}$ を代入すると

$$250\,mg\,day^{-1} = V_{max} \cdot 12\,mg\,L^{-1}/(8\,mg\,L^{-1} + 12\,mg\,L^{-1}) = V_{max} \cdot (12/20)$$

したがって，$V_{max} = 250 \cdot 20/12\,mg\,day^{-1} \fallingdotseq 420\,mg\,day^{-1}$ となる。

8.6 (2)，(5)

阻害剤 Y の場合，$-1/K_m$ を表す横軸切片が増加し，$1/V_{max}$ を表す縦軸切片は変化していない（図 8.19 (a) と同じ）。したがって，K_m が増加し，V_{max} は変化せず，競合阻害剤である。阻害剤 Z の場合，横軸切片は変化せず，縦軸切片が増加している（図 8.19 (b) と同じ）。したがって，K_m は変化せず，V_{max} が減少し，非競合阻害剤である。

(1) 阻害剤 Y は，基質ではなく酵素に結合する。

(3) 阻害剤 Z は，非競合的阻害剤なので，基質とは異なる結合部位に結合する。

(4) 阻害剤 Z は，非競合的阻害剤なので，V_{max} が変化する。

9章

9.1 窒素（$(1s)^2(2s)^2(2p_x)^1(2p_y)^1(2p_z)^1$）の 2s 軌道1個と 2p 軌道3個から4個の sp^3 混成軌道ができ，そのうち3つを使って N-H 間の σ 結合ができ，残った1つには電子対が入る。したがって，窒素には非共有電子対が1つある。この非共有電子対と共有電子対の反発のため，結合角は 107.3° で，メタンの 109.5° より小さくなる。

9.2 Be（$(1s)^2(2s)^2$）は，1s 同士，2s 同士でそれぞれ分子軌道をつくり，$(1\sigma_g)^2(1\sigma_u)^2(2\sigma_g)^2(2\sigma_u)^2$ の電子配置となる。したがって，結合次数は，$(1/2)(4-4) = 0$ となり，安定な結合はできない。

9.3 (1) 正　(2) 誤　(3) 正　(4) 誤　(5) 誤

10章

10.1 (1) 誤：固有の永久双極子モーメントを有する物質を極性分子と定義している。

(2) 正：C m も使用できる。

(3) 正：分散力（ロンドン力）は，電子雲のゆらぎによりできた瞬間双極子により他の無極性分子を誘起してできた誘起双極子との相互作用である。

(4) 正：ファンデルワールス力は分子量が大きいほど，強くなる。

(5) 誤：ファンデルワールス力のポテンシャルエネルギーは，分子間距離の6乗に反比例する。

(6) 誤：イオン間の静電ポテンシャルエネルギーは，イオン間距離に反比例する。

(7) 誤：クーロン力は，距離の2乗に反比例する。

(8) 正：分散力（ロンドン力）の力の大きさは，分子間距離の7乗に反比例する。

(9) 正：液体の H_2O の1分子あたりの水素結合の数は4であるのに対し，液体の HF については2となる。

(10) 誤：タンパク質の1次構造の形成には，ペプチド結合が必要である。水素結合は2次構造に寄与する。

(11) 誤：エントロピー増大則を記述する熱力学第2法則により説明される。

(12) 誤：ヨウ素デンプン反応では，電荷移動相互作用により，吸収光が長波長側にシフトすることで青紫色に変わる（可視光の中で紫色が最も波長が短く，赤色が最も長い波長である）。

10.2 (2), (3)

(1) 正：分散力は，すべての物質の間で働く相互作用である。無極性分子でも，ある瞬間において，電子雲のゆらぎのために電子分布の対称性が崩れ，極性をもつ双極子になり，これが相手側の無極性分子に極性を誘起させる。このようしてできる 2 つの双極子間で働く引力が分散力である。

(2) 誤：水素結合は共有結合に比べると弱く，相互作用エネルギーは小さい。

(3) 誤：疎水性相互作用は，疎水性分子同士の相互作用ではなく，また相互作用エネルギーが分子間距離の 6 乗に反比例するのは，分散力である。

(4) 正：静電的相互作用は，イオン間の相互作用のことであるが，相互作用エネルギーは，イオン間の距離および媒体の誘電率と反比例する。

(5) 正：電荷移動相互作用は，電子供与体と電子受容体の間に生じる相互作用であり，ヨウ素デンプン反応はその代表例である。

10.3 (1), (2)

(1) 正：疎水性相互作用は，水溶液中での界面活性剤のミセル形成の他に，生体内でも重要な役割を担っている。

(2) 正：アセトンと四塩化炭素が混じり合うのは，双極子-誘起双極子相互作用の例である。

(3) 誤：塩化ナトリウムが立方体の規則正しい構造を形成するのは，静電的相互作用によるものである。静電的相互作用は，イオン性分子や分極した分子間に働く，クーロン力による相互作用である。

(4) 誤：水和イオンは，イオン-双極子相互作用により生成される。カリウムイオンなどの陽イオンの場合，極性分子である H_2O の負に分極した O にイオン-双極子相互作用が働く。硫化物イオンなどの陰イオンの場合は，H_2O の正に分極した H にイオン-双極子相互作用が働く。

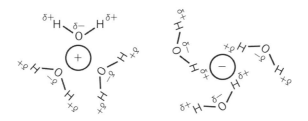

(5) 正：o-ニトロフェノールは分子内水素結合による会合をつくる。他方，p-ニトロフェノールは分子間水素結合を形成する。したがって，p-ニトロフェノールの方が融点は高くなる。

10.4 (2)

電荷間の距離が長く，電荷が大きい分子ほど双極子モーメントが大きくなる。その結果，分子内の電荷の偏りが大きくなるため，イオン性が強まる。

HBr のイオン性は，HBr が完全にイオン化した場合の双極子モーメントに対する，実際（実測上）の HBr の双極子モーメントの割合で計算することができる。

HBr の双極子モーメント μ_{HBr} と電荷 Q_{HBr} の関係は $\mu_{HBr} = Q_{HBr}\, r_{HBr}$ で表されるから

$$\mu_{HBr} = Q_{HBr}\, r_{HBr} = 1.6 \times 10^{-19}\,(C) \times 0.14 \times 10^{-9}\,(m) = 2.24 \times 10^{-29}\,(C\,m)$$

したがって，HBr のイオン性 $= \dfrac{2.6 \times 10^{-30}}{2.24 \times 10^{-29}} = 0.116 \fallingdotseq 12\%$ が得られる。この結果は，臭化水素の結合の約 12% が電荷の偏りによるイオン結合性で，残りの 82% は共有結合性であることを示している。

11 章

11.1 (3)

11.2 (1)

11.3 330 nm

11.4 (1) 誤　(2) 正　(3) 誤　(4) 正　(5) 誤　(6) 正　(7) 誤　(8) 誤

12 章

12.1 連続スペクトル…β^- 線, 制動 X 線, 線スペクトル…α 線, γ 線, 特性 X 線

12.2 (1) 励起作用 (2) 電離作用 (3) 電離作用 (4) 化学作用 (酸化還元)

12.3 (1) β^- 壊変 (2) α 壊変 (3) γ 転移 (核異性体転移) (4) α 線 (5) γ 線 (6) β^+ 線 (7) γ 線

12.4 (1) ^{14}C (2) ^{32}P (3) ^{18}F

12.5 (1) 誤 (2) 誤 (3) 誤 (4) 正 (5) 誤 (6) 誤 (7) 正

付　　録

日本薬局方（物理的試験法）に記載の実験器具 （第十八改正日本薬局方（2021）より引用）

（1）　凝固点測定装置

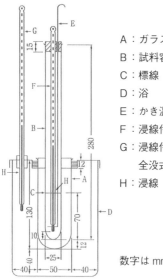

A：ガラス製円筒
B：試料容器
C：標線
D：浴
E：かき混ぜ棒
F：浸線付温度計
G：浸線付または
　　全没式温度計
H：浸線

数字は mm を示す

（2）　粘度測定装置（ウベローデ型）

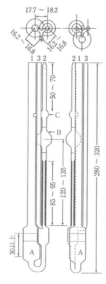

数字は mm を示す

（3）　粘度測定装置（回転粘度計）

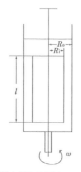

l：円筒（内筒）の長さ，ω：角速度
T：円筒面に作用するトルク
R_i：内筒の外径の 1/2
R_o：外筒の内径の 1/2

共軸二重円筒形回転粘度計
（クエット型）

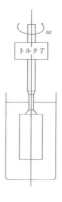

単一円筒形回転粘度計
（ブルックフィールド型）

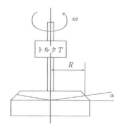

R：円錐の半径
α：平円板と円錐とがなす角度
ω：角速度
T：平円板または円錐面に作用
　　するトルク

円錐-平板形回転粘度計
（コーンプレート型）

（4）　密度測定装置

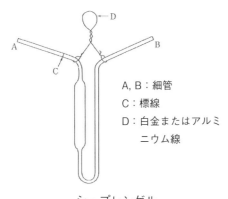

A, B：細管
C：標線
D：白金またはアルミ
　　ニウム線

シュプレンゲル–
オストワルドピクノメーター

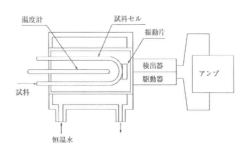

振動式密度計

（5）　沸点測定装置

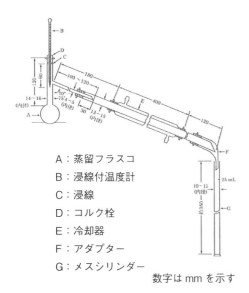

A：蒸留フラスコ
B：浸線付温度計
C：浸線
D：コルク栓
E：冷却器
F：アダプター
G：メスシリンダー

数字は mm を示す

（6）　融点測定装置

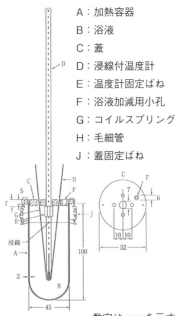

A：加熱容器
B：浴液
C：蓋
D：浸線付温度計
E：温度計固定ばね
F：浴液加減用小孔
G：コイルスプリング
H：毛細管
J：蓋固定ばね

数字は mm を示す

表 A.1　臨界定数

物質	臨界温度 T_c (K)	臨界圧力 p_c (MPa)	臨界体積 V_c (cm^3 mol^{-1})
He	5.2	0.23	57.8
H_2	33.23	1.30	34.99
Ne	44.44	2.72	41.74
N_2	126.3	3.40	90.10
Ar	150.7	4.86	75.3
O_2	154.8	5.08	78.0
CH_4	190.6	4.62	98.7
CO_2	304.2	7.39	94.0
HCl	324.7	8.26	81.0
NH_3	405.5	11.28	72.5
Cl_2	417.2	7.71	124
C_6H_6	562.7	4.92	260
H_2O	647.4	22.12	55.3

D.E. Gray ed., American Institute of Physics handbook, McGraw Hill, New York (1972)
G.W.C. Kaye & T.H. Laby ed., Tables of physical and chemical constants, Longman, London (1973) より引用

表 A.2　結合解離エンタルピー

結合	分子	結合解離エンタルピー	結合	分子	結合解離エンタルピー
C−C	C_2	599.0	F−O	F_2O	191.7
C−C*	C_2	354.2	F−S	SF_6	329.0
C−C	C_2H_6	366.4	F−C	CH_3F	472
C=C	C_2H_4	719	Cl−Cl	Cl_2	239.2
C≡C	C_2H_2	956.6	Cl−Br	ClBr	215
H−H	H_2	432.0686	Cl−I	ClI	207.7
H−F	HF	565.9	Cl−O	ClO_2	257.5
H−Cl	HCl	427.7	Cl−P	PCl_3	320
H−Br	HBr	362.4	Cl−C	CH_3Cl	342.0
H−I	HI	294.5	Cl−Na	NaCl	410.2
H−O	H_2O	458.9	Br−Br	Br_2	189.8
H−S	H_2S	362.3	Br−I	BrI	177.02
H−N	NH_3	386.0	Br−P	PBr_3	261
H−P	PH_3	316.8	Br−C	CH_3Br	289.9
H−C	CH_4	410.5	I−I	I_2	148.9
H−Si	SiH_4	316	I−C	CH_3I	231
H−Sn	SnH_4	248	S=S	S_2	421.6
H−B	BH_3	371	S=C	CS_2	577
H−Cu	HCu	262	N≡N	N_2	941.6
H−Li	HLi	236.68	N≡P	NP	614
O=O	O_2	493.6	N≡C	CN	745
O=C	CO_2	526.1	N≡B	BN	561
F−F	F_2	154.8	P≡P	P_2	485.7
F−Cl	FCl	247.2	Na−Na	Na_2	72.9
F−Br	FBr	246.1	K−K	K_2	54.3
F−I	FI	277.5	Hg−Hg	Hg_2	7

*はダイアモンド，単位は kJ mol^{-1}
日本化学会編「化学便覧 基礎編」改訂 6 版 (2021) より引用

表 A.3　1 bar，298 K における単体と無機化合物の標準生成エンタルピー，標準生成ギブズエネルギー，
標準エントロピー，定圧モル熱容量

物質	状態	$\Delta_f H°$ (kJ mol^{-1})	$\Delta_f G°$ (kJ mol^{-1})	$S°$ (J K^{-1} mol^{-1})	$C_{p,m}°$ (J K^{-1} mol^{-1})
Ag	s	0	0	42.55	25.351
Ag$^+$	aq	105.58	77.11	72.68	21.8
AgCl	s	−127.07	−109.79	96.2	50.79
AgNO$_3$	s	−129.39	−33.41	140.92	93.05
C (黒鉛)	s	0	0	5.740	8.527
C (ダイアモンド)	s	1.895	2.900	2.377	6.113
CO	g	−110.53	−137.17	197.67	29.14
CO$_2$	g	−393.51	−394.36	213.74	37.11
CO$_3^{2-}$	aq	−677.14	−527.81	−56.9	
Ca	s	0	0	41.42	25.31
CaCO$_3$ (方解石)	s	−1206.9	−1128.8	92.9	81.88
CaCO$_3$ (アラレ石)	s	−1207.1	−1127.8	88.7	81.25
CaCl$_2$	s	−795.8	−748.1	104.6	72.59
Cl$_2$	g	0	0	223.07	33.91
Cl$^-$	aq	−167.16	−131.23	56.5	−136.4
Fe	s	0	0	27.28	25.10
Fe^{2+}	aq	−89.1	−78.90	−137.7	
Fe^{3+}	aq	−48.5	−4.7	−315.9	
H$_2$	g	0	0	130.684	28.824
H$^+$	aq	0	0	0	0
H$_2$O	g	−241.82	−228.57	188.83	33.58
H$_2$O	l	−285.83	−237.13	69.91	75.291
HCl	g	−92.31	−95.30	186.91	29.12
HNO$_3$	l	−174.10	−80.71	155.60	109.87
H$_3$PO$_4$	s	−1279	−1119.1	110.5	106.06
H$_2$SO$_4$	l	−813.99	−690.00	156.90	138.9
K	s	0	0	64.18	29.58
K$^+$	aq	−252.38	−283.27	102.5	21.8
KOH	s	−424.76	−379.08	78.9	64.9
KCl	s	−436.75	−409.14	82.59	51.30
Li	s	0	0	29.12	24.77
Li$^+$	aq	−278.49	−293.31	13.4	68.6
Mg	s	0	0	32.68	24.89
Mg^{2+}	aq	−466.85	−454.8	−138.1	
MgCl$_2$	s	−641.32	−591.79	89.62	71.38
MgO	s	−601.70	−569.43	26.94	37.15
N$_2$	g	0	0	191.61	29.125
NH$_3$	g	−46.11	−16.45	192.45	35.06
NH$_4^+$	aq	−132.51	−79.31	113.4	79.9
NO	g	90.25	86.55	210.76	29.844
N$_2$O	g	82.05	104.20	219.85	38.45
NO$_2$	g	33.18	51.31	240.06	37.20
NO$_3^-$	aq	−205.0	−108.74	146.4	−86.6
Na	s	0	0	51.21	28.24
Na$^+$	aq	−240.12	−261.91	59.0	46.4
NaCl	s	−411.15	−384.14	72.13	50.50
Na$_2$CO$_3$	s	−1130.9	−1047.7	135.98	110.5
NaOH	s	−425.61	−379.49	64.46	59.54

O_2	g	0	0	205.138	29.355
O_3	g	142.7	163.2	238.93	39.20
OH^-	aq	-229.99	-157.24	-10.75	-148.5
$PO_4{}^{3-}$	aq	-1277.4	-1018.7	-221.8	
S（斜方イオウ）	s	0	0	31.80	22.64
SO_2	g	-296.83	-300.19	248.22	39.87
SO_3	g	-395.72	-371.06	256.76	50.67
$SO_4{}^{2-}$	aq	-909.27	-744.53	20.1	-293

g：気体，l：液体，s：固体，aq：水溶液

NBS tables of chemical thermodynamic properties, J. Phys. Chem. Reference Data, 11, Supplement 2 (1982) より引用

表 A.4　1 bar，298 K における有機化合物の標準生成エンタルピー，標準生成ギブズエネルギー，標準エントロピー，定圧モル熱容量

物質	状態	$\Delta_f H^\circ$ (kJ mol^{-1})	$\Delta_f G^\circ$ (kJ mol^{-1})	S° (J K^{-1} mol^{-1})	$C_{p,m}^\circ$ (J K^{-1} mol^{-1})
CH_4（メタン）	g	-74.81	-50.72	186.26	35.31
C_2H_2（エチン）	g	226.73	209.2	200.94	43.93
C_2H_4（エテン）	g	52.26	68.15	219.56	43.56
C_2H_6（エタン）	g	-84.68	-32.82	229.6	52.63
C_6H_6（ベンゼン）	l	49.0	124.3	173.3	136.1
C_6H_{12}（シクロヘキサン）	l	-156	26.8	204.4	156.5
C_6H_{14}（ヘキサン）	l	-198.7		204.3	81.25
CH_3OH	l	-238.66	-166.27	126.8	81.6
C_2H_5OH	l	-277.69	-174.78	160.7	111.46
C_6H_5OH	s	-165.0	-50.9	146.0	
$HCOOH$	l	-424.72	-361.35	128.95	99.04
CH_3COOH	l	-484.5	-389.9	159.8	124.3
C_6H_5COOH（安息香酸）	s	-385.1	-245.3	167.6	146.8
$HCHO$（ホルムアルデヒド）	g	-108.57	-102.53	218.77	35.40
CH_3COCH_3（アセトン）	l	-248.1	-155.4	200.4	124.7
$C_6H_{12}O_6$（α-D-グルコース）	s	-1274			
$C_{12}H_{22}O_{11}$（スクロース）	s	-2222	-1543	360.2	
$CO(NH_2)_2$（尿素）	s	-333.51	-197.33	104.60	93.14
$CH_2(NH_2)COOH$（グリシン）	s	-532.9	-373.4	103.5	99.2

g：気体，l：液体，s：固体，aq：水溶液

NBS tables of chemical thermodynamic properties, J. Phys. Chem. Reference Data, 11, Supplement 2 (1982) より引用

表 A.5　モル沸点上昇定数

溶媒	モル沸点上昇定数	沸点 (℃)	溶媒	モル沸点上昇定数	沸点 (℃)
水	0.515	100	ショウノウ	5.611	207.42
アセトン	1.71	56.29	水銀	11.4	357
アニリン	3.22	184.40	トルエン	3.29	110.625
アンモニア	0.34	−33.35	ナフタレン	5.80	217.955
エタノール	1.160	78.29	ニトロベンゼン	5.04	210.80
エチルメチルケトン	2.28	79.64	二硫化炭素	2.35	46.225
ギ酸	2.4	100.56	ビフェニル	7.06	254.9
クロロベンゼン	4.15	131.687	フェノール	3.60	181.839
クロロホルム	3.62	61.152	t-ブチルアルコール	1.745	82.42
酢酸	2.530	117.90	プロピオン酸	3.51	140.83
酢酸エチル	2.583	77.114	ブロモベンゼン	6.26	155.908
酢酸メチル	2.061	56.323	ヘキサン	2.78	68.740
ジエチルエーテル	1.824	34.55	ヘプタン	3.43	98.427
四塩化炭素	4.48	76.75	ベンゼン	2.53	80.10
シクロヘキサン	2.75	80.725	ベンゾニトリル	3.87	191.10
1,1-ジクロロエタン	3.20	57.28	無水酢酸	3.53	136.4
1,2-ジクロロエタン	3.44	83.483	メタノール	0.785	64.70
ジクロロメタン	2.60	39.75	ヨウ化エチル	5.16	72.30
1,2-ジブロモエタン	6.608	131.36	ヨウ化メチル	4.19	42.43
臭化エチル	2.53	38.35	酪酸	3.94	163.27

単位は $K\ kg\ mol^{-1}$
日本化学会編「化学便覧 基礎編」改訂 6 版 (2021) より引用

表 A.6　モル凝固点降下定数

溶媒	モル凝固点降下定数	凝固点 (℃)	溶媒	モル凝固点降下定数	凝固点 (℃)
NH_3	0.98	−77.7	クロロホルム	4.90	−63.55
$HgCl_2$	34.0	265	酢酸	3.90	16.66
NaCl	20.5	800	四塩化炭素	29.8	−22.95
KNO_3	29.0	335.08	シクロヘキサン	20.2	6.544
$AgNO_3$	25.74	208.6	四臭化炭素	87.1	92.7
$NaNO_3$	15.0	305.8	m-ジニトロベンゼン	10.6	91
NaOH	20.8	327.6	ジフェニルメタン	6.72	26.3
水	1.853	0	1,2-ジブロモエタン	12.5	9.79
I_2	20.4	114	ショウノウ	37.7	178.75
H_2SO_4	6.12	10.36	ステアリン酸	4.5	69
$H_2SO_4 \cdot H_2O$	4.8	8.4	ナフタレン	6.94	80.290
Na_2SO_4	62	885	ニトロベンゼン	6.852	5.76
$Na_2SO_4 \cdot 10H_2O$	3.27	32.383	尿素	21.5	132.1
アセトアミド	4.04	80.00	パルミチン酸	4.313	62.65
アセトン	2.40	−94.7	ビフェニル	7.8	70.5
アニリン	5.87	−5.98	ピリジン	4.75	−41.55
安息香酸	8.79	119.53	フェノール	7.40	40.90
アントラセン	11.65	213	t-ブチルアルコール	8.37	25.82
ギ酸	2.77	8.27	ブロモホルム	14.4	8.05
p-キシレン	4.3	13.263	ベンゼン	5.12	5.533
p-クレゾール	6.96	34.739	ホルムアミド	3.85	2.55

単位は $K\ kg\ mol^{-1}$
日本化学会編「化学便覧 基礎編」改訂 6 版 (2021) より引用

表 A.7　298 K における水溶液中の無機電解質の平均活量係数 $\gamma_\pm$

物質	質量モル濃度 (mol kg^{-1})										
	0.1	0.2	0.4	0.5	0.6	1.0	1.4	2.0	2.5	3.0	3.5
$AgNO_3$	0.734	0.657	0.567		0.509	0.429	0.374	0.316	0.280	0.252	0.229
$CaCl_2$	0.518	0.472	0.448		0.453	0.500	0.587	0.792	1.063	1.483	2.08
$CuCl_2$	0.510	0.457	0.419		0.411	0.419	0.436	0.468	0.496	0.522	0.549
$CuSO_4$	0.150	0.104	0.070		0.056	0.042	0.037				
HCl	0.7964	0.7667		0.7571		0.8090		1.009			
HNO_3	0.791	0.754	0.725		0.717	0.724	0.745	0.793	0.846	0.909	
H_2SO_4	0.265	0.209		0.154		0.130		0.124			
KBr	0.772	0.722	0.673		0.646	0.617	0.602	0.593	0.593	0.595	0.600
KCl	0.7698	0.7181	0.6657	0.6492	0.6365	0.6038	0.5856			0.5689	
K_2CrO_4	0.466	0.390	0.320		0.282	0.240	0.219	0.200	0.194	0.194	0.195
KOH	0.798			0.728		0.756		0.888		1.081	
LiCl	0.790	0.757	0.740		0.743	0.774	0.823	0.921	1.026	1.156	1.317
$MgCl_2$	0.528	0.488	0.474		0.490	0.569	0.708	1.051	1.538	2.320	3.55
$MgSO_4$	0.150	0.107	0.0756		0.0616	0.0485	0.0434	0.0417	0.0439	0.0492	
$MnCl_2$	0.518	0.471	0.444		0.445	0.481	0.544	0.671	0.796	0.938	1.088
$MnSO_4$	0.150	0.105	0.0725		0.0578	0.0439	0.0380	0.0351	0.0349	0.0373	0.0413
NH_4Cl	0.770	0.718	0.665		0.636	0.603	0.584	0.570	0.564	0.561	0.560
NaCl	0.7784	0.7347	0.6928	0.6811	0.6727	0.6569	0.6545			0.7137	
NaOH	0.766			0.693		0.679		0.698		0.774	
$SrCl_2$	0.515	0.466	0.436		0.434	0.465	0.528	0.675	0.862	1.135	1.504
$ZnCl_2$	0.518	0.465	0.413		0.382	0.341	0.311	0.291	0.287	0.289	0.297
$ZnSO_4$	0.150	0.104	0.0714		0.0569	0.0435	0.0378	0.0357	0.0367	0.0408	0.0480

日本化学会編「化学便覧 基礎編」改訂6版（2021）より引用

表 A.8　アレニウスパラメータ

1 次反応	$A\ (\text{s}^{-1})$	$E_a\ (\text{kJ mol}^{-1})$
$2N_2O_5 \rightarrow 4NO_2 + O_2$	4.94×10^{13}	103.4
$N_2O \rightarrow N_2 + O$	7.94×10^{11}	250
$C_2H_5I \rightarrow C_2H_4 + HI$	2.51×10^{17}	209
$\begin{matrix} H_2C \!-\! CH_2 \\ \mid \qquad \mid \\ H_2C \!-\! CH_2 \end{matrix} \rightarrow 2C_2H_4$	3.98×10^{13}	261
2 次反応	$A\ (\text{dm}^3\,\text{mol}^{-1}\,\text{s}^{-1})$	$E_a\ (\text{kJ mol}^{-1})$
$OH + H_2 \rightarrow H_2O + H$	8×10^{10}	42
$Cl + H_2 \rightarrow HCl + H$	8×10^{10}	23
$SO + O_2 \rightarrow SO_2 + O$	3×10^8	27
$CH_3 + C_2H_6 \rightarrow CH_4 + C_2H_5$	2×10^8	44
$C_6H_5 + H_2 \rightarrow C_6H_6 + H$	1×10^8	25

J. Nicholas, Chemical kinetics, Harper & Row, New York (1976)

A.A. Frost & R.G. Pearson, Kinetics and mechanism, Wiley, New York (1961) より引用

表 A.9　双極子モーメント

物質	双極子モーメント (D)	物質	双極子モーメント (D)
HBr	0.8271	アセトン	2.90
HCl	1.1086	エタノール	1.441
HF	1.826567	ギ酸	1.4214
HI	0.4477	クロロベンゼン	1.782
HNO_3	2.17	クロロホルム	1.04
H_2O	1.85498	酢酸	1.70
KBr	10.62782	ジエチルエーテル	1.061
KCl	10.26900	ジクロロメタン	1.62
KF	8.585	ジメチルエーテル	1.302
KI	10.82	トルエン	0.375
NH_3	1.471772	トリフルオロ酢酸	2.3
NO	0.15872	ニトロベンゼン	4.21
NO_2	0.316	ピリジン	2.15
NaCl	9.00117	フルオロベンゼン	1.54
NaBr	9.1183	プロパン	0.0841
NaI	9.2357	ベンズアルデヒド	2.76
O_3	0.53373	ブロモベンゼン	1.73
SO_2	1.63305	ホルムアルデヒド	2.3315
アセトアルデヒド	2.750	メタノール	1.66
アセトニトリル	3.925191	ヨードベンゼン	1.70

1 D $= 3.33564 \times 10^{-30}$ C m

日本化学会編「化学便覧 基礎編」改訂 6 版 (2021) より引用

表 A.10　中性原子の電子配置

元素	K	L		M			N				O	
	1s	2s	2p	3s	3p	3d	4s	4p	4d	4f	5s	5p
1 H	1											
2 He	2											
3 Li	2	1										
4 Be	2	2										
5 B	2	2	1									
6 C	2	2	2									
7 N	2	2	3									
8 O	2	2	4									
9 F	2	2	5									
10 Ne	2	2	6									
11 Na	2	2	6	1								
12 Mg	2	2	6	2								
13 Al	2	2	6	2	1							
14 Si	2	2	6	2	2							
15 P	2	2	6	2	3							
16 S	2	2	6	2	4							
17 Cl	2	2	6	2	5							
18 Ar	2	2	6	2	6							
19 K	2	2	6	2	6		1					
20 Ca	2	2	6	2	6		2					
21 Sc	2	2	6	2	6	1	2					
22 Ti	2	2	6	2	6	2	2					
23 V	2	2	6	2	6	3	2					
24 Cr	2	2	6	2	6	5	1					
25 Mn	2	2	6	2	6	5	2					
26 Fe	2	2	6	2	6	6	2					
27 Co	2	2	6	2	6	7	2					
28 Ni	2	2	6	2	6	8	2					
29 Cu	2	2	6	2	6	10	1					
30 Zn	2	2	6	2	6	10	2					
31 Ga	2	2	6	2	6	10	2	1				
32 Ge	2	2	6	2	6	10	2	2				
33 As	2	2	6	2	6	10	2	3				
34 Se	2	2	6	2	6	10	2	4				
35 Br	2	2	6	2	6	10	2	5				
36 Kr	2	2	6	2	6	10	2	6				
37 Rb	2	2	6	2	6	10	2	6			1	
38 Sr	2	2	6	2	6	10	2	6			2	
39 Y	2	2	6	2	6	10	2	6	1		2	
40 Zr	2	2	6	2	6	10	2	6	2		2	
41 Nb	2	2	6	2	6	10	2	6	4		1	
42 Mo	2	2	6	2	6	10	2	6	5		1	
43 Tc	2	2	6	2	6	10	2	6	5		2	
44 Ru	2	2	6	2	6	10	2	6	7		1	
45 Rh	2	2	6	2	6	10	2	6	8		1	
46 Pd	2	2	6	2	6	10	2	6	10			
47 Ag	2	2	6	2	6	10	2	6	10		1	
48 Cd	2	2	6	2	6	10	2	6	10		2	
49 In	2	2	6	2	6	10	2	6	10		2	1
50 Sn	2	2	6	2	6	10	2	6	10		2	2
51 Sb	2	2	6	2	6	10	2	6	10		2	3
52 Te	2	2	6	2	6	10	2	6	10		2	4
53 I	2	2	6	2	6	10	2	6	10		2	5
54 Xe	2	2	6	2	6	10	2	6	10		2	6

元素	K	L		M			N				O				P			Q
	1s	2s	2p	3s	3p	3d	4s	4p	4d	4f	5s	5p	5d	5f	6s	6p	6d	7s
55 Cs	2	2	6	2	6	10	2	6	10		2	6			2			
56 Ba	2	2	6	2	6	10	2	6	10		2	6			2			
57 La	2	2	6	2	6	10	2	6	10		2	6	1		2			
58 Ce	2	2	6	2	6	10	2	6	10	2	2	6	1		2			
59 Pr	2	2	6	2	6	10	2	6	10	3	2	6			2			
60 Nd	2	2	6	2	6	10	2	6	10	4	2	6			2			
61 Pm	2	2	6	2	6	10	2	6	10	5	2	6			2			
62 Sm	2	2	6	2	6	10	2	6	10	6	2	6			2			
63 Eu	2	2	6	2	6	10	2	6	10	7	2	6			2			
64 Gd	2	2	6	2	6	10	2	6	10	7	2	6	1		2			
65 Tb	2	2	6	2	6	10	2	6	10	9	2	6			2			
66 Dy	2	2	6	2	6	10	2	6	10	10	2	6			2			
67 Ho	2	2	6	2	6	10	2	6	10	11	2	6			2			
68 Er	2	2	6	2	6	10	2	6	10	12	2	6			2			
69 Tm	2	2	6	2	6	10	2	6	10	13	2	6			2			
70 Yb	2	2	6	2	6	10	2	6	10	14	2	6			2			
71 Lu	2	2	6	2	6	10	2	6	10	14	2	6	1		2			
72 Hf	2	2	6	2	6	10	2	6	10	14	2	6	2		2			
73 Ta	2	2	6	2	6	10	2	6	10	14	2	6	3		2			
74 W	2	2	6	2	6	10	2	6	10	14	2	6	4		2			
75 Re	2	2	6	2	6	10	2	6	10	14	2	6	5		2			
76 Os	2	2	6	2	6	10	2	6	10	14	2	6	6		2			
77 Ir	2	2	6	2	6	10	2	6	10	14	2	6	7		2			
78 Pt	2	2	6	2	6	10	2	6	10	14	2	6	9		2			
79 Au	2	2	6	2	6	10	2	6	10	14	2	6	10		2			
80 Hg	2	2	6	2	6	10	2	6	10	14	2	6	10		2			
81 Tl	2	2	6	2	6	10	2	6	10	14	2	6	10		2	1		
82 Pb	2	2	6	2	6	10	2	6	10	14	2	6	10		2	2		
83 Bi	2	2	6	2	6	10	2	6	10	14	2	6	10		2	3		
84 Po	2	2	6	2	6	10	2	6	10	14	2	6	10		2	4		
85 At	2	2	6	2	6	10	2	6	10	14	2	6	10		2	5		
86 Rn	2	2	6	2	6	10	2	6	10	14	2	6	10		2	6		
87 Fr	2	2	6	2	6	10	2	6	10	14	2	6	10		2	6		1
88 Ra	2	2	6	2	6	10	2	6	10	14	2	6	10		2	6		2
89 Ac	2	2	6	2	6	10	2	6	10	14	2	6	10		2	6	1	2
90 Th	2	2	6	2	6	10	2	6	10	14	2	6	10		2	6	2	2
91 Pa	2	2	6	2	6	10	2	6	10	14	2	6	10	2	2	6	1	2
92 U	2	2	6	2	6	10	2	6	10	14	2	6	10	3	2	6	1	2
93 Np	2	2	6	2	6	10	2	6	10	14	2	6	10	5	2	6	1	2
94 Pu	2	2	6	2	6	10	2	6	10	14	2	6	10	6	2	6		2
95 Am	2	2	6	2	6	10	2	6	10	14	2	6	10	7	2	6		2
96 Cm	2	2	6	2	6	10	2	6	10	14	2	6	10	7	2	6	1	2
97 Bk	2	2	6	2	6	10	2	6	10	14	2	6	10	8	2	6	1	2
98 Cf	2	2	6	2	6	10	2	6	10	14	2	6	10	10	2	6		2
99 Es	2	2	6	2	6	10	2	6	10	14	2	6	10	11	2	6		2
100 Fm	2	2	6	2	6	10	2	6	10	14	2	6	10	12	2	6		2
101 Md	2	2	6	2	6	10	2	6	10	14	2	6	10	13	2	6		2
102 No	2	2	6	2	6	10	2	6	10	14	2	6	10	14	2	6		2
103 Lr	2	2	6	2	6	10	2	6	10	14	2	6	10	14	2	6	1	2

索　引

■ 編　者

楯　直子（たて　なおこ）

1984 年　東京大学薬学部薬学科卒業

1989 年　東京大学大学院薬学系研究科博士課程修了

現　在　帝京大学大学院薬学研究科教授，薬学博士

平嶋尚英（ひらしま　なおひで）　　8 章，9 章

1984 年　東京大学薬学部薬学科卒業

1986 年　東京大学大学院薬学系研究科博士課程中退

現　在　名古屋市立大学大学院薬学研究科教授，博士（薬学）

■ 著　者

栗本英治（くりもと　えいじ）　　1～3 章，4.1～4.3 節

1984 年　名古屋大学理学部物理学科卒業

1990 年　名古屋大学大学院理学研究科博士後期課程単位取得後退学

現　在　名城大学薬学部准教授，博士（理学）

野地匡裕（のぢ　まさひろ）　　4.4～4.7 節，5 章，7 章

1992 年　明治薬科大学卒業

1997 年　東京大学大学院薬学系研究科博士課程修了

現　在　明治薬科大学准教授，博士（薬学）

合田浩明（ごうだ　ひろあき）　　6 章

1988 年　東京大学薬学部薬学科卒業

1993 年　東京大学大学院薬学系研究科博士課程修了

現　在　昭和大学薬学部教授，博士（薬学）

志鷹真由子（したか　まゆこ）　　8 章

1991 年　東京大学薬学部薬学科卒業

1994 年　東京大学大学院薬学系研究科博士課程中退

現　在　北里大学薬学部教授，博士（薬学）

岸本泰司（きしもと　やすし）　　10 章

1996 年　東京大学薬学部薬学科卒業

2001 年　東京大学大学院薬学系研究科博士課程修了

現　在　帝京大学薬学部教授，博士（薬学）

安西和紀（あんざい　かずのり）　　11～12 章

1975 年　東京大学薬学部製薬化学科卒業

1979 年　東京大学大学院薬学系研究科博士課程中退

現　在　日本薬科大学客員教授，薬学博士

高城徳子（たかじょう　とくこ）　　11〜12章
1997 年　第一薬科大学薬学部卒業
1999 年　九州大学大学院薬学研究科修士課程修了
現　　在　日本薬科大学薬学部講師，博士(薬学)

Ⓒ　　楯 直子・平嶋尚英　　2021

2021 年 9 月 7 日　　初 版 発 行

薬 学 生 の 物 理 化 学

編 者　楯　　直 子
　　　　平 嶋 尚 英
発行者　山 本　　格

発 行 所　株式会社　培 風 館
東京都千代田区九段南 4-3-12・郵便番号 102-8260
電 話 (03)3262-5256 (代表)・振替 00140-7-44725

三美印刷・牧 製本

PRINTED IN JAPAN

ISBN 978-4-563-08568-1　C3043

元 素 の

族 周期	1 (1A)	2 (2A)	3 (3A)	4 (4A)	5 (5A)	6 (6A)	7 (7A)	8 (8	9 (8
1	1 **H** 水素 1.008								
2	3 **Li** リチウム 6.938〜6.997	4 **Be** ベリリウム 9.012							
3	11 **Na** ナトリウム 22.99	12 **Mg** マグネシウム 24.30〜24.31							
4	19 **K** カリウム 39.10	20 **Ca** カルシウム 40.08	21 **Sc** スカンジウム 44.96	22 **Ti** チタン 47.87	23 **V** バナジウム 50.94	24 **Cr** クロム 52.00	25 **Mn** マンガン 54.94	26 **Fe** 鉄 55.845	27 **C** コバ 58.9
5	37 **Rb** ルビジウム 85.47	38 **Sr** ストロンチウム 87.62	39 **Y** イットリウム 88.91	40 **Zr** ジルコニウム 91.22	41 **Nb** ニオブ 92.91	42 **Mo** モリブデン 95.95	43 **Tc** テクネチウム (99)	44 **Ru** ルテニウム 101.1	45 **R** ロジ 102.
6	55 **Cs** セシウム 132.9	56 **Ba** バリウム 137.3	57 〜 71 ランタノイド	72 **Hf** ハフニウム 178.5	73 **Ta** タンタル 180.9	74 **W** タングステン 183.8	75 **Re** レニウム 186.2	76 **Os** オスミウム 190.2	77 **I** イリジ 192.
7	87 **Fr** フランシウム (223)	88 **Ra** ラジウム (226)	89 〜 103 アクチノイド	104 **Rf** ラザホージウム (267)	105 **Db** ドブニウム (268)	106 **Sg** シーボーギウム (271)	107 **Bh** ボーリウム (272)	108 **Hs** ハッシウム (277)	109 **M** マイトネ (276)

原子番号 —— 6 **C**
炭素
12.01 —— 元素記号
—— 元素名
—— 原子量*

ランタノイド	57 **La** ランタン 138.9	58 **Ce** セリウム 140.1	59 **Pr** プラセオジム 140.9	60 **Nd** ネオジム 144.2	61 **Pm** プロメチウム (145)	62 **Sm** サマリウム 150.4	63 **E** ユウロヒ 152.
アクチノイド	89 **Ac** アクチニウム (227)	90 **Th** トリウム 232.0	91 **Pa** プロトアクチニウム 231.0	92 **U** ウラン 238.0	93 **Np** ネプツニウム (237)	94 **Pu** プルトニウム (239)	95 **A** アメリシ (243)

*ここに示す原子量は，各元素の詳しい原子量の値（日本化学会原子量専門委員会，2018）を有効数字 4 桁に四捨
ただし，複数の安定同位体が存在し，それらの組成の天然変動が大きく，上記の与え方ができない元素について
安定同位体がなく，同位体の天然存在比が一定しない元素は，同位体の質量数の一例を（　）の中に示す。
最新の命名法では，水素を除いた典型元素を主要族元素とよぶ。